다시
인테리어
도면
이해하기

권기태

국립 경북대학교 건축공학과 학사

독일 뒤셀도르프 국립과학기술대학교 실내건축학
석사(Dipl. -Ing.)

Justroedder Konzept Design Studio in Germany

디바이엠건축사사무소, 서울

영진전문대학 건축인테리어디자인계열
실내건축디자인전공 교수

다시 인테리어 도면 이해하기

2018년 1월 15일 1쇄 발행
2019년 6월 20일 2쇄 발행
2021년 3월 15일 3쇄 발행
2023년 1월 20일 4쇄 발행
2025년 3월 12일 5쇄 발행

발행인 김기현
발행처 시공문화사(Spacetime)
디자인 이원재

등록 1993년 3월 12일
주소 서울시 서대문구 독립문공원길 13 극동프라자 5층
전화 02) 3147-1212, 2323
팩스 02) 3147-2626

http://www.spacetime.co.kr
spacetime@korea.com

ISBN 978-89-5592-394-0 (93540)
정가 18,000원

다시 인테리어 도면 이해하기

글 / 그림_ 권기태

Spacetime

RSTANDING
NTERIOR
ARCHITECT
DRAWIN

시작하면서

흔히 접하는 전공서적의 머리말을 보면 현 시대 흐름을 다루는 문장으로 시작해 책에서 다루어질 내용을 간략히 요약하고 책이 나오는데 도움을 주신 분들에 대한 감사인사로 마무리된 근엄한 글이 대부분입니다. 그러다보니 읽지도 않고 건너뛰는 형식적인 선물포장지 같은 기분이 들 때가 많습니다.

현대사회 어쩌고저쩌고 하는 고리타분한 단어로 서문의 첫 머리를 열고 싶지 않은 청거구리 심보를 깔고 실내건축 분야에 몸담게 된 저의 좌충우돌 개인사라도 들려 드리면 이 책의 특성상 딱딱할 수밖에 없는 내용들과 좀 더 친해지지 않을까 하는 생각으로 이 책을 쓰게 된 이유부터 시작해 볼까 합니다.

새벽별보고 등교하고 밤하늘보고 하교하는 별만 실컷 바라 봤던 안타까운 대한민국의 고등학교를 어중간한 방황과 어설픈 성적으로 졸업하고 1년의 방황 끝에 선택한 전공이 건축이었습니다. 그 당시 전국의 건축과 학생들 대부분이 그랬던 것처럼 처음 1학년 1학기에 배우게 되는 전공 교과목에서 가장 스트레스 심하고 과제가 많은 수업 중 하나가 기초 제도교과목입니다.

제도실에서 밤을 꼴딱 지새우고 초췌한 얼굴로 아침 사먹으러 캠퍼스를 내려가는 동선은 타 과 학생들이 깔끔하게 차려입고 해맑은 얼굴로 등교하는 동선과 정반대일 경우가 허다했습니다. 그만큼 도면을 배우고 그린다는 게 쉽지 않았던 걸로 기억됩니다. 그러나 정작 문제는 그게 아니었습니다.

무작정 베끼기……

이해하고 그리기에는 꽤나 벅찬 양이었습니다. 학기가 끝나고 성적을 받아보면 도면을 잘 이해했다기보다 성실히 잘 그린 친구의 성적이 좋을 수밖에 없는 평가구조를 가지고 있는 듯 했습니다. 다행히 베끼는 재주 하나는 그럴듯했는지 저도 만족할 만한 학점을 받았던 걸로 기억합니다.

조금씩 도면에 적응해 가면서 대학을 졸업할 무렵까지 그린 도면들이 건축물을 지을 수 있는 도면이 아니라 내 머릿속의 디자인을 막연히 표현하는 수준에 머물러 있다는 것을 깨닫기 시작했습니다. 크리틱도 최종평가도 얼마나 공간을 풍부하게 목적에 맞게 잘 표현해 냈는가에 달려 있었으니 거기에만 초점을 맞춘 겁니다.

어느 순간 뭔가 어긋나고 있다는 생각이 들었습니다. 지금에서야 가르치는 입장이 되어 보니 대학교육의 포커스를 어디에 두어야 하는지, 왜 그 당시 그렇게 배워야 했는지 고개가 끄덕여질 정도의 균형 감각이 생기고는 있지만 그 때 당시 혈기왕성했던 저로서는 실제 지어지기엔 턱없이 부족한 구름 위의 집을 그린다는 생각으로 꽤나 혼란스러워 했던 것 같습니다.

그리고 지금은 적지 않은 실무 작업과 교육을 동시에 경험하는 한 가운데 서서 이것저것 생각이 많아졌습니다. 예전에 작업한 도면들을 지금 와서 보면 하룻강아지 범 무서운 줄 모르는 대단한 상상력이었다 싶어 박수를 쳐 주고 싶기도 하고 현실적으로는 얼마나 터무니없었나 싶을 만큼 부끄럽기도 합니다.

책만 보고 할 수 있는 공부가 아닌 만큼 실내건축은 사회에서의 실무경험이 중요한 학문입니다. 문제는 그러한 실무경험이 함정이 될 수도 있다는 점입니다. 설계자로서의 창조적 사고능력과 디자인의 깊이를 가로막는 걸림돌이 될 수 있는 분야이기 때문입니다. 그래서 대학은 그 잠재성을 키우는데 가장 큰 목적을 가질 수밖에 없다고 생각됩니다. 하지만 비교적 역사가 짧은 실내건축분야가 대학에서 어느 정도 자리 잡아가고 있다고 생각되는 지금, 이제는 대학도 이론의 바탕 위에 실무의 소스를 뿌려 어느 정도 균형을 잡아가야 할 때가 아닌가 생각됩니다. 제한된 시간과 환경 안에서 두 마리 토끼를 잡는다는 것이 쉽지 않은 과제인 것 같긴 합니다.

이 책은 위의 생각들 바탕 위에서 출발했습니다. 그래서 기존에 흔하게 볼 수 있는 도면 책에서 거리를 두고자 나름 노력했습니다. 캐드 등을 이용해 도면을 그리는 테크닉을 익힌다거나 자격증 시험에 필요한 구시대적 '손도면'을 외워 그리는 기술들은 배제되어 있습니다. 말 그대로 실내건축 도면을 제대로 이해하기 위한 기본적인 '가이드북'입니다.

제가 혼란스러워 했던 획일화된 베끼기 제도수업으로는 한계가 있다고 느끼는 학생들이라면 좀 더 친숙하게 인테리어도면을 이해하고 접근할 수 있는 가이드 역할을 하는 책이 있으면 좋겠다는 생각이 이 책을 쓰게 된 첫 번째 이유입니다.

거기에 욕심이 하나 더 생겼습니다.

인테리어도면을 그리기 위해 기본적으로 이해하고 습득해야 할 정리된 지식들이 필요한 인테리어 사무실의 신입 직원들의 막막함을 줄이고 체계적인 실내건축 도면교육을 받지 못한 채 경험만으로 현장실무에 종사하는 분들이 도면의 정확한 이해를 통해 좀 더 원활한 커뮤니케이션이 가능하면 좋겠다는 생각이 들었습니다.

그리고 마지막으로 인테리어를 하고 싶은 클라이언트와의 협의 과정을 경험해 본 분들은 아시겠지만 '클라이언트가 기본적으로 도면을 좀 더 잘 이해할 수 있다면 일을 훨씬 합리적으로 진행할 수 있을 텐데…'라는 생각을 해 보셨을 겁니다. 클라이언트 입장에서도 어느 정도 도면을 이해할 수 있다면 일을 의뢰하기 전 마음의 준비와 진행도중 일어날 수 있는 갈등을 줄이는 데 도움이 될 것 같았습니다. 이러한 이유로 설명방식 또한 최대한 일반인이 이해할 수 있을 정도로 기술하는 것이 좋겠다는 생각을 했습니다.

여기서 고민이 생깁니다.

건축설계와는 달리 실내건축 분야의 도면들은 소위 말하는 'Standard'가 부족한 게 현실입니다. 지금까지 수많은 설계사무실의 도면들을 접하고 경험했습니다만 사무실 특유의 다양한 표기법과 약속들을 통해 도면을 그려 내고 있는 게 현실입니다. 건축분야처럼 복합적인 협력체계를 갖추고 여러 분야의 도면을 표준화시켜야 되는 과정이 부족한 것이 그 이유 중 하나이며, 그만큼 실내건축이라는 역사가 국내에 뿌리 내린 지 오래되지 않았다는 걸 알 수 있는 부분이기도 합니다.

이 책은 위의 배경을 바탕으로 두 가지 화두를 안고 쓰였습니다.

첫째, 시험에서 백점받기 위한 목적으로 시작된 책이 아닙니다. 실무에서 부족한 부분을 채우는데 이 책의 목적이 있으므로 객관적으로 검증된 지식들만 기술하기보다 다소 표준과 동떨어지더라도 사이사이 현실의 상황을 언급하는 것이 필요하다고 생각했습니다. 어디까지 언급할 것인가에 대한 경계를 정하기 쉽지 않아 쓰는 내내 고민했던 부분입니다.

둘째, 설명을 하는 과정 내내 '왜?'라는 질문을 던지면서 기술하려고 노력했습니다. 도면을 왜 이렇게 그리고 표현하자고 약속했는지에 대한 궁금함도 없이 그저 이렇게 정해놓았으니 따라 그리고 읽으시오, 라는 방식이라면 굳이 제가 더 이상 거들 필요도 없을 만큼 관련 서적들이 많습니다.

읽는 여러분들도 계속 '왜?'를 물어가면서 읽어주시기를 부탁드리겠습니다.

마지막으로 책의 내용 또한 지속적으로 진화되었으면 하는 목표를 가지고 이 책이 누군가의 베개나 환경낭비가 되지 않는, 실내건축 관련자들에게 조금이나다 도움을 주는 제대로 된 가이드라인이 되었으면 하는 바람을 가져 봅니다.

2017년 10월

이천동 작업실에서

차례

시작하면서 _ 5

I. 실내건축 업무에 대한 이해

1. 실내건축의 역할 및 프로세스 _ 15
   실내건축의 역할 _ 15
   실내건축 업무 프로세스 _ 17
   설계과정에서 건축과 실내건축의 차이 _ 23
2. 실내건축 업무에 필요한 서류 _ 29
   설계 설명서 _ 31
   시방서 _ 31
   공정표 _ 35
   설계내역서 _ 36

II. 도면에 대한 이해

1. 도면이 필요한 이유 _ 41
   도면의 필요성 _ 41
   실내건축 도면의 이해 _ 44
2. 도면의 약속 _ 47
   도면은 또 다른 언어 _ 47
   3차원의 2차원화 _ 48
   공통의 약속 _ 50
3. 실내건축 프로세스별 도면의 형식 _ 51
   계획설계 단계 _ 51
   기본설계 단계 _ 52
   실시설계 단계 _ 54
   현장설계 단계 _ 56

III. 실내건축 도면보기의 기초

1. 도면 구성에 대한 이해 _ 59
   도면의 배치와 구성 _ 59
   Drawing Form과 Title Block _ 61
   도면번호 표기와 읽는 방법 _ 65
2. 도면 스케일에 대한 이해 _ 68
   스케일에 대한 이해 _ 68
   도면 종류별 스케일 차이 _ 69
   스케일 표현방법 _ 70
3. 선의 종류와 치수에 대한 이해 _ 72
   선의 종류에 따른 기능과 표기방법 _ 72
   치수 표현과 보는 방법 _ 77

4. 도면기호에 대한 이해 _ 92
도면기호에 대한 이해 _ 92
각종 도면기호 읽는 방법 _ 94
계단 표기 방법 _ 111
창호 기호 읽는 방법 _ 114

5. 재료마감 표현 방법에 대한 이해 _ 118
마감 코드 _ 118
재료 표기방법에 대한 이해 _ 121
마감재료 표현방법 _ 123
약어 _ 125

IV. 도면의 종류별 이해

1. 개요 도면에 대한 이해 _ 129
표지 _ 129
도면 목록표 _ 130
마감 리스트 및 마감코드 _ 133
각종 심벌 및 약어 _ 135
제네럴 노트 _ 135

2. 기본 도면에 대한 이해 _ 139
평면도 _ 139
입면/전개도 _ 155
단면도 _ 159

3. 기타 설비 도면에 대한 이해 _ 166
전기, 통신설비 도면 _ 166
기계설비 도면 _ 168
소방설비 도면 _ 169

V. 상세도에 대한 이해

1. 상세도 들여다보기 _ 173
상세도의 목적 _ 173
상세도가 필요한 곳 _ 174

2. 부위별 상세도 이해하기 _ 176
바닥 상세도 _ 176
벽체 상세도 _ 188
천장 상세도 _ 211
계단 및 난간 상세도 _ 230
가구 상세도 _ 239
창호 상세도 _ 249
시공순서에 따른 상세도 이해하기 _ 259

마치면서 _ 267

실내건축 업무에 대한 이해

I.

1. 실내건축의 역할 및 프로세스
2. 실내건축 업무에 필요한 서류

실내건축 업무 프로세스에 갖춰져야 될 유·무형의 항목들 중 가장 중요한 열쇠는 '도면'이다.
시공 전반에 필요한 모든 정보를 어떻게 담을 것인지에 따라 그릇이 되는 도면의 종류와 형식, 내용들이 만들어지므로 인테리어 도면이 어떻게 작성되고 어떤 종류와 내용들로 구성되어 있는지를 이해하려면 먼저 실내건축 업무에 대한 전반적인 특성과 진행과정에 대한 이해가 선행될 필요가 있다.

사실 실내건축분야를 조금만 들여다보면 아직도 각 파트의 체계가 타 분야에 비해 상대적으로 튼튼하지 못한 영역이 많다는 걸 발견하게 된다. 도면에 관련된 내용들도 그렇지만 실내건축분야의 산업분류체계, 업무 진행을 위한 계약과 발주, 자격제도처럼 시스템 등에 관련된 법이나 규정에 대해서도 풀어야 될 숙제가 남아있다.

조금씩 뼈대와 살이 붙고 있는 현 상황을 전제로 놓고 우선 실내건축의 제대로 된 역할이 무엇인지,
그에 따른 프로세스가 어떻게 흘러가는지,
가장 근접한 분야인 건축과의 미묘한 차이들은 무엇이 있는지, 도면을 포함한 실내건축도서의 내용물에는 어떤 것들이 있는지 등에 대해 알아보기로 하자.

1. 실내건축의 역할 및 프로세스

실내건축의 역할

문명은 인간이 살아가는데 있어 가장 기본적인 필수 조건을 뛰어넘어 보다 더 좋은 것[실제로 인류에게 더 좋은지 안 좋은지에 대해서는 진지하게 토론해 볼 필요가 있지만]을 바라는 기본 이상의 욕구를 채우는 방향으로 진화해왔다. 이러한 진화에 필요한 자원, 지식, 기술, 철학, 예술 등이 유기적으로 반응하여 지속적으로 성장한 결과가 오늘날의 문명이라 볼 수 있을 것이다.

대부분의 산업분야가 그렇듯 건축 또한 위에서 설명한 문명의 진화에 한 몫을 담당하면서 발전되어 왔다. 외부환경으로부터 자신을 보호하기 위한 최소한의 필요장치를 넘어 경험의 축적을 통한 더 많은 요구사항, 소화하기 벅찰 정도의 다양한 기능, 아름다움에 대한 취향 및 다양한 욕구[진화의 중심에 자리하고 있는 수많은 욕구들 중 가장 화려한 욕구는 역시 '미(美)'라는 아름다움에 대한 갈망일 것이다] 등을 수용하기 위해 누적된 기술력과 예술, 철학 등이 쌓아올린 결과물이 현재 우리가 보고 있는 건축물들이다.

여기서 멈추지 않고 지속적으로 진화되고 세분화되면서 공간에 대한 기능적 해결을 넘어 보다 더 쾌적하고 편리하고 아름다운 환경에서 생활하고자 하는 인간의 복합적 욕망을 한 그릇에 담아내기 불가능할 정도로 업무의 범위가 비대해지는 한계에 이르게 되고, 이러한 포화상태로부터 가지를 친 분야들 중 한 가닥이 실내건축의 출발점이라고 볼 수 있다.

이러한 일련의 분화과정에서 건축이 만들어낸 뼈대, 공간, 내피,

외피 등에 보다 더 섬세한 근육을 붙이고 옷을 입히고 화장을 하는 과정을 실내건축이 떠맡게 된다. 여기서 작업의 경계가 모호해지는 부분[어디까지가 살이고 어디까지가 근육일까?]이 발생하기도 하고, 반대로 요구나 직능에 따라 더 세분화된 전문 직업군(그래픽, 전시, 디스플레이, 사인, 코디네이션 등)이 새로 만들어 지기도 한다.

이 과정에서 실내건축가는 한 쪽으로는 건축과, 다른 한 쪽으로는 관련 디자인 분야(시각디자인, 제품디자인, 가구디자인 등)와의 긴밀한 관계를 이해하고 상호 보완할 수 있는 능력을 가질 때 비로소 제대로 된 역할수행이 가능한 두 얼굴을 필요로 한다. (그림01 참조)

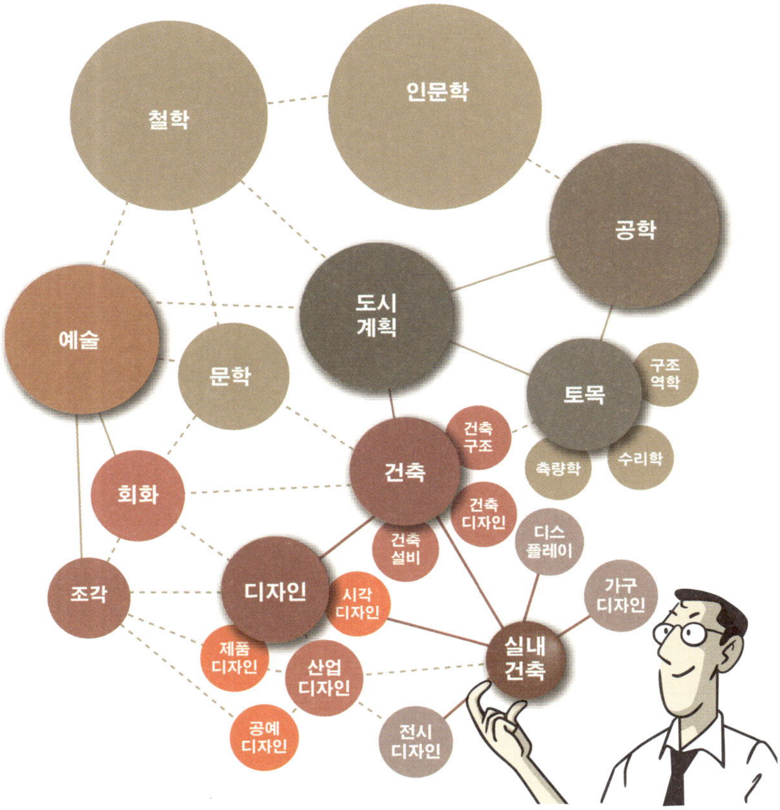

그림 01_
실내건축은 한편으로는 건축과 또 다른 한편으로는 순수디자인과 긴밀한 교감이 필요한 작업이다.

실내건축 업무 프로세스

본론으로 들어가기 전에 우선 실내건축업무의 진행과정을 짚어볼 필요가 있다.

업무단계별로 어떤 성과물이 나와야 하며 그 성과물 내에 어떠한 종류와 내용을 포함한 결과물이 나와야 하는지 전체적으로 머릿속에 그려질 때 제대로 도면을 이해하고 읽는데 도움이 되기 때문이다.

기존의 실내건축 업무 진행과정이 기술된 전공 이론서의 정형적인 프로세스를 보면 대부분 건축분야에서 진행되는 프로세스를 기본 바탕으로 설명하는 경우가 대부분이다. 이러한 프로세스를 실제 인테리어 현장에서 이루어지는 업무과정과 좀 더 현실성 있게 비교해 보면 실제 프로젝트의 규모나 상황에 따라 기술된 프로세스의 상당부분이 축약되거나 또는 예기치 못한 예외적 단계가 부각되는 경우가 적지 않다는 점을 고려해 이해할 필요가 있다.

실내건축의 이상적인[실제 실무를 접해보면 항상 이상과 현실 사이의 거리는 멀게 느껴지기 마련이다] 업무 프로세스를 순서별로 정리해 보면 다음과 같다.

1. 기획(Project): 클라이언트의 의뢰 및 프로젝트 테마
2. 기획설계(Programming/Pre Design): 프로젝트의 목적과 범위/기초조사 및 자료분석
3. 계획설계(Schematic/Conceptual Design): 디자인 개념설정 및 공간계획
4. 기본설계(Design Development): 디자인 시각화 및 프레젠테이션
5. 실시설계(Construction Documents): 시공도서 및 관련서류 작성
6. 시공 및 현장설계(Construction & Shop Drawings): 시공 및 설계변경 적용, 준공

건축과 달리 대규모 프로젝트를 제외하면 실내건축 업무에서 기획설계와 계획설계는 연속된 한 과정 안에서 진행되는 경우가 일반적이며, 간단한 규모의 공사일 경우 실시설계단계는 생략된 채로 기본설계단계의 도면만으로 바로 시공이 이루어지는 경우도 적지 않다. 바람직하지 않다고 볼 수도 있으나 실내건축 공사의 특성상 필요 시 순발력 있게 대응할 수밖에 없는 업무구조의 한계 또한 현실이기 때문이다.

각 단계별 수행업무와 결과물에 대해 좀 더 자세히 알아보자.

기획(Project)

실내건축 업무의 출발은 클라이언트의 의뢰로부터 시작된다. [아주 간혹 이긴 하지만 설계자가 클라이언트를 찾아가 프로젝트의 사업성을 제안하는 공격적인 경우도 있다]

클라이언트를 만나 일의 범위가 정해질 때 본격적으로 작업이 시작된다. 이상적인 경우라면 이 단계에서부터 업무가 시작되므로 클라이언트와 계약이 이루어지고 일이 진행되는 과정에서 설계내용에 대한 조율 및 시공이 이루어지는 게 바람직하지만 보통은 한두 번의 제안과정을 거쳐 [많은 에너지가 소진됨에도 불구하고 여기서 발생되는 비용에 대한 실질적 보상이 이루어지지 않는 경우가 허다하다] 설계 및 공사비용에 대한 구체적인 검증 등이 이루어지고 계약이 진행되는 게 현실이다. 관급공사에 준하는 경우는 건축설계분야처럼 설계와 시공을 나누어 계약하기도 하나 실내건축업무구조의 특성상 둘을 묶어 계약하는 경우가 일반적이다 보니 합리적인 답을 찾기가 더욱 쉽지 않은 부분이다.

계약이 완료되면 전적으로 디자이너에게 모든 전권을 주고 믿고 맡기는 경우도 있지만 [일관된 디자인결과물이 나올 수 있고 디자이너 입장에서는 제일 일하기 좋은 이상적인 클라이언트라고 볼 수도 있으나 오히려 공사가 끝나고 예기치 못한 불만이 야기될 가능성 또한 크다] 공사에 드는 비용과 공사기간 등의 디자인 외적인 상황들 또한 무시할 수 없으므로 만족할 만한 결과를 얻기 위해서는 클라이언트 또한 책임감을 가지고 원하는 조건과 기능, 본인이나 사용자의 취향, 공사 범위 결정에 필요한 요구사항 등에 대해 되도록 정확히 전달하고 모호한 부분에 대해서는 협의를 통해 적극적으로 의견을 조율하여야만 이 후의 작업진행과정에 혼선과 비용을 줄일 수 있다.

반대로 설계자는 프로젝트 조건에 대해 정확히 숙지하고 클라이언트 측에서 미처 파악하지 못한 부분이나 법규, 사업성 등에 대해 충분히 검토하고 협의할 수 있어야 한다.

기획설계(Programming & Preliminary Design)_ 프로젝트의 목적과 범위/ 기초조사 및 분석

클라이언트의 요구사항을 토대로 프로젝트의 전체적인 방향, 현황에 따른 설계조건 등 프로젝트 전체의 큰 틀을 결정하기 위한 제반작업에 해당하는 과정으로, 이 단계에서 클라이언트가 제시한 개략적인 예산범위에 맞춰 프로젝트의 전체적 수준을 결정하고 디자인 방향 결정에 필요한 기초 자료 수집과 분석, 벤치마킹 등의 과정을 거쳐 설계 진행방향의 큰 뼈대를 세우게 된다.

여기서 클라이언트는 설계자와의 긴밀한 협의과정을 거쳐 최종적인 디자인 방향과 프로젝트 진행기간, 개략적인 비용범위에 대한 조율에 적극적으로 대응할 필요가 있으며, 설계자는 클라이언트와 보다 구체적인 협의를 거쳐 향후 업무진행 도중 야기될 수 있는 혼선을 최소화시키는 것이 중요하다.

계획설계(Schematic / Conceptual Design)_ 디자인 개념설정 및 공간계획

전체 설계여정의 등대를 만드는 단계이다. 이 후 진행되는 모든 작업

그림 02_
스케치는 디자이너 입장에서 가장 빠르게 생각을 시각화할 수 있는 방법이며 클라이언트 입장에서는 가장 쉽게 이해할 수 있는 개념표현방법 중 하나이다.

의 일관된 방향을 유지할 수 있는 기준이 되는 프로젝트의 디자인 개념 및 공간 구성, 동선체계, 색채, 주요 마감재 등의 핵심사항들을 결정하게 된다. 설계자는 스케치(그림02 참조)나 이미지, 개념모형 등을 통해 클라이언트와 공감대를 이끌어내게 되며 몇 차례의 피드백 과정을 거쳐 디자인개념을 확정하게 된다. 도면이나 투시도 등의 눈에 보이는 명확한 결과물을 보고 의논해보자는 클라이언트의 수동적인 태도와 원하는 방향을 미리 정해놓고 서둘러 진행하려는 설계자의 무모함으로 인해 설계 진행과정 내내 양 쪽 다 힘들어하는 경우가 발생하는데, 대부분은 이 단계에서 서로간의 의견조율에 필요한 자료를 충분히 제공하지 못하는 설계자의 성급함에서 기인하므로 충분한 검토와 협의과정을 통해 기본설계 단계로 넘어가는 것이 바람직하다.

기본설계(Design Development)_ 디자인 시각화 및 프레젠테이션

클라이언트에게 본격적으로 구체적 결과물을 보여주는 단계이다.

계획설계 단계에서 결정된 다소 추상적인 내용을 토대로 보다 구체적인 결과물, 즉 도면을 포함한 시각적 자료들이 만들어진다. 여기서 만들어지는 시각적 자료들은 크게 두 가지 목적을 가지게 된다. 설계자 스스로가 지금까지 논의된 제반사항들을 반영하고, 다소 추상적이고 관념적이었던 디자인 개념을 검증하고 구체화하는 도구라는 첫 번째 목적과, 클라이언트의 이해를 돕고 보다 구체적으로 설계안을 결정하기 위한 프레젠테이션 도구라는 두 번째 목적을 가지고 있다.

클라이언트의 이해를 돕기 위한 결과물르, 요약된 설계개요 및 시각적으로 표현된 디자인 개념, 기본도면, 도면으로 설명이 부족한 부분을 보완하기 위한 스케치나 투시도, 모형(그림03 참조) 등이 제시되며, 전체적인 분위기를 인지할 수 있는 재료나 색채에 대한 계획도 포함된다. 이러한 결과물을 통해 실시설계의 기준이 결정된다고 할 수 있다.

실시설계(Construction Documents)_ 시공도서 작성

기본설계 단계에서 결정된 사항을 토대로 공사와 견적이 가능한 도서 작업이 진행된다. 공사 진행시 지침이 되는 모든 내용이 정확하게 표현되어야 하므로 디자인된 인테리어도면을 바탕으로 실제 공사에 참여하는 각 분야별 협력업체와의 충분한 협의과정을 거친 전기설비, 기계설비, 소방, 가구, 각종 스펙(Specification) 등에 관련된 도서 일체가 완료되어야 한다. 위의 결과물을 기준으로 공정표, 시방서 및 정확한 물량산출에 근거한 공사비산출이 이루어지고 클라이언트에게 최종적으로 승인받아야 한다.

설계와 시공이 분리 진행된다는 전제하에 개인 의뢰의 프로젝트인 경우는 이 단계가 완료되는 시점에 공사에 대한 수의계약이 이루

그림 03_
클라이언트와의 협의과정에서 이해도를 높이기 위한 가장 효과적인 방법 중 하나가 기본설계 단계의 모형이다.

어지는 게 일반적이지만 기업이나 기관 등의 발주로 이루어지는 경우는 입찰과정을 통해 시공사와 감리사를 선정하고 공사가 진행된다. [이상적인 경우라면 건축분야처럼 감리사가 별도로 정해져 설계기준에 맞게 시공되어지는지 관리하는 것이 바람직하나 소규모의 사급공사의 경우 대부분 발주자가 직접 공사 진행상황을 체크하고 관리해야 하는 경우가 일반적이다]

시공 및 현장설계(Construction & Shop Drawing)_ 시공 및 설계변경 적용

아무리 실시설계 단계에서 꼼꼼하게 챙긴다 하더라도 공사가 진행되기 시작하면 클라이언트의 요구로 인한 설계변경, 예상하지 못한 현장상황, 부족한 실시도면의 보완이 필요한 경우 등 예기치 못한 변수가 발생하기 마련이다. 이럴 경우 현장에서 기존에 납품된 실시설계 도면의 내용을 수정, 보완하여야 하는데 이러한 작업을 일컬어 흔히 샵드로잉(Shop Drawing)이라 지칭하며 이를 위한 도면 작업만 전문적으로 수행하는 인력을 필요로 한다.

발생할 수 있는 변수의 예를 들어보면 다음과 같다.

- 설계도면 상의 치수와 현장측정 치수 사이에 차이가 날 경우
- 자재 수급 불균형, 또는 클라이언트의 변경요청으로 인한

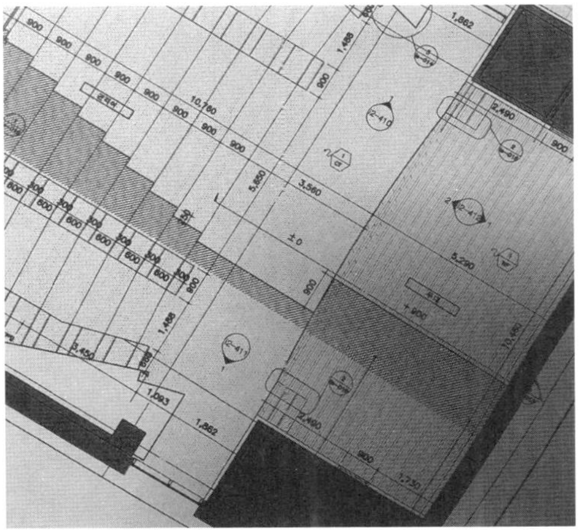

그림 04_
실시설계 단계의 도면은 시공전반에 관련된 모든 분야별 도면이 동시에 크로스 체크되어야 한다.

마감재 변경

- 상세도 상에 표현된 시공방법에 대한 합리적 변경이 필요한 경우
- 법규 적용에 따른 설계변경이 필요한 경우
- 정확한 자재 발주를 위해 별도의 도면이 필요한 경우
- 납품도면에 표현되어 있지 않으나 시공을 위해 별도로 도면작성이 필요한 경우

이 외에도 현장상황에 따라 발생할 수 있는 변수들을 해결하기 위해 순발력 있는 현장설계 작업이 이루어져 그에 맞게 합리적으로 시공할 때 추후에 발생될 수 있는 문제점을 최소화할 수 있다.

설계과정에서 건축과 실내건축의 차이

두 분야의 작업범위나 프로세스, 시스템 전체를 놓고 보면 굳이 설명이 필요 없을 정도로 건축과 실내건축의 차이는 크다. 이 후에 본격적으로 다루게 될 인테리어도면을 좀 더 정확히 이해하기 위해서 디

그림 05_
무엇을 중요하게 생각하느냐에 따라 보는 관점도 달라진다.

자인을 풀어가는 설계자의 미묘한 관점차이를 이해하고 이러한 작은 차이가 도면작업에 어떠한 영향을 미치는지 살펴볼 필요가 있다.

관점의 차이

두 분야 모두 '공간'이라는 주제를 놓고 과제를 풀어나가는 설계과정의 시작점은 동일하나 마지막 도착점은 조금 다르다.

실내건축 설계과정의 마지막까지 가보면 실내건축은 건축보다 집요하다. 예를 들어, 단위 공간 내 아주 작은 부분인 몰딩의 형태, 재료, 높이와 깊이가 공간에 미치는 심리적 영향까지 집요하게 고민할 정도로 실내건축가가 설계를 바라보는 관점은 지극히 미시적인 부분까지 신경이 뻗어 있다. [물론 건축도 디테일한 부분까지 물고 늘어지긴 하지만 현장에서 작업이 진행되는 범위와 작업자 시각에서의 일반적 경향을 보면 실내건축의 돋보기가 좀 더 크고 두껍다]

이와는 다르게 건축물 전체에서 유기적으로 묶인 공간들 간의

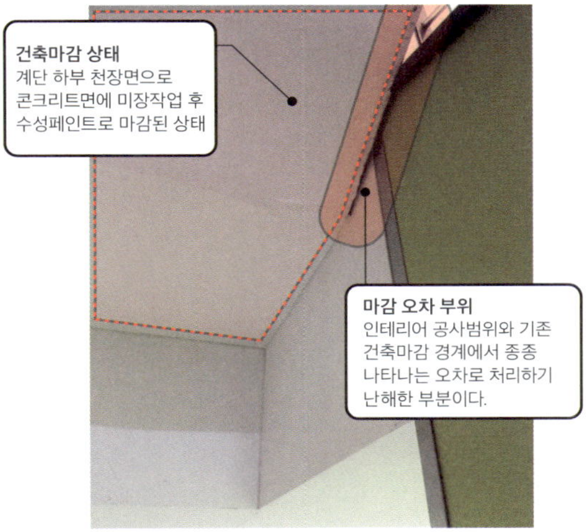

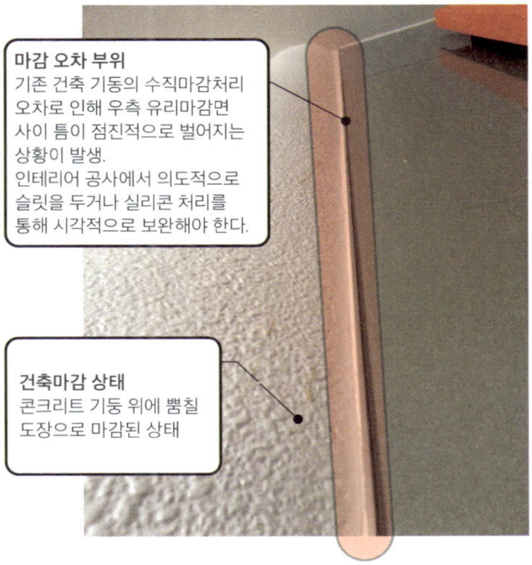

그림 06_
기존 건축물의 내부공간을 일정 경계 안에서 리노베이션할 경우, 경제적인 시공을 위해 일부 마감 면은 건축마감 상태를 유지할 때가 있는데 이 경우 건축마감오차를 극복하기 난감한 경우가 있다.

상호관계, 공간 내부와 외부사이의 관계, 건축물의 배치, 주변 환경과의 조화, 건축물의 축과 도시경관으로서의 조화까지 고려하는 건축가의 설계범위는 보다 거시적인 관점까지 확대된다.

이러한 관점의 차이가 반영된 디자인의 결과물인 두 분야의 도면종류나 표현방법, 표현정도 또한 상당 부분 달라질 수밖에 없다.

스케일과 허용오차

어떠한 분야를 막론하고 종이에 표현되는 도면의 스케일은 만들어지는 결과물의 크기와 직접적인 상관관계가 있다. 간단히 생각해 보면 건축물을 그리는 건축도면은 스케일이 작아질 수밖에 없고 건축물의 일부를 작업하는 실내건축도면은 상대적으로 스케일이 커질 수밖에 없다. 일반적인 규모의 실내건축도면이라면 보통 1/50 이상에서 작업되는 반면, 건축도면은 보통 1/100이하의 스케일로 작업된다. 1/5에서 1/10정도로 그려지는 상세도의 경우 얼마나 상세하게 표현할 필요가 있느냐에 달려 있으므로 예외이긴 하지만 기준 도면으로 보면 대부분의 실내건축도면 스케일이 상대적으로 클 수밖에 없다.

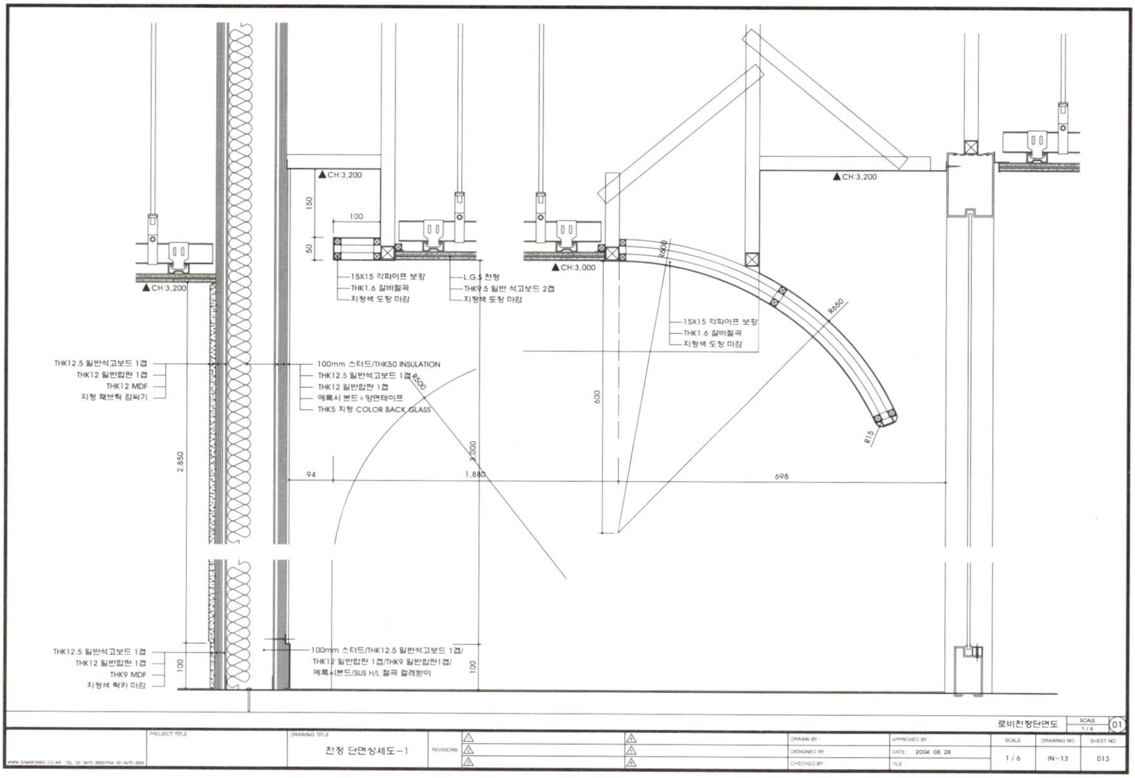

그림 07_
인테리어천장 시공 상세도 사례

단순히 도면 스케일에 대한 이야기가 아니라, 실제 시공 상의 허용오차 또한 이와 비슷한 양상을 가진다는 점이다. 시공 상 허용되는 오차뿐만 아니라 사용자의 눈길과 손길이 닿는 세밀한 부분까지 책임져야 하는 실내건축시공은 건축시공보다 상대적으로 오차에 대해 훨씬 민감하게 반응할 수밖에 없다. 예를 들어 이미지(그림06 참조)처럼 실제 실내건축 시공과정에서 건축물에 대한 오차를 보완하는 마감작업을 진행하는 경우, 기존 건축마감과 실내건축마감이 만나는 경계부위의 오차를 극복하기 쉽지 않은 경우가 종종 생기는데 이는 건축과 실내건축 사이의 시공오차에 기인한다.

디테일의 차이

두 분야 모두 시공에 필요한 상세설명이 포함된 도면이 목록에 포함되어 있으나, 두 분야의 디자인 목적에 따라 부위별 상세도 또한 다르게 그려지는 경우가 일반적이다. [프로젝트가 진행되는 환경, 설계사무실의 역량, 설계범위 등 여러 조건들과도 관계있는 부분이라 무조건 다르게 볼 수만은 없다] 이렇게 구분되는 상세도의 차이는 건축과 실내건축의 시공방법에서도 차이를 나타내게 된다.

예산부족이나 여타 상황으로 인해 건축시공만으로 건축물이 완공된 경우를 보면 재료의 적용방법, 마감재별 시공방법, 조명의 설치방법 등 여러 군데에서 미묘한 디테일의 차이가 눈에 띈다. 이러한 차이는 설계자가 디자인 적용을 어디까지 하는가에 따라 달라지기도 하지만 두 분야의 시공 전문가가 다르고 그에 따른 시공 노하우가 다른 점에서 기인하기도 한다.

건축과 실내건축이 동시에 진행되는 프로젝트의 경우, 건축주의 요구에 따라 실내건축 공사가 포함될 영역이 결정되고 나면 두 분야는 매우 긴밀한 유기적 관계를 가지고 작업이 진행된다. 건축도면이 어느 정도 결정되는 시점이 되면 본격적으로 건축개념과 조화를 이루는 실내건축계획 및 도면작업이 그 뒤를 따르게 되는데, 이러한 차이로 인해 각 분야별로 그려지는 도면의 종류 또한 구분해 작성되며 표현방법이나 디테일 또한 실내건축 시공에 맞춰 접근하게 된다.

사용재료_ 마감재의 차이

건축도면에 표현된 재료표기를 자세히 들여다보면 실내건축도면과 부분적인 차이를 발견할 수 있다. 기본 도면에서 표현되어 있지 않은 마감 재료를 확대도면에서 찾아낸다 하더라도 일반적인 재료 명으로 간략히 표기되어 있는 경우가 적지 않다. 이에 비해 내부 마감에 책임을 지는 실내건축 도면의 재료표기는 상대적으로 더 자세히 표현될 수밖에 없다.

예를 들어, 건축도면 상에 디자인되어야 하는 천장부분이 '인테리어천장마감'이라고 표기되어 있다면 건축가는 특정높이의 천장고를 가지는 공간적인 성격에 집중하고 있는 반면, 실내건축가는 천장의 부분적인 디자인까지 어떻게 처리하여 공간의 성격과 조화를 끌어낼 지에 집중한다. 더 나아가 천장의 마감 재료와 색상, 재질, 조명 삽입 시의 디테일까지 고민하여 공간의 퀄리티를 최대한으로 끌어올리는데 신경 쓰게 되므로 도면 표현이나 재료에 대한 설명까지 최대한 자세하게 표기되어야 한다.

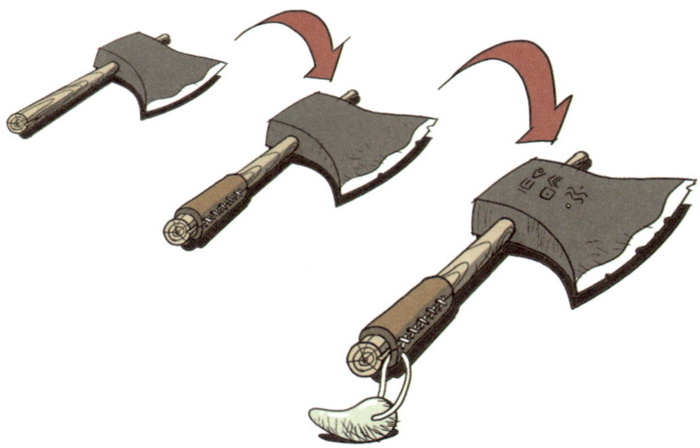

그림 08_
실내건축은 단순히 기능 뿐 아니라 아주 작은 부분의 디테일도 디자인의 중요한 표현수단이 될 수 있기 때문에 집요해질 수밖에 없다.

2. 실내건축 업무에 필요한 서류

'옛날에도 건물을 짓거나 고칠 때 지금처럼 복잡한 도면과 서류, 행정절차가 필요했을까?'

앞으로 우리 다음 세대가 살아야 할 세상이 지금보다 훨씬 복잡해질 거라는 건 지나온 과거를 돌아보면 쉽게 예측할 수 있다. 과거보다 지금이 훨씬 더 까다로워진 것처럼 뭘 하더라도 분명 지금보다 더 많은 법적 제약과 규정과 그에 걸맞은 서류작업이 필요해질 것이며, 디자이너든 시공자든 디자인 한 번 제대로 해 보기도 전에 서류더미에 지쳐 쓰러질지도 모르겠다는 불행한 생각이 든다. [한 백년 뒤에 자연환경이 더 나빠지고 인류는 나약해지고 아는 것, 지킬 것도 많아지고 서류로 모든 책임을 지우려는 관리자들이 늘어날수록 집 한 채 짓기 위한 허가 도서만 수만 장이 넘을 지도 모른다. 좋아지는 건지 나빠지는 건지 분명히 짚어볼 필요가 있는 부분이다.]

이렇듯 어느 분야를 막론하고 프로젝트 하나를 진행하는데 필요한 서류의 양은 만만치 않으며, 실내건축 분야 또한 좀 더 정교하고 정확한 업무 진행을 위해 갖추어야 하는 도면과 서류 종류 또한 시대의 발전과 더불어 만만치 않게 늘어나고 있다.

실내건축 업무진행에 필요한 서류를 살펴보면 계약에 필요한 법적 서류부터 착공에서 준공까지 공무와 행정상 필요한 각종 서류, 공사 진행에 필요한 설계도면, 공정표, 시방서, 자재품질관련서류 등이 갖추어져야 한다.

도면만으로는 공사에 필요한 모든 내용과 과정을 표현하는데 한계가 있다는 점을 전제로 하면 도면 이외에 공사 진행 과정에 필요한 주요 서류 정도는 함께 이해할 필요가 있다.

공사 진행과정에 필요한 행정서류와 설계내용에 직접적인 관계가 없는 행정서류를 제외한 공사내용과 직결되는 도서, 즉 실시설계 단계에 제출되는 도서를 중심으로 살펴보면 설계도면을 중심으로 설계 설명서, 시방서, 공정표, 내역서 등이 있으며, 특히 시방서는 도면과 같이 검토되어야 하는 가장 기본이 되는 서류 중 하나라고 볼 수 있다. 실내건축업무진행에 필요한 서류를 개략적으로 살펴보면 다음과 같다.

A. 실시설계도면(Construction Drawings): 공사에 필요한 모든 도면

B. 시방서(Specification): 재료, 마감, 시공방법 등에 대해 기술한 도면 보완 서류

C. 계약서(Contracts): 설계자와 클라이언트 간 법적체결에 필요한 내용을 담은 서류 (업무범위/ 납품내용/ 설계 및 공사기간/ 공사금액지불방법/ 내역서)

사실, 작은 아뜰리에 형태의 인테리어사무실에서 설계시작부터 공사마무리까지 갖추어야 할 행정서류들을 포함해 아래에 설명되는 공사관련 문서들을 완벽히 갖추어 업무를 진행하기에는 현실적으로 한계가 있다. 그러다 보니 개인을 주로 상대하는 소규모의 인테리어 사무실에서는 클라이언트가 납득할 수 있는 문서의 형태로 합리적인 선에서 적절히 처리하는 경우가 대부분이며, 승인과 업무 절차가 중시되는 대규모의 프로젝트를 주로 담당하는 설계회사라면 반드시 체계를 갖추어야 하는 내용이다.

설계 설명서

건축에서의 설계 설명서는 프로젝트의 전체 내용을 요약한 보고서의 형태로 납품되는 서류이나, 실내건축에서의 설계 설명서는 거의 대부분 입찰과정을 거치는 현장설명서에 가깝다고 볼 수 있으며 실제 입찰과정을 거치지 않는 경우 생략되는 경우도 많다.

대부분의 실내건축 관련 설계 설명서가 입찰안내서의 역할을 한다고 볼 수 있으므로 내용 또한 입찰에 필요한 내용 중심으로 작성되는데, 공사명, 공사위치, 현재 상황 등을 요약한 공사개요를 시작으로 공사시행범위, 견적적용범위 및 예외조항, 입찰규정 등이 기록되어 있다. 이 밖에 설계내용과 관련된 부분은 설계자와의 질의응답을 통해 이해하는 과정을 거치게 된다. [설계와 시공이 분리된 구도일 경우에 해당되는 내용이며, 현실을 보면 시기적으로 설계납품 이후 진행되는 과정이다 보니 설계자 측은 적극적으로 대응하지 않는 경향이 있다]

간혹 입찰과정에서 제시된 현장설명서의 내용과 실시도서납품 내용이 일치하지 않아 낙찰되고 난 다음에 문제가 발생할 수도 있으므로[대부분 감독관의 조율로 해결되기는 하나 공사비용에 큰 차이가 생기는 경우가 발생하면 양쪽 다 난감한 상황이 될 수 있다] 입찰현장에서 사용되는 설계 설명서의 입찰조건은 설계 및 시방서의 내용에 맞게 정확히 작성되어야 한다.

시방서(Specification)

시방서는 말 그대로 시공에 관련된 모든 내용이 포함된 공사업무 매뉴얼이라고 생각하면 된다. 흔히 공사에 쓰이는 자재, 시공방법, 시공의 퀄리티를 높이기 위한 기술자료 등이 포함되어 있어 도면으로 표현하는데 한계가 있는 부분을 알려주는 보완자료라고 생각할 수도 있으나, 시방서는 단순한 보충서류 정도가 아니라 입찰 시 예산 산출

제 1 장 총 칙

1. 적용범위
   1) 본 시방서는 0000000 실내건축공사에 적용한다.
   2) 각 공사에 있어서 다른 공사와 관련이 있는 사항에 대해서는 각기 그 해당사항을 준용한다.

2. 정 의
   1) 표준시방서 : 건설부 재정 건축공사 표준시방서 (Ministry of Construction Specification) 를 칭한다.
   2) 설계자 : 본 건물 실내장식 마감공사 범위 내를 설계한 자를 칭한다.
   3) 수급자 : 본 공사의 전부 또는 일부를 맡아 시공하는 자를 칭한다.
   4) 감독원 : 감독원이라 함은 감리자 및 건축주가 임명한 현장 감독자를 말한다.
   5) 현장대리인 : 본 공사 계약조건 및 기타관계법규에 의거 공사업자가 지정하는 책임. 시공 기술자로서 수급자를 대리하여 현장에 주재하면서 공사관리 및 기술 관리, 기타공사 관리업무를 시행하는 현장원을 말한다. "시공기사" 라 함은 현장대리인 또는 그가 고용하여 시공을 담당하는 자를 말한다. 현장대리인 또는 시공기사의 임명은 감독원의 승인을 받아야 하며 공정의 진행률에 따라 시공기사 및 SHOP DWG. 인원을 조정하여 현장에 상주하게 하고 공사계약 및 설계도서에 의거공사를 책임 시공하되 감독원의 지시에 순응하여 시공하고 공사 진행 중 책임 시공할 수 없다고 감독원이 인정 하는 자는 즉시 교체하여야 한다.

그림 09_
일반적인 표준 시방서의 총칙 부분

의 정확한 기준이 되고[도면에 우선한다] 입찰된 업체가 공사를 진행할 시 자재나 설비, 전기기구, 마감재, 가구 등의 발주 기준이 되며 시공 시 지켜야 할 공정 전체의 기준이 되므로 도면 이상의 효력을 지니는 매뉴얼 역할을 한다고 볼 수 있다. 또한 시방서는 문제발생시 분쟁의 가장 중요한 근거자료로 사용되므로 납품 시 중요하게 챙겨야 하는 자료 중 하나이다.

시방서를 목적에 따라 분류해 보면, 공사시방서(일반시방/특기시방), 재료 및 마감 시방서, 집기 시방서, 전기/기계 설비관련 시방서 등이 있다. 좀 더 세분화 설명하면 다음과 같다.

공사 시방서(Construction Specification Sheet)

간단히 말해 해당 공사현장의 시공에 필요한 재료 및 공종별 시공방법에 대한 내용이 들어가 있는 문서라고 보면 된다. 도면에 다 나와 있고 도면대로 시공하면 되는데 굳이 시공방법을 설명하는 설명서가 왜 필요할까?

공사를 진행해 보면 도면만으로 모든 설명이 불가능한 부분이 생긴다. 또한 작업자의 경험에 따라 같은 도면을 가지고도 다른 방식으로 시공하는 상황이 발생하기도 한다[이는 하자나 분쟁의 소지가 될 수도 있다]. 이처럼 도면은 일정부분 설명이나 표현의 한계가 있다. 그래서 시방서를 통해 도면상으로 설명하기 어려운 부분, 해당공사 진행에 필요한 규정 등을 기재하고 전체 공사의 지침서 역할을 하게 된다. 시방서 납품을 요구하는 수준의 공사일 경우, 일반적으로 인테리어, 기계설비, 전기, 소방 등 공사 종류별로 각각의 시방서를 만들어 제출하게 된다.

개략적으로 공사시방서의 항목들을 살펴보면 아래(그림09 참조)와 같다[업체나 공사내용에 따라 약간씩 차이가 있을 수 있다].

A. 공사개요: 공사명, 위치, 설비, 공사 종류 및 특성
B. 총칙: 공사의 적용범위 및 제반사항, 법규적용, 감독규정, 설계변경, 공정관리, 자재품질검사 및 승인, 현장 운영 및 관리체계 등 기술
C. 일반시방: 공정 / 단위공사별 일반사항 기술
D. 특기시방: 발주처의 별도 요구사항이나 해당 현장의 특수한 공정이나 특기사항 기술

실제 국내 실내건축 업무의 현실을 들여다보면, 실내건축공사협의회에서 제시한 방대한 양의 표준시방서를 기본으로 해당 공사현장의 공정에 맞게 내용을 보완, 삭제하여 작성하는 경우가 많은데 옳고 그름을 떠나 위의 내용들이 다소 형식적인 시늉에 가까운 서류로 치부될 때가 있다. 위의 서류를 정확히 갖추고 표준 시방에 맞게 까다롭

게 시공해야 하는 경우의 대부분은 기업이나 자치단체, 관공서 등이 발주하는 관급공사에 준하는 시공 현장이며 [필수적인 부분이다. 문제가 발생할 경우 법적분쟁의 근거자료가 될 수도 있다] 간단한 사급공사의 경우라면 클라이언트가 특별히 요구하는 경우도 흔하지 않으며, 설계자가 요구하는 특별한 시공기술을 요하는 경우가 아니라면 별도의 시방서 없이 현장상황에 맞추어 시공하는 경우가 대부분이다. 실제로는 시방서가 도면의 우선순위에 있기 때문에 형식적인 시방서를 만들거나 시방서를 생략하고 시공한 경우 추후에 클라이언트와 분쟁의 소지가 될 수 있으므로 시공현장에 제대로 적용할 수 있는 정확한 시방서를 만드는 것이 바람직하다.

샘플 사양서/ 시방서(Material/ Furniture/ Lamp/ Hardware Specification Sheet)

국내의 경우 통상적으로 위의 공사시방서와 나누어 샘플시방서 또는 샘플사양서로 분류하는 경우가 일반적인데, 이는 공사에 적용되는 마감재료, 집기, 조명기구, 설비기구, 각종 하드웨어, 외주가구 등 각종 샘플들에 대한 구체적인 정보와 등급, 기술자료, 공법 등을 묶어 납품하게 된다. 필요한 경우 공종별로 전기, 기계, 소방설비 등을 나누어 별도로 시방서를 만드는 것이 이상적이다.

이러한 샘플 정보들은 설계자 측에서 시공자 측이 문제없이 구입 가능하도록 해당 제품의 물품번호, 명칭, 설치위치, 실물이미지, 사이즈 등의 규격, 담당자의 정보가 정확히 기재되어 있어야 한다. 구입 가능한 기성샘플이 아닌 별도의 제작을 요하는 샘플이나 기성제품의 추가가공이 필요한 제품이 적용되는 경우에는 상세한 가공법에 대한 기술정보와 테스트용으로 만든 이미지 사례 등을 첨부하여 생산 및 제작에 문제가 없도록 정확히 설명되어 있어야 한다. (그림10 참조)

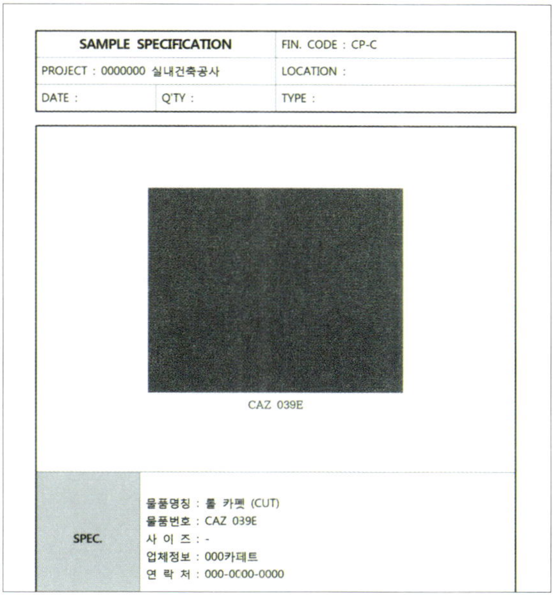

SAMPLE SPECIFICATION		FIN. CODE : CP-C
PROJECT : 0000000 실내건축공사		LOCATION :
DATE :	Q'TY :	TYPE :

CAZ 039E

SPEC.	물품명칭 : 롤 카펫 (CUT) 물품번호 : CAZ 039E 사 이 즈 : - 업체정보 : 000카페트 연 락 처 : 000-0C00-0000

그림 10_
마감재료 샘플사양서 사례일부

공정표(Progress Schedule)

공정표는 공사기간 동안 진행되는 각각의 단위공정을 분류하여, 공정별 작업 기간, 작업진도, 투입시기, 다른 공정과의 관계 등을 검토하여 전체공사 기간 안에 전략적으로 배치한 스케줄표라고 볼 수 있다.

공사의 규모와 난이도에 따라 표현방식 또한 달라질 수 있는데, 공정이 비교적 단순하거나 소규모일 경우는 막대그래프 형식으로 그려진 바-차트가(Bar Chart, 표01 참조) 일반적으로 많이 사용되며 상대적으로 공정이 복합적이며 공정 간의 관계를 검토해 공사기간에 적용해야 하는 경우는 네트워크 공정표를 사용하는 것이 효율적이다. [주로 건축공사에서 많이 사용되며 실내건축공사에서는 대규모로 행해지는 복합적인 공사가 아니라면 클라이언트도 쉽게 이해할 수 있도록 바-차트가 많이 사용된다]

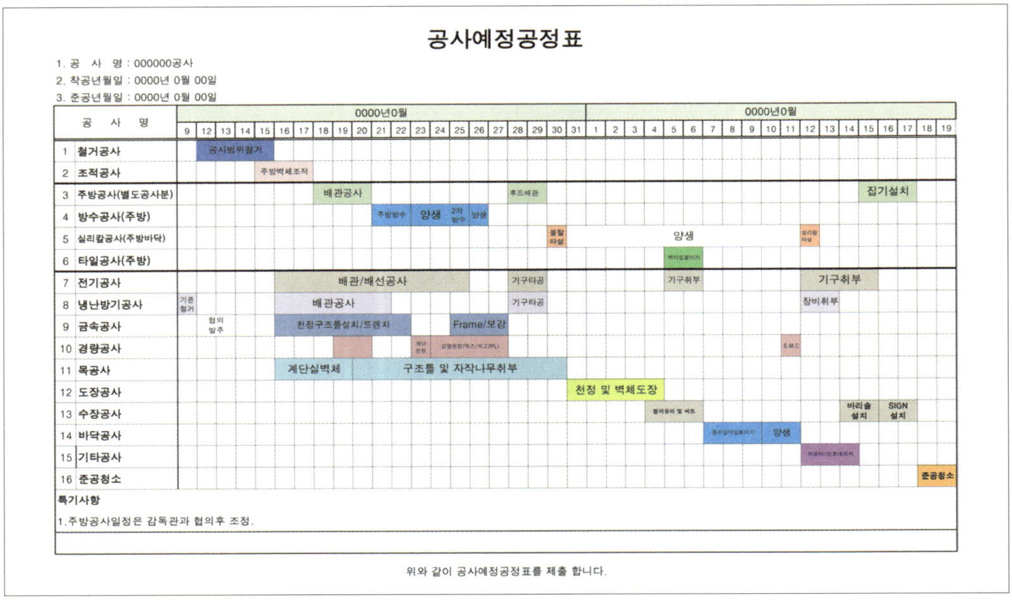

표 01_
바-차트 공정표 사례

설계내역서

간단히 말해 공사에 필요한 비용 근거를 정리한 문서이다. 설계도면이 만들어지고 나면 이를 토대로 공사가 진행되는데 드는 자재비, 노무비, 지원설비, 경비 등 발생되는 모든 비용요소들의 수량 산출근거 자료를 뽑고 자료들의 총합을 통해 총 공사예정가가 결정된다.

설계규모가 상대적으로 작은 경우이거나 일반적인 사급공사의 경우 설계사무실 내에서 자체적으로 견적서를 간략히 만들어 내는 경우가 일반적이며, 관급공사나 규모가 큰 설계를 진행할 경우는 별도 비용을 들여 전문 견적회사에 의뢰하는 것이 더 효율적일 수 있다.

설계내역서는 개략적으로 아래의 항목들을 포함한다.

A. 수량산출근거: 공사종류별로 포함되는 각 항목들의 규격, 단위를 토대로 수량을 산출하여 내역을 뽑아내는 근거로 사용

내 역 서

■ PROJECT :0000000 실내디자인공사

NO.	품 명	규 격	단위	수 량	재료비		노무비		경비		합계		비 고
					단가	금액	단가	금액	단가	금액	단가	금액	
		총 괄 표											
1	가설공사												
2	비계공사												
3	철거공사												
4	바닥공사												
5	천장공사												
6	벽체공사												
7	무대 시스템공사												
8	화장실공사												
9	연서관 사워실공사												
	소 계												
10	일반관리비												
11	공과잡비												
12	산재보험료												
13	고용보험료												
14	건강보험료												
15	국민연금보험료												
15	안전관리비												
16	이윤												
	총 계												

표 02_
내역서 총괄 사례

NO.	품 명	규 격	단위	수 량	재료비		노무비		경비		합계		비 고
					단가	금액	단가	금액	단가	금액	단가	금액	
1	가설공사												
	먹매김		㎡	1354.0									
	보양		㎡	1354.0									
	자재운반		㎡	1354.0									
	내부수평비계		㎡	1354.0									
	현장정리청소		㎡	1354.0									
	준공청소		㎡	1354.0									
	폐자재처리		㎡	1354.0									
	소 계												
2	비계공사												
	무대전면 내부비계	강관비계	㎡	795.0									
	장비렌탈	고소작업차	대	4.0									
	소 계												

표 03_
공종별 내역서 사례

B. 단가조사표(적용단가): 물가정보/ 물가자료 등을 참고하여 각 항목의 단가를 자재 및 인건비로 나누어 산출

C. 일위대가: 단위공사별 사용되는 각각의 재료와 인건비, 경비의 합계를 산출

D. 내역서: 위의 일위대가를 토대로 공사종류별 재료비와 인건비, 경비 등의 합계를 산출

E. 원가계산서(공사예산서): 재료비와 노무비를 더한 합계에

조달청에서 제시한 요율에 따라 보험 및 관리 등의 경비, 이윤, 세금 등을 합산하여 산출

이러한 예정공사비용은 국내의 경우 정부에서 고시한 표준품셈에서 제시한 고시 가격을 기준으로 산출되고 공사 발주처는 이를 기준으로 낙찰 예정가를 정하고 응찰하는 업체들도 이 기준을 토대로 응찰가를 산출하는 것이 일반적이라고 볼 수 있으나, 건축과 달리 디자인에 따라 표준화하기 어려운 공정이 다수 포함되어 있는 실내건축공사에 일괄로 적용하기에는 무리가 따른다. 국가에서 제시하는 표준품셈이 주기적으로 갱신되기는 하나 자재의 가격이나 노무비, 각종 제반 경비는 건설경기에 따라 수시로 변하고 있으며, 표준품셈에 제시되어 있지 않은 공법을 사용한다면 기준 자체가 모호해질 수밖에 없기 때문이다.

중요한 것은 견적산출을 위한 가장 중요한 근거는 도면이라는 점이다. 도면이 얼마나 자세하게 나와 있는가가 결국 얼마나 정확한 견적을 뽑아내느냐와 직결되어 있으므로 실시설계 단계의 도면작업은 실내건축 모든 업무의 핵심이라고 볼 수 있다.

도면에 대한 이해

1. 도면이 필요한 이유
2. 도면의 약속
3. 실내건축 프로세스별 도면의 형식

인테리어도면을 설명하기 전에 기본적으로 '도면'이라는 매체의 속성에 대해 알아보자.

도면이 왜 필요한지, 제한적인 크기의 매체를 통해 2차원으로 표현할 수밖에 없을 때 어떠한 한계를 가지고 있는지, 이러한 한계로 인해 어떻게 표현하는 것이 최선의 방법인지 등을 알아보고 이를 토대로 실내건축공사에 필요한 도면으로 범위를 줄여보면 그동안 막연하고 머리 아프게만 생각됐던 인테리어도면이 좀 더 친근하게 다가올 수 있을 것이다.

1. 도면이 필요한 이유

도면의 필요성

하늘을 올려다보면 가끔 엄청난 엔진소리와 공기를 가르는 소리가 뒤범벅이 된 비행기를 발견할 때가 있다. 누군가는 비행기의 굉음에 인상을 찌푸릴 수도 있고 다른 누군가는 '나도 비행기타고 여행이나 가고 싶다'라는 엉뚱한 상상을 할 수도 있을 것이다. 또 다른 누군가는 저 비행체가 어떻게 만들어지고 어떤 원리로 지금 내 머리 위를 날아다니는 게 가능할까 하는 학구적 질문을 던질 수도 있을 것이다.

식탁이 필요해 가구점에 들렀다고 상상해 보자. 딱 마음에 드는 테이블을 찾지는 못했지만 그나마 제일 괜찮아 보이는 제품의 가격을 보고는 머릿속이 혼란스러워지며, 이 중 손재주 뛰어난 누군가는 아래와 같이 혼잣말을 중얼거릴 수도 있다.

'저 식탁은 재료와 공구만 있으면 더 싸게 나도 만들 수 있을 거 같은데?'

평소 인테리어에 관심이 많고 만드는 데 일가견이 있는 사람이라면 한 번은 해봄직한 생각이다. 방송매체를 통해 직접 만들어 소개하는 경우를 본 적이 있다면 좀 더 자신감이 생길 수도 있다. 하지만 조금만 현실적으로 계산해 보면 실제 만듦새나 내구성, 재료와 마감의 퀄리티, 만드는데 든 노동과 시간에 대한 비용, 사용한 공구의 감가상각비까지 다 따지면 처음에 비싸다고 생각되었던 대량생산된 식탁을 사는 게 마음도 몸도 편할지도 모른다는 결론으로 돌아갈 수도 있다.

도면 얘기를 하는데 뜬금없이 비행기나 식탁 얘기를 꺼낸 이유는 위의 두 고민에 필요한 가장 기본적인 작업이 도면이기 때문이다. [물론 비행기는 도면만으로 모든 게 해결되는 건 아니다] 비행기야 일반인이 상상할 수도 없는 전문가 집단의 복잡한 설계도와 제반시설이 있어야 가능할 테니 '직접 만들어 볼까?' 라는 비현실적 자신감을 가지긴 불가능하겠지만, 식탁 정도는 공방 몇 달 다니면서 익힌 손재주라면 완성도와 무관하게 직접 설계도[전문적인 도면이 되지 않아도 가능한]를 그려 만들어 볼 용기를 내는 게 가능한 작업이다.

머릿속 상상만으로 만들어 낼 순 없을 테니 이럴 경우 만드는 기준이 되는 가장 기본적인 필수 선행 작업이 '도면그리기'이다. 위의 예시들을 도면작업에 초점을 두고 두 가지 관점에서 짚어보자.

첫째로, 비행기는 컴퓨터, 전자, 전기, 물리, 기계, 디자인 등 다양한 방면의 전문가 집단이 필요하고 식탁은 상대적으로 디자이너와 목수만 있어도 [디자인에 따라서는 금속전문가가 필요할 수도 있다.] 또는 혼자 북 치고 장구 치는 게 가능한 작업이라는 점이다.

두 번째로, 비행기는 각 집단들이 서로 공유할 수 있는 설계도의 표준과 약속이 있을 때 협업이 가능한 작업이고 식탁은 내가 만든다는 전제하에서 보면 나만 알아보면 되는 간단한 스케치나 치수만 포함된 어설픈 전개도 몇 장으로도 가능하다는 점이다. [완성도와는 무관한 이야기이며 공장생산, 또는 다양한 공법이 들어가는 가구라면 또 다른 이야기가 될 수 있다]

이를 실내건축 작업과 연계해 생각해 보면, 실내건축의 작업범주는 비교적 간단한 칸막이 공사나 데코레이션부터 건물의 리모델링까지 그 작업 범위가 다양하다 보니, 어설픈 설계자는 내가 만든 식탁처럼 도면을 그리기도 하고 뛰어난 설계자 집단은 비행기처럼 도면을 그리기도 한다는 점이다.

제대로 된 도면작업의 중요성을 강조하기 위해 한 가지 예를 더 들어

보자.

유명 브랜드의 가죽을 이용한 가방의 가격꼬리표를 보고 눈이 휘둥그레져 본 사람이라면 이러한 가격을 두고 가치에 합당한지 거품인지 혼란스러워한 경험이 있을 것이다. [합당한 것도 많고 상술에 눈이 먼 사람들을 대상으로 한 거품인 제품도 많다] 가죽으로 재단하고 바느질하고 장식 몇 개 단 가방 하나가 몇 백만 원에서 몇 천만 원을 호가하는 걸 어떻게 이해해야 할까? 직접 만들어 보지 않으면 이해하기 어려운 이야기이다. 가죽이 어떻게 만들어지고 어떤 가죽을 사용하고 어떤 공정을 거치고 마감을 어떻게 처리했는지, 어떤 보강재를 사용하고 어떤 마감 약품을 사용하고 얼마나 정교하게 작업되었는지, 어떤 실을 사용했는지, 편리함과 내구성을 위해 어떤 노하우를 가지

그림 11_
라이트형제가 도면하나 없이 그저 뚝딱거려 비행기를 만들어보고 실패하면 또 만들어보는 무모함으로 의욕만 부렸다면 지금의 비행역사는 바뀌었을 지도 모른다.

고 있는지, 어떻게 금속 장식 하나가 만들어지는지 그 희소성에 대해 견학이라도 하고 나면 생각이 좀 달라질 지도 모르겠다. 여기다 눈에 보이지 않는 브랜드의 심리적 가치에 투자된 마케팅 비용까지 고려하면 조금은 이해가 될 지도 모르겠다.

이러한 일련의 작업과정도 패턴[흔히 가방이나 패션분야에서는 도면이 아니라 패턴이라고 부른다]이 가장 중요한 역할을 한다.

실내건축의 도면과 일맥상통하는 이야기이다. 어설픈 패턴에 어설픈 가방이 나오는 건 당연하고 노하우가 축적된 정교한 패턴에 정교한 가방이 나오는 건 지극히 당연한 이야기이다. 가방이나 지갑 하나도 제대로 만들어지기 위해 정교한 설계도가 필요한데, 하물며 사람이 생활하기 위한 공간을 만드는 작업이라면 정확하게 그려진 제대로 된 도면이 얼마나 중요한 역할을 담당하겠는가? 위에서 예로 든 비행기와 식탁도 결국 같은 맥락이다.

도면이 어설프면 결국 작업과정도 어설프고 결과물 또한 어설프다. 그래서 제대로 된 도면을 그리고 이해할 필요가 있다.

실내건축 도면의 이해

모든 생산 작업의 두 가지 키워드는 '그리기'와 '만들기' 이다.

여기서 그리기는 문자의 발명과 진화와 같이 문명의 발전과 함께 고도로 진화된 형태로 체계화된 결과물인 '설계도', 즉 도면이 되고, 만들기는 누적된 기술력과 노하우가 집약된 '생산'의 의미로 해석될 수 있다. 우리가 실내건축의 도면을 이해하기 위해서는 위에서 설명한 너무나 당연한 개념을 바탕에 깔아놓을 필요가 있다.

실내건축을 앞서 언급한 비행기와 식탁의 경우에 대입해 이야기해보자. 전자에 가까울까? 후자에 가까울까? 애매하다.

인텔리전트 빌딩의 실내공사를 각종 전문가 집단과 협업하여 진행하여야 한다면 전자에 가까울 수 있고 우리 집 도배를 새로 하고 가구 몇 개 짜 넣는 수준이라면 후자에 가깝다고 볼 수도 있다. 원목 식탁 짜는 것처럼 주부의 비상한 감각과 각종 DIY 가게들만 잘 알아도 설계사무실 수준의 도면이 아니어도 가능한 작업이다. 그래서 동네 인테리어 가게에 일을 의뢰해 보면 제대로 된 도면 한 장 없이 잘도 만들어내고 이런 작업도 큰 범주에서 보면 실내 건축 공사업에 해당된다 해도 받아들일 수밖에 없다.

실내건축 분야의 작업범주라는 것이 이렇게 늘어난 고무줄의 끝과 끝이다 보니 그 사이에 놓인 작업들을 놓고 표준화된 도면작업을 해야 할 필요성에 목메지 않는 건 어찌 보면 당연한 결과인지도 모른다. 또한 작업의 범주가 이렇다 보니 시공자도 치밀하지 못하게 작업하거나 경험으로 지금까지 해 왔던 자기방식만 고집하게 될 수도 있고, 이에 따르는 견적도 일식으로 애매모호하게 계산되어 클라이언트는 개운하지 못한 기분으로 공사금액을 지불해야 할 수도 있다.

실내건축공사는 다양한 전문가집단이 모인 협업의 과정이다. [우리 집 도배하기 정도의 간단한 작업을 실내건축이라 지칭하는 게 아니라면] 설계전문가, 전기전문가, 기계전문가, 조명전문가, 목수, 금속전문가, 석재전문가, 도장전문가, 미장전문가, 창호전문가, 방범전문가, 사인전문가, 디스플레이어 등 수많은 전문가 집단의 총합이 결과물로 도출된다. 이 때, 공사가 조화롭게 진행되고 완성되기 위해서는 이러한 전문가들이 일관되게 이해할 수 있는 소통수단이 꼭 필요하다.

이러한 소통을 위해 디자인된 공간을 약속된 표현방법으로 그린 양식일체를 실내건축도면이라고 정의할 수 있다. 실내건축설계를 바탕으로 협력관계에 있는 전문가들 또한 실내건축도면을 이해하고 자기 분야의 표준화된 도면을 만들어낼 수 있어야 하며, 서로의 작업이 원활히 진행될 수 있도록 각 방면의 도면들을 이해할 능력을 갖추는 것은 필수적인 부분이라고 할 수 있다.(그림12 참조)

그림 12_
다양한 전문분야가 참여하는 실내건축 작업의 특성 상 관련 전문가들의 작업 바탕은 도면의 공유와 이해로부터 출발한다.

2. 도면의 약속

도면은 또 다른 언어

사용하는 언어가 다른 5~6세 정도 되는 어린이들 [부모의 교육열정으로 인한 외국어 선행학습 따위는 없다고 전제하고] 몇 명을 모아 팀을 짜주고 팀원들의 의견을 모아 살고 싶은 집을 구상하고 모형으로 표현해 보는 과제를 내 준다고 가정해 보자.

어떤 일이 벌어질까? 처음에는 손짓 발짓 해가며 자신의 의견을 설명하려고 노력해 보겠지만 어느 순간 서로 이해시키는 게 불가능하다는 상황을 인식하게 된다. 뭔가 다른 표현방법이나 도구를 이용해야겠다는 생각에 이르게 되면 본능적으로 손에 크레파스나 펜을 쥐고 종이위에 자신이 생각한 집을 그리기 시작한다. 집을 만들기 위한 어떠한 사전학습도 없었으므로 자신만의 표현방식으로 그리고 이해시키려 들 것이다. 쉽지 않은 작업이다. 그러면서 시행착오를 겪다보면 서로 이해할 수 있는 그리기 방식으로 점차 표현의 간극이 좁아지게 되고 그 결과물이 결국 집을 짓기 위한 설계도가 된다. 만약 다른 팀에게 이 결과물을 보여준다면 어떻게 될까? 그 팀은 그 팀만의 방식으로 소통을 하고 있었을 테니 결과물을 그린 팀 내의 통일된 이해방식과 무관하게 상대 팀은 이해하기 어려운 암호로 보일 수도 있다.

21세기를 살고 있는 우리가 접하는 각종 설계도면들은 위의 가정처럼 이러한 시행착오와 고민의 결과가 표준화된 '제작언어'라고 볼 수 있다. 언어를 사용하기 위한 문법이나 표현규칙에 대한 지식이 부족하면 그만큼 이해도가 떨어질 수밖에 없고 어학자처럼 언어사용에 대한 규칙들을 줄줄이 꿰고 그 언어를 사용한다면 전달력 또한 높아지는 건 당연하다.

처음 외국어를 배우면 등에 땀이 나고 긴장될 수밖에 없다. 그렇다고 하더라도 결국은 의사소통을 위한 도구에 불과하다. [문학작품처럼 언어에 학술적 가치를 부여하는 관점은 제외하고] 도면도 이와 별 다를 바 없다. 건축물을 짓고 공간을 디자인하기 위한 수단에 불과하다. 시공자가 제대로 이해하고 만들 수 있게 그리면 그걸로 충분하다. 거기에 한 가지만 덧붙이면, 설계자는 어느 시공자가 와도 공통적으로 이해할 수 있는 규칙과 표준에 따르는 사항들을 충분히 습득하고 그리는 훈련이 필요하고 시공자는 그려진 설계도면을 공통의 규칙에 맞게 이해하고 시공할 수 있는 지식을 갖추어야 한다.

도면을 그리고 읽는 기술이 외국어 하나를 마스터할 정도로 어려운 작업은 아니다. 정작 설계가 어려운 이유는 도면을 그리는 기술이 어려워서라기보다 무엇을 그려야 하는지에 대한 창조와 디자인에 대한 고뇌 때문이다. 복잡한 도면 앞에 지레 주눅 들지 않고 찬찬히 짚어보고 익히면 크게 어려운 것도 없는 게 도면이라는 언어이며 이 언어가 표현하고자 하는 약속들만 정확히 이해하면 그다지 힘들지 않게 도면을 마주 대할 수 있을 것이다.

3차원의 2차원화

실내건축은 공간을 디자인하고 만들어 내는 작업이다. 문제는 이 작업의 결과물이 3차원이라는 점이다. 그리고 우리가 이러한 3차원을 만들기 위해 설명할 수 있는 가장 익숙한 매체는 2차원이다. [가까운 미래에 일반화가 될 지도 모르는 홀로그램 식의 3차원은 논외로 하자. 3차원을 그려놓은 투시도 또한 결국은 2차원의 매체에 표현되며 엄밀히 분류해 보면 도서에 포함은 되나 도면이라고 볼 수는 없다] 2차원의 화면이나 종이를 가지고 3차원을 제대로 설명할 수 있어야 설계자의 의도대로 공간을 만들 수 있다. (그림13 참조)

흔히 접하는 평면도, 입면도, 단면도 등이 결국은 3차원을 설명하기 위한 도구로 가장 적합하다고 판단되어 만들어진 대표적인 도면들이다. 여기서 좀 더 정교하고 복잡한 형태와 기능을 시공하는데 최적화시키기 위한 방법들을 표현하기 위해 이것저것 다른 종류의 도면들이 덧붙여진다고 이해하면 된다.

실내건축도 분야가 정립되어 가면서 거의 사라진 모습이긴 하지만 아직도 가끔 평면도 한 장 들고 시공현장을 컨트롤하는 경우를 볼 때가 있다. 이 경우는 시공관리자의 머릿속에 3차원이 대략적으로 그려져 있는 상태에서 평면을 기준으로 바로 시공자에게 지시를 하는 걸로 볼 수도 있으나, [때로는 설계자가 그저 2차원의 평면을 3차원으로 뽑아 올리는 정도로 판단하고 시공하면서 즉흥적으로 덧붙이는 무모함일 수도 있다] 이는 참으로 위험한 발상이자 원시적인 관행이다.

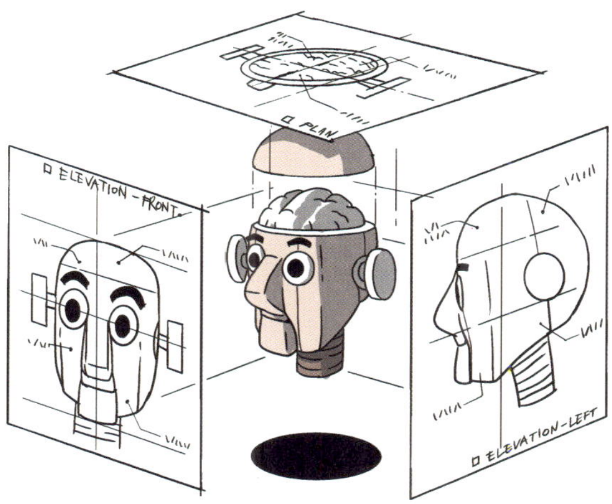

그림 13_
2차원으로 쪼개서 설명하기 힘든 유기적 형태가 아니라면 대부분의 3차원은 2차원의 형태로 설명할 수 있다.

공통의 약속

지금까지 언급한 대로 도면이라는 매체를 언어에 비유해 보면 결국은 도면에도 정확히 알아듣기 위한 문법과 규칙이 필요하다는 점이다. 이러한 규칙들이 약속된 그림, 기호, 문자 등으로 표현되어 있을 때 관련 분야와 통일된 언어로 의사소통이 될 수 있으며 어떠한 시공현장에서도 오해 없이 제대로 시공이 가능해진다.

건축과 달리 실내건축에서 이러한 약속이 상대적으로 약한 몇 가지 이유 중 하나를 들자면 실내건축 분야가 갖는 독특한 업무구조 때문이다. 건축은 일반적으로 설계와 시공, 감리가 명확히 법적으로 나누어져 단계적으로 업무가 진행되는데 비해 실내건축은 입찰과정을 거치지 않는다면 한 조직이 일괄적으로 전체 프로세스를 진행하는 경우가 일반적이다. 쉽게 말해, 건축은 디자인하는 사람(설계자), 짓는 사람(시공자), 감독하는 사람(감리인)이 다른 경우가 일반적이다 보니 누구라도 이해할 수 있는 언어로 통일된 도면을 만들기 위해 최선을 다하는 반면, 실내건축은 이 세 사람이 동일집단인 경우가 흔하다 보니 도면을 그리는 사람은 해당 집단만이 이해하는 언어로 그리고 말이 통하는 같은 조직 내의 사람이 짓고, 잘못된 점이 없는지 관리하는 사람 또한 같은 언어를 사용하는데 익숙한 조직 내에 있다. 그래서 인테리어사무실마다 자기네들의 관행에 맞는 도면 표현법을 쓰는 데 익숙해질 수밖에 없다.

현실적인 업무구조가 위와 같다하더라도 앞으로 실내건축 분야의 업무구조 변화, 타 분야와의 협력을 통한 업무범위 확대, 제도적 정립 등을 고려하면 도면작업에 있어 범용으로 사용되는 공통된 약속은 지속적으로 정립되어야 할 부분이다.

3. 실내건축 프로세스별 도면의 형식

설계가 진행되는 단계별로 작성된 도면들은 그 단계에서 필요한 각각의 목적을 지니고 있다. 앞서 설명한 단계별 업무진행과정을 토대로 각 단계에서 만들어지는 결과물들 중 도면을 중심으로 종류와 특성을 살펴보자.

계획설계 단계(Schematic Design)

계획설계 단계에서는 우리가 흔히 접하는 구체적인 도면 결과물은 나오지 않는다. 본격적인 도면을 작성하기 위한 전 단계로 전체 공간구성을 위한 조닝(Zoning), 동선(Circulation), 스페이스 프로그램(Space Program), 스케치 등을 통해 공간에 대한 개념을 잡고 기능에 대해 검토하고 디자인 아이디어를 도출해 내는 단계이다. (그림14,15 참조)

그림 14_
필요에 따라서는 구현하고자 하는 공간의 개념과 이미지를 간략한 스케치로 시각화할 수 있다.

그림 15_
계획설계 단계의 결과물은 조닝 및 동선 등에 대한 구상과 그에 따른 분석을 통해 향후 진행될 설계안의 전체 개념을 도출해내기 위해 필요한 기본 자료로서의 의미를 가진다.

기본설계 단계(Design Development)

기본설계의 목적은 앞서 언급한 것처럼 디자인 개념에 대한 검증, 클라이언트와의 협의가 주 목적인 만큼 구체적인 디자인 결과물, 즉 도면이 나오는 단계로 볼 수 있다.

기본적으로 포함되어야 할 주요 도면 목록은 다음(표04 참조)과 같다.

평면도 (Floor Plan)	공간구성 / 동선체계 / 실구성 / 가구 / 개구부 / 기본 마감재료 등이 표현된 도면
천장도 (Reflected Ceiling Plan)	천장면 디자인 / 조명배치 / 조명종류 / 주요 천장마감재 등이 표현된 도면
입면도 / 전개도 (Elevation)	벽면 디자인 요소 / 색채 / 마감재 등이 표현된 도면 - 실내건축도면은 시공을 위한 전개도를 그리는 것이 바람직하나 기본도면 단계에서는 디자인 검토가 주목적이므로 입면도로 작업하는 경우가 일반적이다
주단면도 (Section)	층간 관계나 디자인 요소를 잘라서 동시에 설명할 필요가 있을 때 주요 부위의 단면을 표현한 도면 - 실내건축도면은 시공을 위한 전개도를 그리는 것이 바람직하나 기본도면 단계에서는 디자인 검토가 주목적이므로 입면도로 작업하는 경우가 일반적이다

표04_
기본설계도면 목록

그림 16_
기본설계단계 결과물은 클라이언트와의 협의과정에 필요한 자료들로서 구체적인 도면자료 및 투시도, 재료와 색채 계획 등 전체적인 디자인방향을 결정하는데 주 목적이 있다.

실시설계 단계(Construction Drawings)

기본설계 단계에서 검토된 디자인결과가 확정되면 이를 토대로 기본 도면에서 표현되지 않은 세부적인 디자인 및 견적을 산출해 내기 위한 기준이 되는 도면 성과물이 나와야 하며, 여기서 작성된 도면은 기본적으로 시공에 필요한 모든 치수, 구체적인 마감재, 정확한 시공을 위한 상세정보가 담겨진 상세도(그림17 참조) 등 시공에 필요한 모든 정보가 담겨 있어야 한다.

일반적인 실시설계도면에 포함되어야 하는 인테리어 도면목록을 살펴보면 오른쪽 표(표05 참조)와 같다.

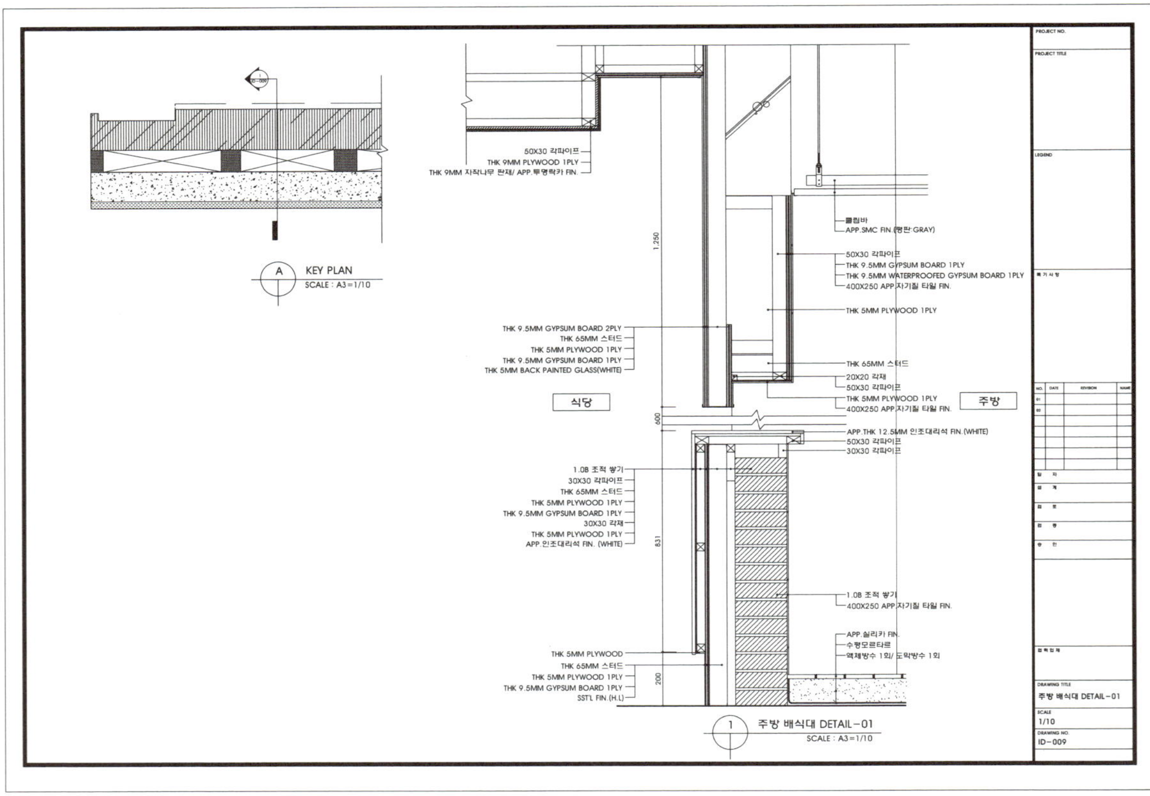

그림 17_
주방 벽체 시공 상세도 사례

구분	도면	내용
인테리어 제작 (★:중요도)	배치도 (Site Plan) (필요한 경우)	대지에 대한 상황이나 외부환경에 대한 정보가 필요할 때 작성되는 도면으로 건축과는 달리 대부분의 인테리어도면에서는 생략하는 경우가 일반적이다. ★
	철거도면 (Demolition / Construction Plan)	기존 건축물에 인테리어공사가 진행될 경우, 철거 및 신설 벽체 등에 대한 정보를 기입한 도면 ★★
	평면도 (Floor Plan)	기본설계도면의 평면을 토대로 마감선, 시공치수, 마감재 등의 상세정보를 기입한 도면 ★★★
	천장도 (Reflected Ceiling Plan)	천장 시공에 필요한 모든 정보가 담겨진 도면으로 천장면 디자인 / 마감재 / 조명의 종류와 위치 / 스프링클러 / 화재감지기 / 디퓨저 등이 표기된다. ★★★ 일반적으로 천장도에서는 조명이나 냉난방, 공조를 포함한 디자인 중심의 정보가 표현되고 각종 전기배선, 전원, 기구들은 별도로 전기도면에 표현하는 것이 일반적이나 경우에 따라서는 천장도에 모두 표현하는 경우도 있다.
	단면도 (Section)	층고 / 천장고 / 바닥 및 천장 레벨 / 단면마감 / 슬라브 마감 등의 단면 요소 등을 기입한 도면으로 인테리어도면에서는 필요한 경우를 제외하고는 보통 전개도로 표현한다.★★★
	입면/전개도 (Elevation)	공간 내부, 외부 입면을 전개하여 표현한 도면으로 시공관련 치수, 벽면 마감재와 요철 등을 상세히 기입한 도면 ★★★ 공사를 진행하기 위한 목적이므로 전개도로 펼쳐 그리는 것이 바람직하다.
	상세도 (Detail)	일반 도면에서 표현하는데 한계가 있는 부분이나 디자인 및 시공을 위한 설명이 필요한 부분을 1/10이상의 스케일을 적용하여 작성한 도면 ★★★ 일반적으로 천장상세, 벽상세, 바닥상세, 가구 및 집기상세, 창호상세, 계단 및 난간 상세도 등이 있다.
	마감평면 (Finish Plan) (필요한 경우)	평면도나 전개도 등에서 마감재에 대한 정보까지 표현하는 것이 일반적이나 필요한 경우, 마감에 대한 정보만 별도로 분류해 작성한 도면 ★★ 마감표(Finish Schedule)와 마감기호에 대한 정보도 함께 표기하여야 한다.
	가구배치도 (Furniture Installation Plan) (필요한 경우)	평면 상의 가구의 종류, 배치와 간격, 치수정보 등을 별도로 기입한 도면 ★★ 가구의 마감재, 사이즈 등의 정보를 담은 가구일람표(Furniture Schedule)를 포함하여 작성한다.
	집기도면 (Furnishing Plan) (필요한 경우)	공간 내에 설치되는 집기, 비품, 장식 류의 정보를 표현한 도면으로 별도의 일람표를 함께 작성하는 것이 바람직하다. ★★
외주 제작	전기설비도면 (Electrical Plan)	분전반, 전원, 스위치, 배선, 조명정보, 전화, 랜케이블 등 전기관련 정보를 표현한 도면으로 별도의 전기설비관련 전문가와의 협의과정을 통해 작성된다.
	기계설비도면 (Mechanical / Plumbing Plan)	냉난방 / 공조 / 환기 / 습도조절 / 급수 및 배수 등 각종 기계설비관련 정보를 담고 있는 도면으로 기계설비관련 전문가와의 협의과정을 통해 작성된다.

표05_ 실시설계 도면 목록

이 밖에도 국내에서는 잘 쓰이지 않지만 구조적 부분에 대한 해결책이 필요할 경우라면 구조도면(Structural Plan)이 추가되어야 하고, 화재에 대비한 비상구, 방화벽, 방화구획이 표현된 소방도면(Fire and Life Safety Plan)이 추가될 수도 있다.

현장설계 단계(Shop Drawings)

공사 진행 중 현장상황으로 인해 납품된 설계도서 내용과 시공내용에 차이가 발생할 경우, 변화된 내용을 표현한 도면으로 디자인 변경이나 클라이언트의 요구에 따라 보완된 모든 도면에 적용되며 최종적으로 준공과 함께 클라이언트 측에 전달되어야 한다.

실내건축 도면보기의 기초

1. 도면 구성에 대한 이해
2. 도면 스케일에 대한 이해
3. 선의 종류와 치수에 대한 이해
4. 도면기호에 대한 이해
5. 재료마감 표현방법에 대한 이해

"왜 이렇게 표기하자고 약속했을까?"
사실 전공자들도 도면을 들여다보면 머리부터 아프다. 일상에서 접하기 힘든 각종 기호와 용어, 복잡하게 얽혀있는 선들이 조합된 추상화 한 편을 보고 아무렇지도 않으면 그게 더 이상하지 않을까? 그 복잡한 조합들 전체가 한 눈에 들어오니 한 번에 읽힐 리도 없다. 그래서 설계도면을 접한 경험이 없는 일반 클라이언트에게 처음 도면을 보여주면 막막한 표정을 짓는 것도 당연하다. [이러한 이유로 설계자는 괴롭겠지만 대부분의 클라이언트는 쉽게 이해할 수 있는 모형이나 투시도를 선호하고 요구한다. 그것도 터무니없이 짧은 시간에…]

하지만 도면이 어떤 규칙을 가지고 그려지는지, 도면을 읽을 때 어떤 방식으로 읽어야 하는지에 대해 적당히만 이해해도 복잡해 보이기만 했던 도면 보기가 조금은 수월해지고 미간의 주름도 약간씩 펴지게 된다. 결국 도면을 그리는 규칙도 보통의 상식을 가진 사람들이 만들었다. 시대를 거치면서 이해하기 쉬운 방향으로 다듬어지고 보완되고 개선된 결과가 오늘날 우리가 보고 있는 도면일 뿐이다.
이런 관점에서 도면에 사용된 표현방법들은 최대한 '직관적'이어야 한다. 직관적이지 못하다면 그 규칙은 반드시 개선되어야 한다. 현재의 도면제작 규칙이 최선이라고 생각하지만 꼼꼼히 따져보면 오늘날의 도면제작도 잘못된 관습이 남아있어 직관적이지 못하고 오히려 혼란을 일으킬 여지가 있는 부분들이 남아 있을 수 있다. 하물며 아직 체계가 부족한 인테리어도면은 타 분야보다 체계화의 여지가 더 남아있어 보인다.

3장에서는 도면에 기본적으로 사용되는 약속들과 심벌, 기호, 용어, 치수의 표기방식 등 설계내용을 표현하는데 필요한 제반사항들을 다루게 될 것이다. 직관적으로 이해할 수 있는 최선의 약속들을 누군가가 정해놓은 방식이 도면이라는 점을 상기하고 '왜 이렇게 표기하자고 약속했을까?'에 집중해서 살펴보면 한층 이해하는데 도움이 될 것이다.

1. 도면 구성에 대한 이해

도면의 배치와 구성

도면에 들어가는 내용물이 기본적으로 어떤 원칙을 갖고 제작되는지를 이해하면 도면을 읽는데도 많은 도움이 된다. 사실 거창하게 원칙이라고 정해놓기에는 꽤 많은 변수가 존재하므로 무조건 그래야 한다기보다 가능하면 상식적인 선에서 공감하는 정도로 이해하면 도움이 될 것이다.

기준이 되는 도면이 앞쪽에 배치된다.

어떤 분야든 하나의 결과물을 만들어내기 위해서는 많은 종류의 도면들이 만들어져야하고 이러한 도면들은 일관된 기준을 가지고 정리될 필요성이 있다.

설계내용 전체를 체계적으로 머리에 담기 가장 쉬운 순서대로 정렬한다는 목적을 갖고 보면, 기준이 되는 전체 도면에서 세부적인 정보가 담겨있는 상세도 순서로 구성하는 것이 가장 바람직하다.

실내건축에서 모든 도면의 기준이 되는 도면은 전체 공간구성을 파악할 수 있는 평면도일 가능성이 가장 높다. 평면을 읽지 않고 다른 도면부터 뒤진다는 건 코끼리가 어떻게 생겼는지 모르는 상태로 다리만 만지는 격이다. 그래서 대부분의 도면집 구성은 보통 전체 평면도로부터 시작된다. 상대적으로 중요도가 가장 높은 전체 평면도를 기준으로 천장도, 입면도 순으로 시트가 구성되며 [기준을 잡는데 중요도가 높다는 이야기이지 디자인의 중요도와는 별개의 문제다] 위의 기준 도면들이 완성되고 나면 세부적인 정보가 담겨져 있는 각종 상세,

가구, 창호, 집기 관련 도면들이 더해진다. 참고로 몇 개 층이 작업범위에 포함되어 있을 경우는 층별로 묶어 정보를 인식할 가능성이 높으므로 보통 한 층을 한 단위로 묶어 정렬하는 것이 가장 이해하기 쉽다.

도면에 방위표가 없다면 위쪽이 북쪽이다?

사실 향이 지배적인 역할을 하는 건축물의 배치도를 그릴 때 더 필요한 이야기이다. 실내건축의 작업영역은 대부분 내부공간에 집중되어 있으므로 방위가 결정적인 도면의 배치요소는 아님에도 관행적으로 북쪽을 위로 그린다. 실을 구성하고 디자인을 풀어나가는 단계에서는 향은 중요한 역할을 하지만, 평면도 등의 기준 도면을 도면 틀(Drawing Form)에 앉힐 때는 굳이 북쪽을 위로 놓고 작업한다는 일반적인 기준은 그리 설득력 있어 보이지는 않는다. 다만 쉽게 도면을 읽기 위해 한 도면집 안에 도면들이 놓이는 방향은 특별한 경우가 아니라면 한 방향으로 일관성을 있게 배치하는 것이 바람직하다.

사람은 본능적으로 위를 북쪽으로 인식하는 경향이 있다는 점에서 굳이 우선순위를 두자면 우선은 위쪽을 북쪽에, 차선으로 좌측을 북쪽에 놓고 작업하는 것이 도면에 익숙한 사람이 읽는데 혼돈을 줄일 수 있으니 지킬 수 있으면 지키는 정도로 이해하면 된다.

한글과 영어?

현재 우리가 사용하는 도면형식과 표기방법의 역사를 거슬러 올라가 보면 안타깝게도 우리 선조들로부터 축적되고 계승된 찬란한 설계기술이 전해져 내려왔다고 보긴 어렵다. 일제 강점기를 거쳐 서구의 근대화된 건축양식을 따라 건물들이 하나 둘 지어지면서 누군가는 그에 맞는 도면드로잉 방식을 배우게 되고 그 과정이 쌓여 오늘날의 도면 기준이 되었다고 봐야 된다. 그 안에서 영어, 일어, 한글이 뒤섞여

말도 안 되는 이상한 용어들이 양산되고 지금까지도 현장에서 관행처럼 이런 용어들이 난무하고 있다. [이러한 역사의 소용돌이 안에서 가장 많은 영향력을 가진 언어가 일본어다. 거기다 받침 발음을 어려워하는 일본인 식의 어색한 영어발음까지 한몫 단단히 해 영어권 사람들도 알아듣지 못하는 정체불명의 용어들이 사용되고 있으며 이러한 용어를 알고 있어야 현장에서 조금이라도 어깨에 힘 줄 수 있는 부끄러운 풍토는 근절되어야 한다.]

이런 배경에서 도면에 용어나 설명을 제대로 표기하고 읽기 위해서라면 줏대를 갖고 모든 영어를 한글로 번역하는 것이 옳다고 생각할 수도 있으나 오히려 번역으로 인한 뜻의 왜곡이나 번역이 어려운 경우 등을 고려한다면 몽땅 영어를 배워 영어로 기록하는 것도 방법일지 모른다. [사실 영어의 알파벳 구조로 볼 때 영문약어표기 방식이 한글 번역표기보다 더 짧고 간단하게 뜻 전달이 가능한 경우가 많다]

보통 관급공사 설계 시, 원칙적으로 도면에 표기되는 텍스트를 한글로 작성하도록 규정을 정해놓은 경우가 대부분이므로 건축용어사전을 뒤져서라도 한글로 표기하는 수고를 감수해야 하겠지만 도면표기의 효율이나 의미전달 차원에서 한글과 영문을 적절히 섞어 사용하는 것이 현실이므로 한번 생각해 볼 부분이다.

Drawing Form과 Title Block

우선 설계내용물을 담을 틀(Form)에 대해 이해해 보자.

보통 도면은 A0, A1, A2, A3 등 공업화된 규격을 이용해 작업되는데, 설계규모에 따라 표현이 적절한 스케일에 맞는 용지사이즈를 결정하는 게 일반적이며, 클라이언트가 요구하는 특정 규격이 있을 시에는 제시한 규격에 맞춰 작업되기도 한다. 이렇게 용지규격이 정해지고 나면 설계한 내용물은 규격에 따라 각각의 시트(Sheet)작업이 진행되고 모든 시트들이 묶여 제본된 형태로 제출된다.

이렇게 제본된 도면집을 토대로 설계내용을 검증하고 [보통 몇 차례의 협의과정을 거쳐 최종 납품본이 만들어지는데, 1차적으로 설계사무실 내의 자체적인 검증이 통과되면 최종적으로 클라이언트와의 협의과정을 통해 수정, 보완작업이 이루어진다] 이러한 과정을 거쳐 수정, 보완된 최종 납품도면은 향후 진행되는 모든 작업의 기준이 된다.

실내건축에서 납품되는 도면집은 적게는 수십 페이지에서 많게는 수백 페이지가 넘는 경우도 있는데, 위의 설명처럼 검증, 협의, 시공 등을 원활히 진행하기 위해서는 각각의 도면이 어떠한 내용을 담고 있는지, 누가 그렸는지, 누가 검토했는지 등에 대한 고유한 정보가 기록되어 있어야 하며 각 도면들 간의 상관관계를 파악하는데 필요한 합리적인 도면번호에 대한 정보도 나타나 있어야 한다.

위의 정보들이 도면 어딘가에 담길 수 있도록 약속한 표현형식이 타이틀 블록(Title Block)이다.(그림18 참조) 타이틀 블록은 이름처럼 도면의 일정위치에 블록의 형태로 삽입하도록 정해 놓았는데, 설계사무실마다 고유한 형식을 만들어 도면의 하단이나 우측에 배치하여

그림18_
타이블 블록에도 많은 정보와 얘기들이 담겨져 있다.

도면 틀(Drawing Form)이 완성된다. 어디에 놓으라는 정확한 규정이 없어 사무실들마다 타이틀블록의 위치나 항목들에 약간씩 차이가 있으나, 보통 좌편 철을 많이 한다고 볼 때 도면정보를 빨리 읽을 수 있다는 점에서 우측에 배치하는 것이 효율적일 수 있다.

공통적으로 들어가야 되는 항목을 중심으로 설명하면 다음과 같다.(그림19 참조)

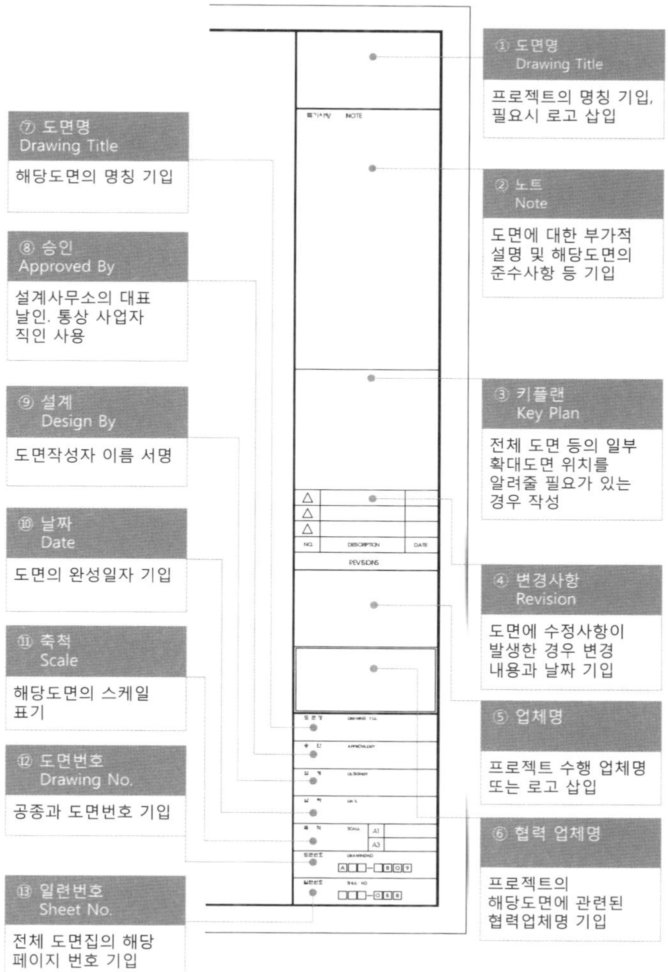

그림19_
타이틀 블록 사례

앞(그림19)의 항목들 중 부가설명이 필요한 몇 가지를 좀 더 자세히 살펴보자.

노트(Note)

도면에 표기된 내용만으로는 충분하지 않아 별도의 설명이 필요한 경우나 도면을 읽을 때 지켜야 할 규칙, 시공과정에서 꼭 체크하고 넘어가야 하는 준수사항들을 기재하는 곳으로 시공자가 쉽게 이해할 수 있도록 약어(Abbreviation)는 최대한 피하고 풀어서 설명하는 것이 좋다.

승인(Approved By)

해당도면에 책임을 지는 최종 승인 자격을 갖춘 회사의 대표가 날인하는 곳이다. 위의 사례에서는 빠져있지만 중간관리자의 검토(Checked By)항목이 들어갈 수도 있으며 최종 승인자의 날인 전에 팀장직급 정도의 검토과정을 거쳐 보다 정확한 납품도면을 기대할 수 있다.

특히 전기, 기계설비 등 설치 후 민감한 문제가 발생할 수 있는 협력업체의 도면을 관리할 경우에는 법적자격을 갖춘 책임자의 승인 여부를 제대로 확인하고 납품할 수 있도록 정확히 체크해야 한다.

축척(Scale)

해당도면의 스케일을 기입하는 곳이며 하나의 시트 안에 축척이 다른 내용이 두 개 이상일 경우, 구분하여 기록할 수 없으므로 해당 도면에 별도로 기입하고 '도면참조'로 표기하는 것이 바람직하다.

납품도면의 축척을 두 가지로 요청할 때가 있는데 이는 용지규격에 따라 적용스케일이 달라지므로 'A2: 1/200, A3: 1/150' 등으로 나누어 표기한다.

도면시트 중 3차원으로 표현한 시트이거나 축척이 없는 텍스트 형식의 시트일 경우는 보통 '해당없음' 또는 'NONE'으로 표기한다.

도면번호(Drawing No.)

보통 실내건축공사가 진행되기 위해서 필요한 공종을 보면 인테리어, 전기설비, 공조기계설비, 소방 등 분야별 도면을 하나로 묶어서 납품하거나 각 권으로 분리해서 납품하게 되는데 이 때 해당도면이 어느 공종에 속하는지와 그 공종의 도면리스트 중 몇 번째 도면인지를 표기한다. 예를 들어 건축(A), 인테리어(I), 전기(E), 기계(M) 등의 이니셜을 사용하고 그 뒤에 보통 세 자리 숫자로 번호를 기입한다.

도면번호 표기와 읽는 방법

'I2-310'

다른 정보 없이 위의 예시처럼 도면번호만으로 어떤 내용을 담고 있는 도면인지 짐작할 수 있을까? 쉽지는 않겠으나 그렇다고 완전히 해독불가 수준은 아닌데, 예상해 보면 인테리어파트의 도면이며 2층의 어느 한 부분에 속하는 도면 정도일 거라는 예상은 가능하다.

위의 예시처럼 많은 양의 도면들을 합리적으로 정렬하고 수월하게 찾기 위해 도면번호 표기방식은 나름의 체계를 갖추어야 한다. 도면번호만 보고도 어떤 분야의 도면인지, 분류상 유사한 종류의 도면인지 확인할 수 있도록 작성되어야 재빨리 원하는 시트를 찾아낼 수 있기 때문이다. 아래 내용에서 공통적으로 많이 사용되는 도면번호 표기사항을 살펴보자.

분야에 따른 구분

건축물이 완성되기 위해서 필요한 도면종류는 크게 보면 건축, 구조,

설비, 조경, 소방, 실내건축 등으로 나누어진다. 실내건축공사가 단독으로 진행되는 경우에도 실내건축, 전기, 기계, 소방, 가구 등 각 분야별로 그려진 도면들이 취합되어 납품되므로 각각의 도면이 어떤 분야의 정보를 담고 있는지 쉽게 알아보기 위해 일반적으로 각 분야별 영단어의 머리글자(Initial)가 사용된다.

보통 많이 쓰이는 분야별 머리글자는 아래와 같다.

- A - 건축 / Architecture
- I - 실내건축 / Interior
- S - 구조 / Structural
- E - 전기 / Electrical
- M - 기계 / Mechanical
- F - 마감 또는 가구 / Finishes or Furniture
- Q - 설치물 / Equipment

도면의 양이 많아지고 복잡해질 경우에는 여기에 규칙을 더해 숫자나 기호를 더 붙여 세분화하기도 한다.(예: A1, IS…)

공간분류에 따른 중분류

보통 인테리어 작업 영역이 몇 개의 공간으로 나누어져 있을 경우에 같은 공간 내의 평면, 천장, 입면 등 한 공간의 도면들을 묶어 하나의 백 단위 숫자를 지정한다. 예를 들어 3층이 크게 세 공간으로 나누어 진다면 I3-100번대, I3-200번대, I3-300번대 등으로 구분해서 표현할 수 있다.

도면특성에 따른 세분류

보통 같은 특성을 가진 종류의 도면은 십 단위 숫자로 구분한다.

예를 들어 I-210, I-211, I-101 이렇게 3가지의 도면이 있다면 앞의 두 도면은 비슷한 종류[예를 들어 입면도들만 묶어서 같은 숫자로 표기하는] 의 도면이라는 걸 짐작할 수 있을 것이다.

일련번호

세분류 내에서 도면 시트의 숫자만큼 순서대로 번호를 지정한다고 보면 된다. (예: I-210, I-211, I-212…)

도면번호 표기의 가장 중요한 핵심은 별도의 설명이 없더라도 직관적으로 이해할 수 있는 분류방법을 찾는 것이다. 실제 인테리어 설계사무실들의 도면을 받아보면 사무실들마다 표기방식에 차이가 있으며 위의 일반적인 설명과 다른 표기법을 사용하는 경우도 종종 있다. 이러한 관점에서 위의 도면번호 표기방식이 무조건 지켜져야 되는 강제조항은 아니나 범용으로 쓰이는 방식인 만큼 가능하면 위의 분류방식에 준하는 기준으로 작성하는 것을 권한다.

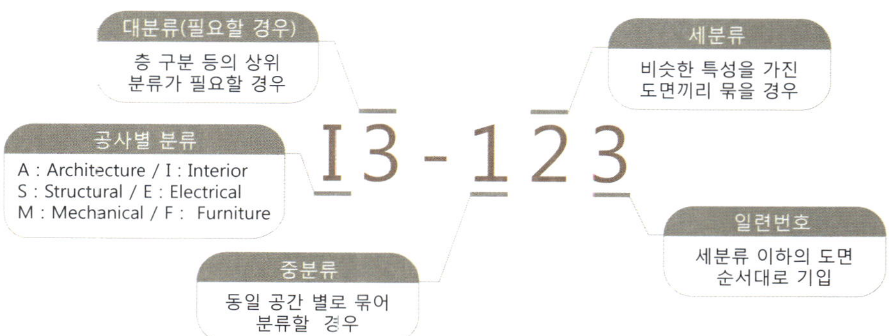

그림20_
도면분류 표기 사례

2. 도면 스케일에 대한 이해

스케일에 대한 이해

보통 스케일(Scale)이라고 통용되는 척도(尺度)의 사전적 의미를 찾아보면 '실물 크기에 대한 그림에 그려진 크기의 비율' 정도로 해석할 수 있다. 굳이 좀 더 학구적으로 접근해 보면 실물을 확대하여 표현된 배척, 실물 크기대로 표현된 실척, 실물보다 축소하여 표현한 축척으로 분류할 수 있는데, 실내건축분야에서 표현되는 '실물'이라는 것이 특별한 경우를 제외하고는 거의 대부분 규격용지보다 큰 내용물 [건축물의 일부, 단위 공간 등] 을 담고 있으므로 실척이나 배척을 사용할 경우는 거의 없다고 봐도 무방하다. [아주 작은 디테일을 도면에 표현해야 하는 경우 배척을 사용할 가능성도 있을 수 있다]

특정 형태를 도면으로 옮겨 만드는 사람에게 전달한다고 가정할 때 가장 이상적인 스케일은 얼마일까?

이론의 여지없이 1:1이다. 즉, 만들어지는 결과물의 실제 크기대로 그려주는 것이 가장 이해하기 쉽고 만들기 쉽다는 건데, [실제로 인테리어현장에서 일부 유기적인 디자인 부위는 1대1로 패턴을 떠서 만드는 경우도 종종 있다] 문제는 공간이라는 형태를 도면으로 옮기기 위해 사용되는 용지의 크기가 제한적이라는 점이다. 건물크기만한 용지도 없을 뿐더러 그 정도 크기의 도면을 출력할만한 출력기도 없고, 있다하더라도 들고 다닐 수도 없으며 한 눈에 이해할 수도 없다. 그래서 우리는 일정 비율로 축소한 스케일을 사용할 수밖에 없다. [다음 세대에는 이런 원시적인 도구가 아닌 획기적인 표현 미디어가 개발될 날이 올 지도 모르겠다]

그림21_
그림과 같이 제한된 용지 안에 공간과 같은 거대한 대상을 표현하기 위해서는 합리적인 스케일이 필수적이다.

실내건축에서 도면에 담아야 하는 내용물을 보면 평면도처럼 큰 덩어리부터 간접 등박스 디자인처럼 작은 부분까지 다양한 크기의 표현방식이 필요하다. 따라서 하나의 공간을 디자인하고 그 결과를 현장에서 제대로 이해하고 만들기 위해서는 이렇게 다양한 내용물을 정해진 도면용지에 적합한 크기로 줄여 표현하는 합리적인 스케일 체계가 필요하며, 이러한 기준에 맞춰 적용된 스케일에 따라 도면의 표현정도 또한 달라진다.

도면 종류별 스케일 차이

그림 그리는 원리와 크게 다를 바 없다. 간단히 말해, 확대하면 더 많은 내용을 그릴 수 있고 축소하면 일정부분 생략해서 표현할 수밖에 없으니 필요로 하는 내용물에 따라 일정 스케일범위를 정해놓고 작업하는 게 효율적이다.

실내건축에서 주로 사용되는 도면을 중심으로 일반적인 각 도면

스케일 (★:사용빈도)	도면종류	표기내용	적용
1/200 이하 ★	배치도 평면도	- 벽체 마감선은 생략한다. - 천장선은 단선으로 표기한다. - 마감재료 표기는 생략한다. - 창호 프레임은 생략한다.	- 건축에서 주로 적용
1/100 ★★	배치도 평면도	- 일정 두께 이상의 벽체 마감을 표현한다. - 천장선은 단선으로 표기한다. - 실내 마감재료 표기는 생략한다. - 창호 프레임은 간략히 표기한다. - 주요 마감재를 표기한다.	- 건축에서 주로 적용 - 필요시 실내건축에서 적용
1/50 ~ 1/30 ★★★	평면도 천장도 전개도 단면도	- 각종 마감선을 표현한다. - 천장선은 단선 또는 마감두께선으로 표현한다. - 실내 마감재료를 상세히 표기한다. - 창호는 상세히 표현한다. - 각종 재료의 마감패턴을 표현한다.	
1/20 이상 ★★★	부분상세도 마감상세도 창호상세도 가구상세도	- 실제에 가깝게 표현하며, 표현이어려운 경우 약속된 기호로 표현한다. - 마감재료 단면의 패턴을 표현한다. - 모든 부분 치수를 표현한다.	- 가능하면 1/10 이상을 적용

표06_
도면의 종류별 스케일

별 적용 스케일과 표현정도를 요약해 보면 다음과 같다. 사실 용지의 사이즈에 따라 적용할 수 있는 스케일도 달라질 수 있으니 원칙처럼 지켜야 하는 건 아니나, 위의 표(표06 참조)를 참고하여 각 도면의 표현 목적이 무엇인지, 해당 스케일에서 표현의 명료성을 고려해 어느 정도까지 표현 가능한지를 판단한 후에 적절한 표기수준을 정하는 것이 바람직하다.

스케일 표현방법

1/10, 1/20, 1/30, 1/50, 1/100 등 우리나라는 주로 10자리 단위로

나눈 축척을 사용한다. [유럽의 도면 스케일을 보면 우리가 사용하지 않는 1/33.3. 1/25 등도 있다] 도면을 그리는 설계자 측면에서 표현하기에 가장 적합한 도면 스케일을 사용하겠다는데 대해 이를 강제로 규제하는 원칙이 있는 건 아니나 그 지역에서 흔히 통용되는 축척을 주로 사용하는 데는 그럴만한 이유가 있다. 많은 도면을 접한 경험을 가진 전문가는 굳이 스케일자로 측정하지 않고도 개략적인 비율과 크기를 가늠해 볼 수 있으며, 많이 접해본 스케일은 그만큼 그 분야에 속해 있는 사람들에게 익숙해져 도면파악이 수월하기 때문이다.

일반적인 도면양식에는 위의 설명처럼 수치화된 스케일을 적용하나, 제안 패널이나 잡지, 브로슈어 등에 도면설명이 바탕크기에 적절한 사이즈로 인쇄되어야 할 경우처럼 편집상의 이유로 정수화시킨 스케일을 적용하기 곤란한 경우가 있다. 이런 경우 도면은 공간의 정보를 읽는 목적이 가장 크므로 정확한 치수제공을 목적으로 하지 않는다. 다만 대략적인 길이와 상대적 치수, 스케일감을 읽을 수 있는 별도의 장치가 필요한데, 이럴 때 사용하는 기호가 바-스케일(Bar Scale)이다.(그림22 참조) [원래의 목적은 아니지만 편집상의 디자인 도구로도 활용되기도 하므로 독특한 디자인으로 표현하는 경우도 있다]

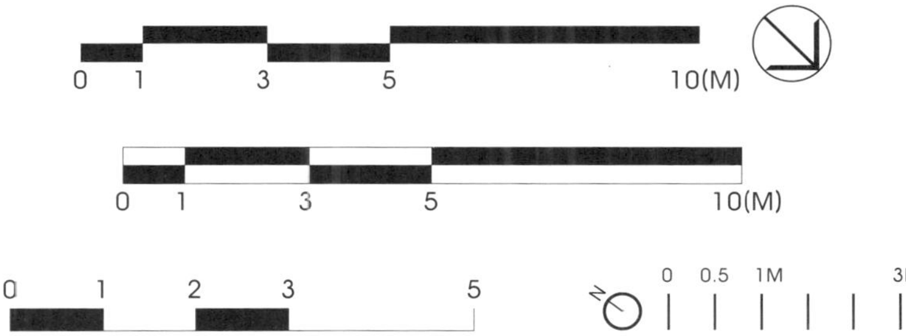

그림22_ 바-스케일 표현 예시

3. 선의 종류와 치수에 대한 이해

선의 종류에 따른 기능과 표기방법

실내건축의 최종 결과물은 3차원이고 이러한 3차원을 만들기 위한 2차원의 설명서가 도면이라고 보면, 결국 도면의 최종목적은 3차원표현에 한계가 있는 2차원으로 나타낼 수 있는 모든 수단을 이용해 3차원을 이해시키는데 있다.

그렇다면 우리가 이해하고자 하는 2차원의 도면에 표현할 수 있는 수단들은 어떤 것들이 있을까? 이러한 수단들을 최소 단위로 분해해 보면 사실 선(線)과 면(面), 기호를 포함한 텍스트 3가지 밖에 없다. 이 세 가지 중 면은 표현자체가 지극히 제한적이며 텍스트는 직접적인 언어표기방식이니 이 두 가지를 제외해 놓고 나면, 선이 거의 도면의 모든 부분을 설명해야 하는 막중한 책임을 지니고 있다고 볼 수 있다.

다시 강조하면 3차원을 평면에 표현하기 위한 다양한 시각적 수단들 중 가장 기본이 되는 요소는 형태의 기본이 되는 '선'이다. 약속된 표현방법(굵기, 종류 등)을 통해 선은 3차원의 형태를 2차원에 상징적으로 표현하는 수단이 되기도 하며 별도로 특정 표현을 설명하기 위한 수단이 된다는 점에서 도면에서 선의 사용방법은 꼭 이해하고 넘어가야 되는 가장 기본적인 내용이다.

선의 굵기에 대한 이해

왜 하나의 도면 안에 굵은 선과 가는 선을 그것도 몇 단계로 나누어 작업할까? 그 원리를 이해하기 위해 도면을 스케치하는 과정에 비유

Level	Weights (1/50 기준)	Uses
L.01 Dark	0.6~0.4	경계, 또는 절단되는 선 일체 - 기둥, 콘크리트 등의 골조 단면선 - 도면의 경계선
L.02 Medium to Dark	0.3~0.2	실내건축 신규조성 벽체선 (일반적으로 건축벽체보다 한 단계 가늘게 표현) - 입면 테두리선
L03 Medium	0.2~0.1	절단되지 않는 오브젝트 선 - 각종 창호선. - 내부 입면선 - 가구, 집기 마감선
L.04 Light	0.1~0.05	각종 보조선 - 패턴선 - 재표표기 해치(Hatch)선 - 보조선 및 은선

표07_ 선의 굵기 예시

그림23_ 선 굵기에 대한 이해

해 보자. [물론 도면은 수많은 다른 정보들을 포함하고 있고 스케치는 도면에서 표현할 수 없는 명암 등이 있어 동등하게 비교할 수는 없다] 보통 스케치를 하면 정확한 윤곽을 잡기 전에 가는 선으로 형태를 잡기 위한 가선들을, 그리고 그 위에 보다 진한 선으로 구체적인 윤곽을 만들어내는 과정을 거친다. 또 멀리 있는 것은 연하게, 가까이 있는 것은 진하게 그려가며 입체감을 표현해 내기도 하며 형태의 기준이 되거나 강조해야 될 선들은 가장 힘 있게 그려지기 마련이다. 도면에서의 선 굵기를 정하는 원리도 이와 크게 다르지 않다. 스케치를 할 때처럼 강하고 굵은 선은 도면 내용물에서 가장 중요하거나 핵심이 되는 선을 의미하고 내용물의 시공기준이 되는 중심선이나 치수보조선, 기타 가이드역할을 하는 가선들은 가늘게 표현된다. 도면의 입체감을 표현하기 위해 바닥패턴과 같이 상대적으로 위계가 떨어지는 선들은 가늘게 표현되고 절단된 벽체와 같이 전체 공간의 틀이 되는 위계가 높은 선은 굵게 표현된다.

앞의 내용(표07, 그림23 참조)은 도면에 적용되는 내용의 특성에 따라 구분되는 선의 굵기 분류이다. 선의 굵기에 대한 수치 값은 도면 스케일에 따라, 또는 사무실마다의 규정에 따라 단계가 더 세분화될 수도 있으며 굵기도 차이가 있을 수 있다는 점을 감안해서 참고하기 바란다. [사무실마다 고유의 선 굵기 체계(Auto CAD 기준으로 볼 때, ctb파일)를 만들어 놓고 도면작업이 이루어지며, 도면을 데이터로 납품할 시, 선 굵기에 대한 정보가 담겨있는 파일도 같이 첨부해서 납품하는 것이 바람직하다]

선의 종류에 대한 이해

선의 굵기 구분만으로는 시공에 필요한 정보를 표현하는 데 한계가 있다. 그래서 선의 굵기와 함께 선을 시각적으로 구별할 수 있는 방법(파선, 일점쇄선 등)을 통해 굵기로는 설명하는데 한계가 있는 정보를 표현할 수 있는 다양성을 높인다.

선의 종류 또한 각각의 굵기를 가지므로 위에서 언급한 선의 굵기와 함께 복합적으로 이해할 필요가 있다.

선의 종류에 따른 적용사례는 아래(표08 참조)와 같다.

종류	표현방법	의미	적용
실선	————————	실선 각증 보조선	- 벽체, 계단, 가구 등의 형태 외곽선 - 치수선, 치수보조선, 지시선 등
파선	- - - - - - - - - - - -	숨은 선	- 보이지 않는 형태의 윤곽선
일점쇄선	—·—·—·—·—·—	중심선 절단선 또는 경계선	- 벽체 중심선 등 - 내용물의 일부을 절단할 경우의 기준선
이점쇄선	—··—··—··—··—	가상선	- 가상의 형태를 표현한 외곽선

표08_ 선의 종류에 따른 적용사례
이점쇄선의 경우 가상의 형태를 구분해 표현하는 방법으로 사용이 되지만 실제로는 거의 사용하지 않는다고 봐도 무방하다.

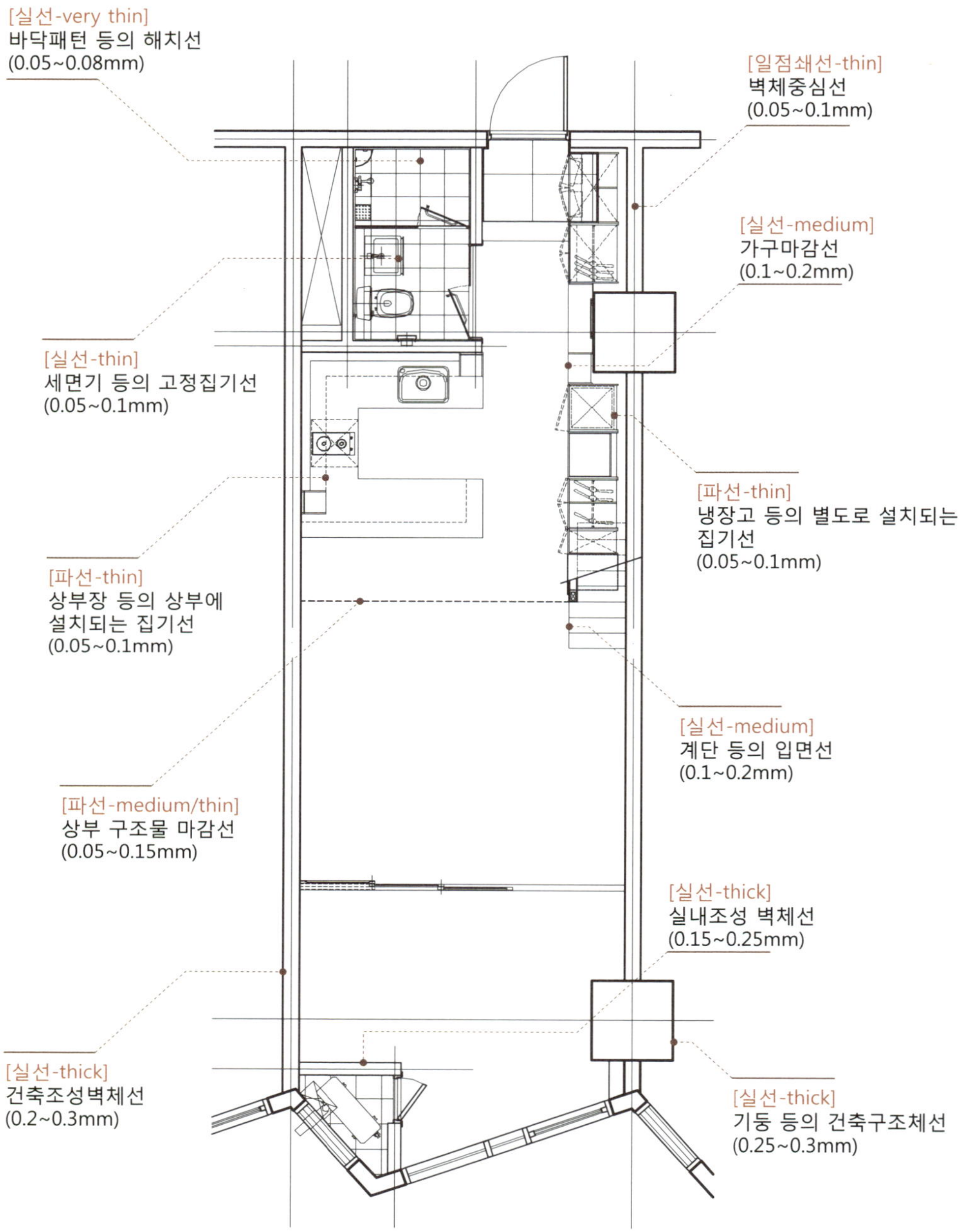

그림24_ 선 굵기와 종류 적용 사례
위에 기재된 선의 종류와 굵기 값은
범용으로 쓰이는 사례이긴 하나
절대적이지 않으며 설계사무실마다
자체 매뉴얼을 정해놓고 사용하는
경우가 일반적이다.

치수 표현과 보는 방법

도면에 그려진 치수가 고개를 갸웃거리게 만드는 경우가 [특히 현장에서 공사를 해야 되는 사람이라면 더욱 그럴 수 있다] 종종 있다. 공사를 해야 되는 사람 기준이 아니라 도면을 그리는 사람 기준에서 자기 편한 식으로 작업했기 때문이다. 그러다 보니, 있어야 할 치수가 없거나 없어도 되는 치수가 과도하게 표현되어 있는 경우도 있다. 현장상황이 도면과 달라 설계자가 기준으로 잡은 치수를 통해 역산을 해야 될 경우도 종종 생기는데, 만약 이럴 경우에 치수를 표기하는 정해진 규칙이 없다면 어떻게 될까? 시공자가 친절히 설계자에게 확인하고 시공할 것 같지만 대부분의 현장이 차 한 잔의 여유를 가질 만큼 한가하지 못한 까닭에 시공자는 자신이 이해하는 방식대로 묵묵히, 때로는 무시하고 시공할 수도 있다. [나중에 다 뜯어내고 새로 시공해야 하는 악몽을 경험할 수 도 있다]

이처럼 치수를 정확하게 읽기 위해서는 설계자가 원하는 치수에 대한 정보를 전달하기 위해 가장 합리적인 치수표기법을 정해놓아야만 하며 시공자는 이러한 원칙을 정확히 이해할 필요가 있다. 그렇다고 뭐 대단한 것도 아니다. 치수를 표기하는 가장 중요한 목적만 이해하면 된다. [도면에 나와 있지 않은 치수를 스케일을 가지고 측정하면 되는 거 아니냐고 반문할 수 있지만 절대로 해서는 안 되는 도면 보는 원칙 중 하나이다]

'시공자가 시공하는데 필요한 치수'

위의 목적에만 부합되면 사실상 치수를 표현하는 일반적인 규칙들은 도면에 표현하기 편리한 기준들에 불과하다. 다만 도면이 여러 목적에 범용으로 사용될 수 있다는 점에서 좀 더 효율적이고 체계적인 표기 기준들을 만들어 놓았다는 정도로 이해하면 된다.

이러한 관점에서 제도 교재에서 흔히 언급되는 일반적인 치수 표기법은 기본적인 사항만 간단히 언급하고 도면을 읽는 관점에서 몇 가지 현장에서 부딪힐 수 있는 상황들을 예로 들어 가장 적절한 표기법을 이해해 보도록 하자.

기본 치수표현에 대한 이해

A. 치수 단위

좋든 싫든 전 세계적으로 [미국과 같이 자국민들이 익숙해하고 몸에 익은 인치와 피트(English System)를 쓰는 나라도 있다. 이는 한 시스템이 역사적으로 계승되어온 익숙한 관행일 수도 있고 관련 제품이나 하드웨어들이 아직도 인치나 피트 체계로 생산되다 보니 거기에 맞출 수밖에 없는 구조적 상황 때문일 수도 있다] 도면에 사용하기로 약속한 치수 단위는 '밀리미터(㎜)'이다. 사실, 인간과 아무런 관계가 없는 미터법(Metric System)이 실제 인간이 사용하는 공간의 치수체계로는 적합하지 않다고 판단한 건축가 르 꼬르뷔제(1887~1965)가 '모듈러'를 창안하여 자신만 열심히 쓰다가 소멸되기도 했지만 아무튼 거의 대부분의 도면은 미터법을 바탕으로 한 밀리미터를 기본 치수로 사용하기로 했으니 범용성 차원에서라도 쓸 수밖에 없다.

여기서 한 가지 질문이 생긴다. 왜 밀리미터를 쓰기로 약속했는지…

답은 간단하다. 건축이든 실내건축이든 공간을 디자인하는데 필요한 최소 오차범위가 밀리미터 정도면 표현이 가능하기 때문이다. 다시 말해 밀리미터 이하의 길이는 나노 부품이나 정밀기계가공 등의 특정 경우를 제외하고는 공간디자인 고려 범위에서 제외된다는 말인데, 실제로 판재의 두께, 가구나 조명 같은 작은 제품은 밀리미터를 다시 쪼개야 되는 상황이 필요하기도 하지만 대부분의 공간디자인에 있어 밀리미터 한 눈금 정도의 정교함이면 큰 문제없이 해결되므로 미터법 내에서는 가장 합리적인 치수 단위라고 보면 된다.

B. 치수표기 원칙

원칙이라고 크게 대단한 건 없다. 다만 치수를 표기해야 하는 사람과 읽어야 하는 사람 사이에 보다 편리하고 효율적으로 커뮤니케이션하는데 필요한 몇 가지 사항들만 고려하면 충분하다. 기본적인 고려사항을 살펴보면 아래와 같다.

- 시공자가 시공할 수 있는 치수로 표현되어 있어야 한다.
- 외측부터 큰 치수로 시작해 내측으로 갈수록 작은 치수 순으로 표현된다.
- 오차나 현장상황을 고려한 치수 보조 표현수단(기호나 약어 등)을 적절히 활용해서 표현한다.
- 모든 치수는 현장에서 측정할 수 있는 기준점을 시작으로 표현되어야 한다.

위의 내용들만 충분히 숙지해도 치수표기 시 발생할 수 있는 혼돈은 줄일 수 있다.

C. 치수 표기 위치와 방법

일반적으로 수평방향의 치수는 도면 상단에, 수직방향의 치수는 도면 왼쪽에 우선적으로 배치한다. 위의 방법으로 표기해야 될 치수 표현에 한계가 있을 경우에는 도면의 하단과 우측을 활용하여 표기하며 개구부의 폭과 같이 내부의 특정 길이를 표현할 필요가 있을 경우는 별도로 도면 내부에 치수를 표기한다.(그림25 참조)

치수는 여러 단계로 나누어 표현되는데 큰 치수에서 작은 치수 순으로 나누어 표기하는 것이 시각적으로 확인이 수월하며, 치수선의 시작과 끝은 치수선으로부터 눈에 띄는 두꺼운 마킹으로 구분하는데 점(Dot)으로 표기하는 것이 일반적이나 서구권에서는 관습적으

로 굵은 사선(Slash Mark)으로 표현하는 경우가 흔하다.(그림26 참조)

[치수선에서 문자를 띄우는 간격, 문자의 크기, 치수선 사이 간격 등등에 대한 값들을 지정해 놓고 꼭 따라야 하는 규칙처럼 매뉴얼화 해놓은 자료들이 넘쳐 나지만 손으로 제도하던 시절의 기준을 지금도 굳이 지킬 필요는 없다고 본다. 이러한 규칙들도 결국 도면을 좀 더 명료하게 표현하고 읽는 수단이라고 보면 도면 작업자의 판단 아래 적절히 작업하는 것이 훨씬 더 효율적이다]

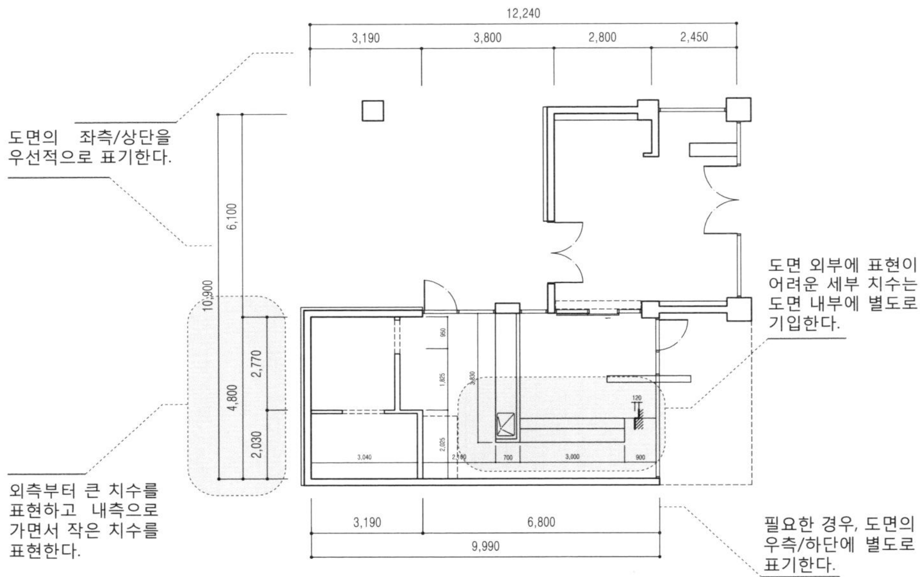

그림25_ 치수표현 사례

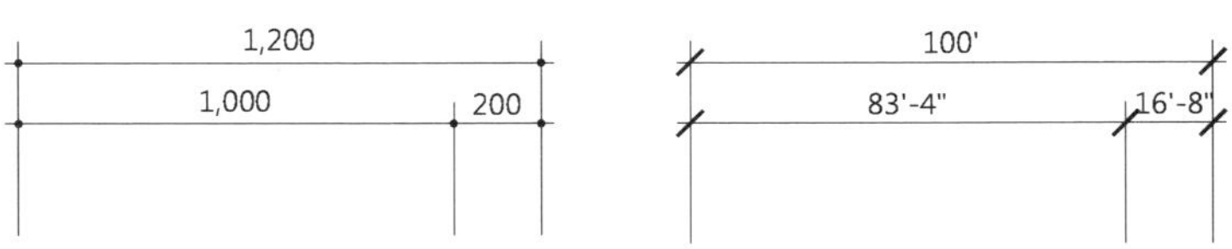

그림26_ 치수교차점 표현방식을 보면 국내에서는 주로 Dot를 사용하고 서양에서는 Slash Mark를 이용하는 경우를 볼 수 있다.

D. 반지름, 사선 치수 및 각도 표기

공간을 디자인하다 보면 벽이나 천장, 가구, 집기 등에 곡선이나 사선을 써야 하는 경우가 흔히 생긴다. 곡선의 경우에는 완전히 측정이 어려운 자유 곡선을 사용한 경우가 아니라면 대부분 반지름을 가진 호나 원의 형태를 사용하여 디자인하는 게 일반적인데 이 경우에 기준이 되는 원의 중심과 반지름 값을 치수로 표기해주어야 한다. 보통 Radius의 이니셜 'R'을 쓰고 치수 값을 입력하며 반지름 대신 지름 값을 사용해 'D' 또는'∅'를 사용하기도 한다.

사선의 경우, 선의 길이와 각도로 표현할 수도 있으나 시공 시 기준을 잡기 위해서는 사선의 수평, 수직 값으로 표기하는 것이 유리하다.(그림27 참조)

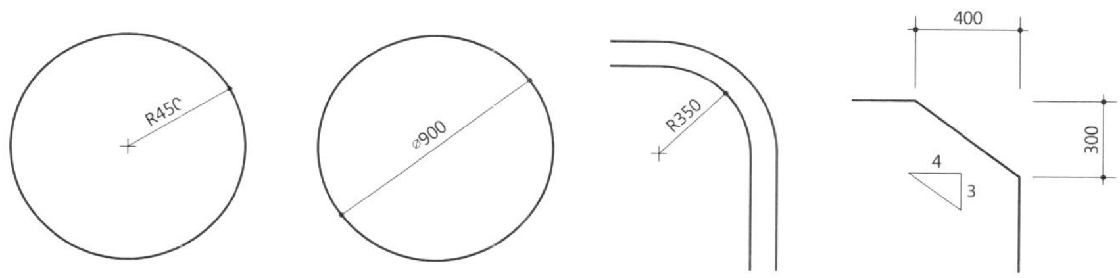

그림27_
원, 곡선, 사선 치수표기 방법
곡률이 있는 선의 치수는 반지름 또는 지름 값으로 표기하고 사선치수는 사선의 수평, 수직 치수와 기울기 값을 통해 이해할 수 있다.

E. 각종기구 치수표기

실내건축은 크게는 공간에서 작게는 조명이나 가구, 집기처럼 작은 기구들까지 신경 써서 디자인해야 한다. 따라서 이러한 기구들을 설치하기 위한 치수는 전적으로 '시공자의 관점'에서 표기되어야 하는데 기구의 설치위치를 정확히 파악하기 위해서는 벽이나 기둥과 같이 기본적으로 측정 가능한 기준점으로부터 치수를 뽑아내는 것이 바람직하다.(그림28 참조)

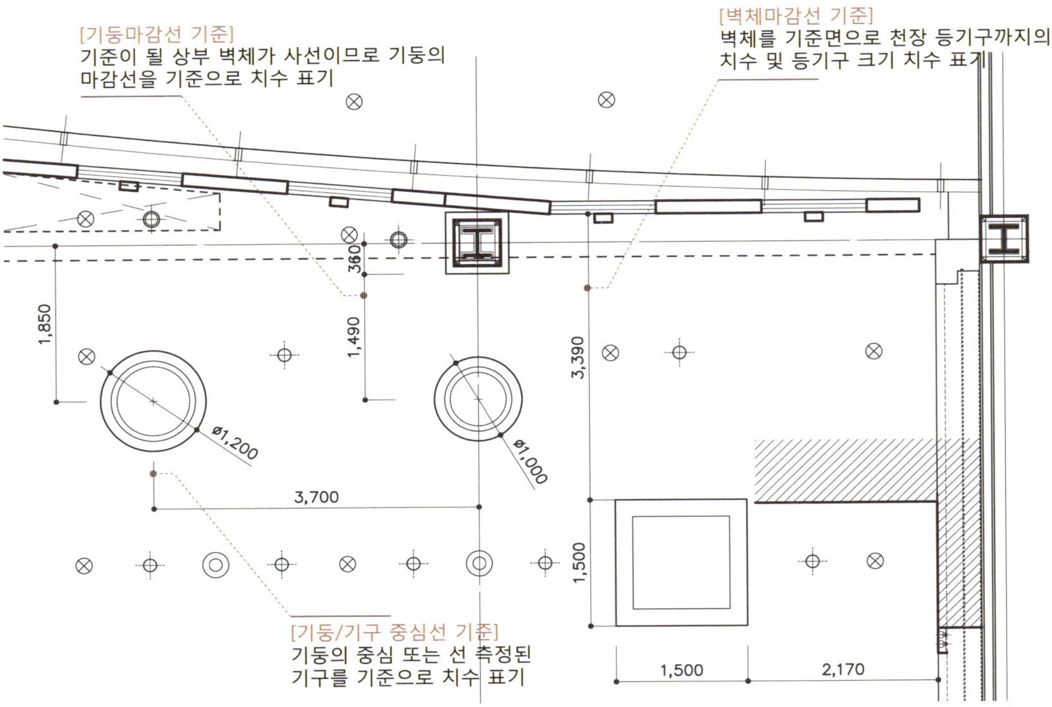

그림28_ 치수표현 기준 사례
도면 내에 삽입되는 각종 기구는 기준이 될 수 있는 지점으로부터 치수를 표기하는 것이 바람직하다.

치수표기 기준에 대한 이해

빈 대지에서부터 시작되는 건축시공의 관점에서 보면 시공의 기준은 건축도면의 주열선(중심선)이 된다. 그래서 건축도면은 주열선을 기준으로 치수의 시작과 끝을 표기하는 것이 원칙이다. 하지만 실내건축 시공의 시작점은 대부분 건축물이 다 지어지고 주열선이 사라진 다음부터다. 그렇다면 측정에 필요한 치수표기의 기준점 또한 달라져야 한다.(그림29, 30 참조)

일반적으로 인테리어 도면이 그려지기 위한 전제가 되는 작업은 건축물의 '실측'을 통한 기본도면 작업이다. 실측을 하지 않는 경우는 클라이언트 측으로부터 지어진 건축물의 도면을 받아서 작업하는 경우라고 볼 수 있는데, [이 경우도 실측해서 기존 도면과의 차이를 확인하는 작업이 필수적이다] 지어져 있는 건축물의 현 상황을 그대로 받아들인 상태에서 내부공간을 디자인해야 하므로 실질적으로 건축도면에서 표현된 주열선을 기준으로 한 치수는 실제 실내건축 공사에서는 쓸모없는 '죽은' 기준이 된다.

그러므로 실내건축 도면에서 치수를 표기할 때 건축도면을 그대로 받아 주열선을 기준으로 치수를 표기한 도면은 실내건축시공에 있어서 실제로는 큰 의미가 없으므로 다른 기준으로 표기하는 것이 바람직하다. [계획도면처럼 스케일이 작은 도면에서는 한 도면 안에 벽의 두께와 같이 작은 치수들은 표기할 필요가 없으므로 협의과정에서 전체적인 길이를 확인하기 위해 중심선 기준으로 치수를 표기하기도 하지만 실제 시공에는 필요 없는 가상의 치수라고 보면 된다]

결론적으로 일정 스케일 이상의 도면, 다시 말해 벽체의 두께까지 표현 가능한 축척이라면 내측치수를 표기해 주는 것이 바람직하며, 경우에 따라서는 기준이 될 만한 벽체의 프레임이나 재료의 마감면을 기준으로 표현할 수도 있다.

그림29_ 왼쪽
주열선 기준 치수 표기 예
그림30_ 오른쪽
마감면 치수 표기 예

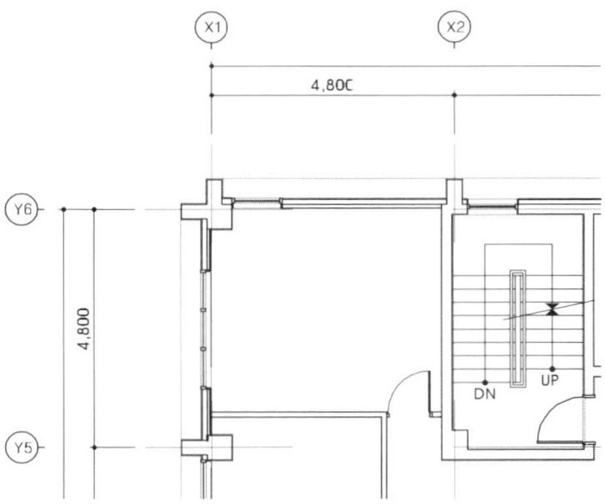

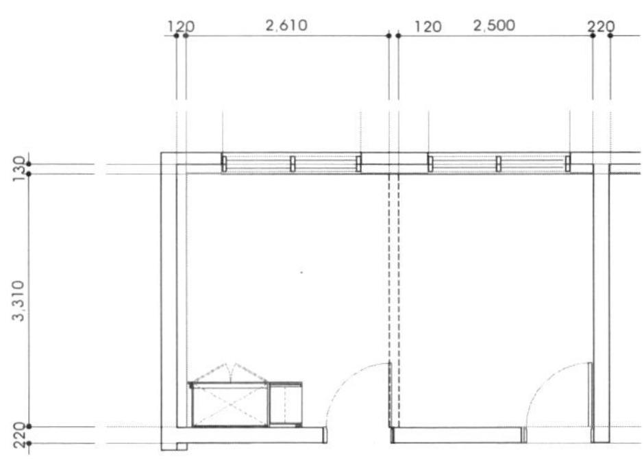

치수표기방법	치수기준	내용
프레임(Frame) 기준	- 스터드 (Metal Stud, Wood Stud 등) - 콘크리트벽체 - 조적벽체	- 내부 마감의 기본골격이 되는 스터드, 콘크리트벽체, 조적벽체 면을 기준으로 치수표기 - 벽을 세우는 프레임이 치수기준이 되므로 현장의 시공프로세스에 맞춰 기준점 마킹 작업이 용이함 - 마감재료에 따른 최종치수 계산을 하지 않아도 됨 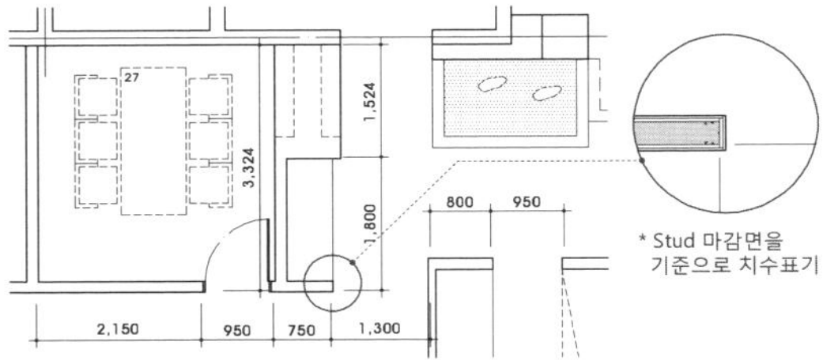
마감면 (face of finish) 기준 국내에서 주로 표기하는 방법	- 재료마감면 (Finish Material)	- 내부 마감재료면을 기준으로 치수표기 - 가구 등을 추후에 설치하거나 정확히 마감면을 기준으로 공간의 폭을 지켜야 되는 경우에 표기 - 벽체 틀을 설치할 경우 마감재료의 최종 두께까지 고려해서 작업해야 함 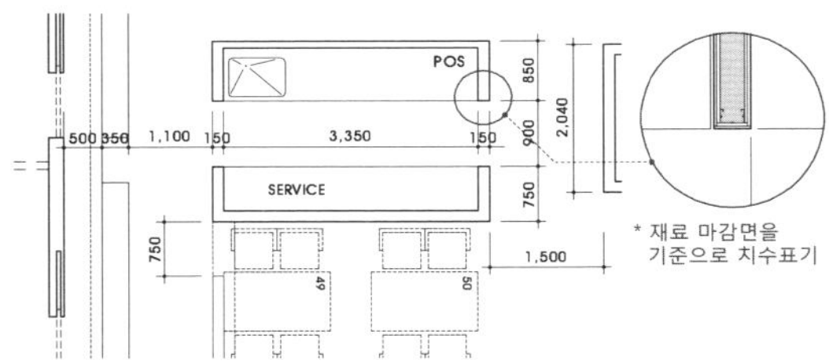
벽체중심선 (Center of Wall) 기준	- 벽체/파티션 중심선 (Center of Wall/Partition)	- 신설 벽체의 중심선을 기준으로 치수표기 - 벽체가 정확히 공간의 센터에 설치되어야 하는 경우 또는 모듈에 의한 그리드 작업시 적용 - 시공자가 신설벽체의 중심위치를 잡기 위해 스터드 등에 중심을 별도로 표기해야 함 - 오차가 발생할 소지가 상대적으로 큼 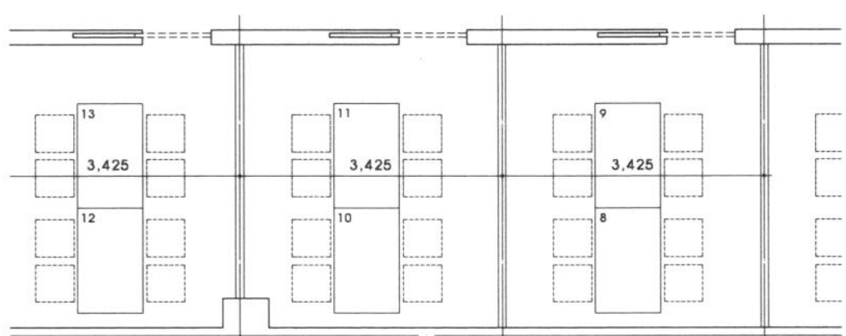

표09_
실내건축 치수표기 방법 예시

여기서 좀 더 자세히 표기기준을 들여다보면 아래의 3가지 방법으로 요약해 볼 수 있다.

1. 스터드(프레임)의 마감면에서 스터드의 마감면까지
2. 재료의 마감면에서 재료의 마감면까지
3. 스터드(프레임)의 중심에서 스터드의 중심까지

통상적으로 국내 도면을 보면 시공되는 마감재의 마감 면을 기준으로 치수를 표기하는 것이 일반적이긴 하나 이 또한 설계자와 시공자 간 설계의도와 시공의 편의성을 고려해 가장 효율적인 치수표기방법을 고민해 사용하는 것이 좋다.

왼쪽의 설명(표09 참조)은 위의 치수표현 기준을 정리한 내용이다. 특징을 보면 그 기준도 달라질 수 있다는 걸 알 수 있다.

위에서 설명한 치수표기 기준은 국가나 지역별로, 또는 도면을 작성하는 설계회사에 따라 조금씩 차이가 있으며 어떤 방법이 더 효

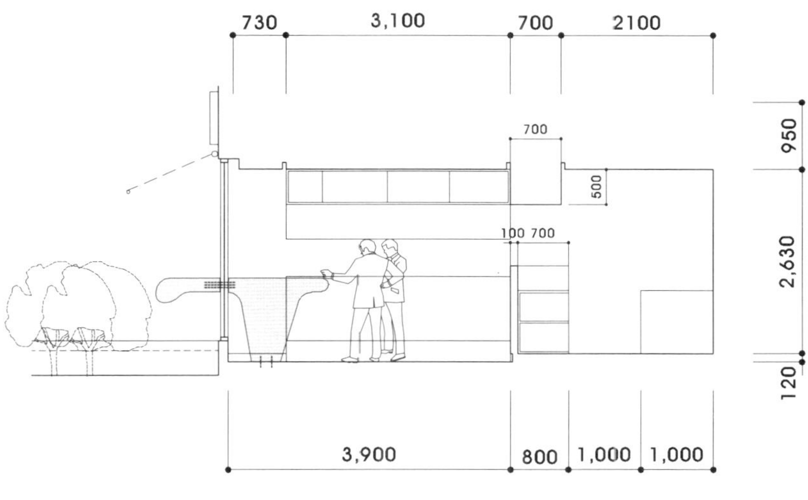

그림31_ 입면도나 상세도처럼 재료가 마감된 치수가 시공의 중요 측정기준이 되는 경우에는 재료마감치수로 표기하는 것이 일반적이다.

율적인지 현재도 논의의 여지가 있어 정확히 어떤 방법을 지키는 게 좋다고 정의하기 쉽지 않다. 또한 위의 설명은 주로 평면도에서 주로 적용되는 기준이므로, 재료의 마감두께까지 정확히 고려되어 표현되어야 하는 전개도나 상세도 등의 치수표기는 앞서 설명된 방법 중 재료마감 면을 기준으로 표기하는 방법이 주로 사용된다.

도면과 현장은 다르다_
일반적 치수표기방법으로 한계가 있을 때의 보조표현수단

앞서 잠깐 언급했지만 건축물처럼 큰 덩어리는 아무리 정교하게 시공한다고 하더라도 완공되기까지 부분 오차가 발생하게 되는데, 과장해서 얘기하면 그 오차는 고스란히 실내건축공사에서 떠맡아야 한다. 문제는 이러한 시공오차와 도면 치수의 차이는 어떠한 방법으로든 극복되어야 한다는 점이며 설계자는 이러한 문제점을 감안한 효율적인 치수표현 방법을 사용할 필요가 있다.

위의 시공오차를 전제하고 설계자의 디자인 의도에 따라 원하는 정확한 위치와 길이 등의 정보를 표현하기 위해서는 일반적인 숫자표기로는 한계가 있다. 이러한 한계를 설계자의 의도대로 표현하는 몇 가지 규칙들을 알아보자.

A. 등분 - EQ.

건축도면에 나와 있는 벽의 계획길이가 5미터이고 이를 5등분하여 칸막이를 설치한다고 가정해보자. 하지만 현장에서 실측해보면 정확히 5미터가 안 나올 때가 허다하다. 5미터가 넘든 5미터가 안되든 한쪽부터 1미터 단위로 먹선을 튕기고 작업을 진행하다 보면 마지막 칸에서 1미터가 안 나오는 식은 땀 나는 상황이 발생할 수 있다.

이렇게 딱 떨어지지 않는 치수의 경우 5로 나누어 소수점 아래 숫자가 나오더라도 그 수치를 그대로 치수에 표현하는 것은 또 다

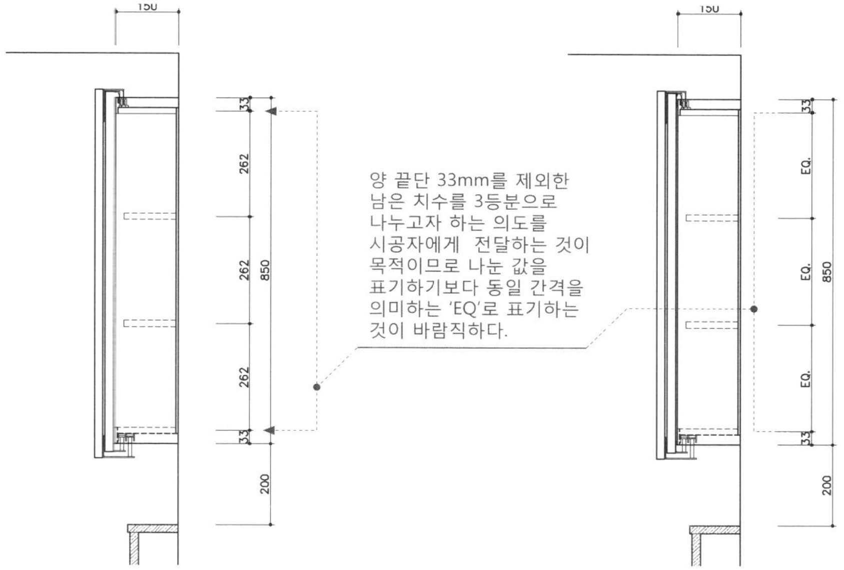

-의미 전달이 부족한 치수표기사례-

-의미 전달이 명확한 치수표기사례-

그림32_ EQ. 표기사례
가구선반, 천장의 조명간격, 등분해서 나누어야 하는 의도가 있는 치수는 수치보다 EQ. 또는 전체치수/n 등으로 표기하는 방법이 설계자의 목적을 정확히 전달할 수 있다.

른 오차를 만들어낼 수 있는 여지를 줄 수 있으며 원래의 5등분하고자 하는 설계자의 목적을 정확히 시공자에게 전달하는 합리적인 방법이라고 볼 수 없으므로 정확한 의미전달을 위해서는 다른 간단한 표기법이 필요하다. 이 때 사용하는 방법이 'equal'이다. 그렇다고 equal을 다 표기하자니 번잡해 보일 수 있으므로 축약해서 'EQ.'로 표기하는 것이 일반적이다. 위의 사례도면(그림32 참조)을 보면 이해하는데 도움이 될 것이다.

B. 꼭 지켜야 되는 치수 - Verify

주거공간을 시공한다고 가정해 보자. 대부분의 공사는 현장에서 이루어지지만 냉장고, 싱크대, 붙박이가구 등 일부 품목들은 공장에서 반제품 또는 완제품의 형태로 공사 말미에 설치되는 경우가 일반적이다.

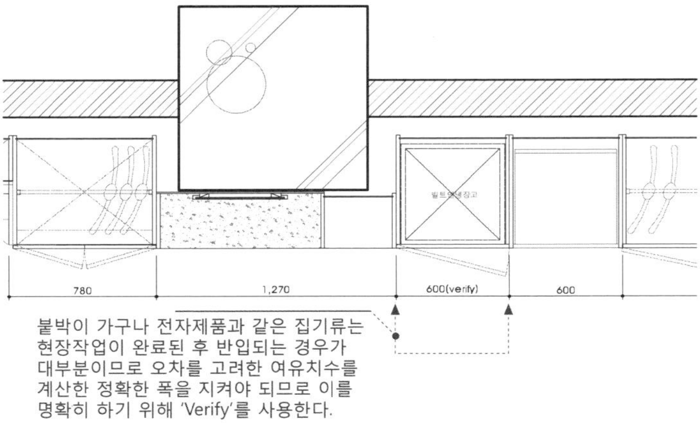

그림33_ Verify 표기 사례
현장에서 꼭 확인하고 지켜져야 되는 치수를 설명하기 위해 'Verify' 또는 '현장확인치수'라고 수치 값과 함께 표기하는 방법을 사용한다.

이 경우, 도면에 우선 지켜줘야 되는 제품의 기준치수를 강조해서 표기해야 하는데 이럴 때 사용하는 표기법이 'verify'(절대치수)이다. 치수와 함께 표기해서 꼭 확인하고 시공해야 됨을 강조하기 위한 방법이라고 이해하면 된다.(그림33 참조) 국내 도면에서는 흔하게 사용하지는 않지만 간혹 영어권의 도면에 'Verify in Field'라는 표현이 치수선 위에 적힌 경우가 있는데 이는 현장에서의 검증이 꼭 필요한 치수라는 뜻이다. [영어가 싫으면 '현장확인치수'라고 표기하면 된다]

C. 고정된 치수 이후에 남는 변화치수 - VAR.

변화치수를 설명하기 위해 실험실을 디자인한다고 가정해 보자. 규격화된 장비가 들어가는 2개의 실험실이 필요하고 남는 자투리 공간은 창고 등의 수납공간으로 활용하기로 했다면 가장 우선적으로 지켜야 할 치수는 제품화된 장비 설치가 가능한 폭을 가진 2개의 실험실이다.

이 경우, 우선적으로 실험실 폭을 고정치수로 시공하고 나머지 남는 폭은 숫자로 표기하기보다는 '현장에 맞춰 변화가 가능한 치

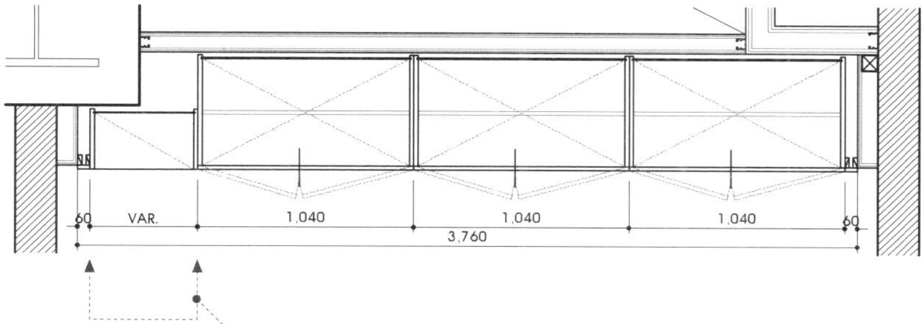

그림34_ VAR. 표기 사례
필요로 하는 공간이나 폭을 설정하고 난 뒤 남은 여유 폭이 상대적으로 중요하지 않을 경우 'VAR.' 또는 '현장변화치수' 등으로 표기한다.

수'라고 적어 두면 숫자로 표기된 치수가 우선 적용된다는 의미를 좀 더 정확히 전달할 수 있다. 하지만 위의 문장처럼 도면에 구구절절이 표기하기보다는 좀 더 간편한 표기법을 쓰기로 약속한 표현이 'Varies'(변화치수)이다. 줄여서 'VAR.'이라고도 표기한다.(그림34 참조)

D. 일면으로 시공해야 할 경우

예를 들어, 상가건물처럼 건축시공이 완료된 내부공간을 보면 구석벽에서 돌출되어 있는 반쪽짜리 기둥을 만날 때가 있는데, 설계자에겐 자유롭게 디자인하는데 꽤나 성가시면서도 제거하려야 할 수도 없는 계륵(鷄肋) 같은 구조체이다. 이 경우 설계자는 역으로 이러한 기둥을 디자인의 요소로 활용하기도 하는데 필요에 따라서는 공간의 균형과 리듬을 맞추기 위해 없는 기둥을 가짜로 만들어 내는 경우도 있다.

이럴 때 이 가짜 돌출면의 기준을 디자이너의 의도대로 표현하기 위한 가장 정확한 방법은 무엇일까? 기둥마감마다 생길 수 있는 오차를 고려하면 수치로 표기하기보다 '실제 있는 기둥의 마감 면과

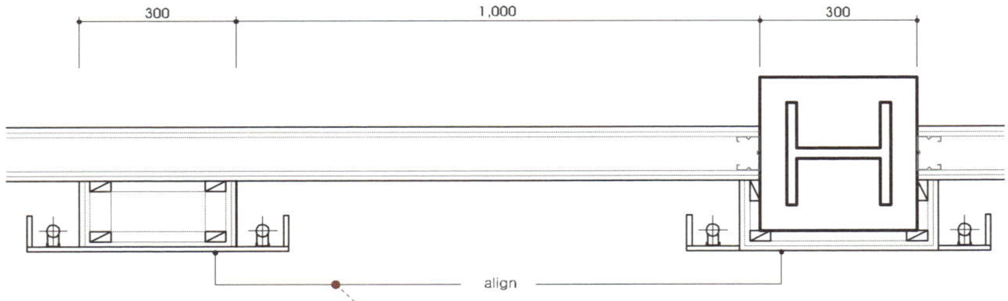

그림35_ align 표기 사례
디자인 요소가 나란히 동일한 마감면을 가져야 할 때 구체적인 치수 값보다 'align'을 사용하면 시공자에게 의미전달이 더 명확해지며 마감오차로 인해 발생할 수 있는 문제점을 사전에 제거할 수 있다.

동일하게 적용하시오.' 라고 설명하는 것이 가장 정확히 설계자의 의도를 전달하는 방법일 것이다.

이 때 사용하는 치수표현 수단이 'align'이다. 아래 사례를 보면 쉽게 이해가 될 것이다.(그림35 참조)

E. 특정 사물의 중심을 기준으로 시공해야 할 경우 - ℄

문이나 창, 벽부조명 등의 특정 오브젝트가 주어진 공간이나 벽의 중앙에 정확히 시공되어져야 한다고 가정해 보자. 실제 시공과정에서의 오차를 고려해 볼 때 가장 의미전달이 명확한 치수표기 방법은 무엇일까? 일반적인 수치 값을 통해 치수를 표기하다 보면 시공자는 설계자의 정확한 의도를 파악하지 못하고 오차를 떠안고 시공할 수 있다. 이 경우에 '특정 폭의 중앙에 맞추어 시공하시오.'라는 부연설명을 간단히 '℄'을 사용하면 현장 조건에 따른 오차와 관계없이 설계자의 의도를 보다 명확히 전달할 수 있다.

다음의 사례를 보면 이해하는데 도움이 될 것이다.(그림36 참조)

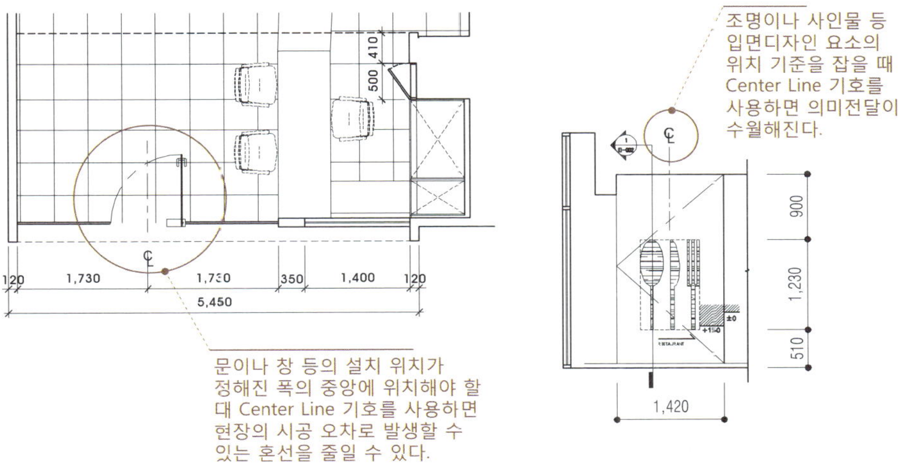

그림36_
Center Line 적용 사례

이 밖에도 도면만으로 설명이 불가능하다고 판단되면 Note에 표기하거나 어렵게 생각하지 말고 도면 위에 말로 풀어 설명해도 무방하다. [도면은 시공자가 가장 잘 이해하면 그걸로 충분하다. 정확한 표기법이 생각나지 않으면 어중간하게 영문약어를 사용하거나 불명확한 치수를 기입하지 말고 한글로 풀어서 적는 게 오히려 더 친절한 도면이 될 수 있다]

실제로 영어권 도면을 보면 도면에 줄줄이 약어를 사용하거나 풀어서 치수 기준들을 설명하는 경우가 있는데 한글에 익숙한 국내의 도면에서 위의 약속들을 실시설계도면에 적용한 사례를 보기는 쉽지 않다. 대부분 설계자 측과 시공자 측의 현장조율이 원활히 이루어지는 업무 구조적 특성 때문에 일반적인 수치를 이용한 치수표기로도 대부분 예측이 가능하기 때문이기도 하며, 기본적인 제도 교육 내용 안에 언급되지 않는 경우가 많아 몰라서 사용하지 않기 때문이기도 하다. 그래도 다시 뜯어내고 재시공하는 불상사를 미연에 방지하고 정확한 의미를 공유하기 위해서는 공통적으로 적용되는 보조 표현수단이니 설계자, 시공자 모두 알아두는 것이 도면을 토대로 일하는 사람의 기본이다.

4. 도면기호에 대한 이해

도면기호에 대한 이해

도면에 들어있는 각종 기구와 각종 내용물이 그림 그리듯 보이는 모습 그대로 묘사되어 있다면 그 도면은 잘못된 도면일까?

분야를 막론하고 실제 모습에 최대한 가깝게 그리는 것이 일반인이든 전문가든 이해하기 가장 쉬운 표현방법임은 분명하니 무조건 잘못 작업된 도면이라고 비웃으면 곤란하지 않을까? -천장에 매달린 샹들리에의 딸랑거리는 200개 크리스털을 일일이 다 그려준다면 내부의 분위기까지 느낄 수 있는 참 아름다운 도면이 될 수도 있을 것이다.- 이런 관점에서 본다면 틀렸다기보다 오히려 장인정신이 담겨져 있는 친절한 도면이라고 엄지를 추켜세워야 될지도 모르겠다. 하지만 문제는 도면을 미술시간의 정밀묘사처럼 그리다가는 도면 세트 하나 완성하는데 1년이 더 걸릴지도 모른다는 점이다. 손으로 도면을

그림37_ 도면의 기호화

작성하던 시절이 지난 지금이야 컴퓨터를 이용한 각종 프로그램들을 이용하면 이조차도 간단해지긴 했지만 근본적으로 영리한 방법이라고 볼 수는 없다. 그렇다면 뭔가 다른 효과적인 표현방법을 찾아야 하는데 이 때 고려해야 할 두 가지 가장 중요한 목적은 '도면작업의 효율성' 과 '내용물의 정확한 정보 전달' 이다.

다시 말해 도면을 그리는 사람은 작업의 효율성을 높이기 위해 가장 간단한 형태로 표기가 가능해야 짧은 시간에 도면을 효과적으로 그릴 수 있고, 도면을 읽는 사람은 이런 간단한 형태를 복잡하게 외우지 않더라도 최대한 직관적으로 이해할 수 있어야 한다.

그래서 도면을 그리는 사람과 도면을 읽는 사람 간 서로 이해할 수 있게끔 간략한 선과 심벌의 형태로 표현한 약속된 형태가 도면에 사용되는 각종 기호라고 이해하면 된다.

어떤 경우에 이러한 기호들이 필요한지 예를 들어보자.

- 내용물의 일부를 절단하거나(절단선), 특정 부위를 가리켜야 할 때(지시선), 특정 높이, 기울기, 방위 등의 정보를 도면에 담아야 할 때
- 조명이나 환기구 등의 각종 기구와 설치물에 대한 정보를 간략한 형태로 표현해야 할 때
- 각종 구조체나 벽 등이 어떤 재료로 구축되어 있는지에 대한 정보가 필요할 때
- 각종 문, 창, 계단 등 건축적 요소가 담고 있는 정보를 이해하기 쉽게 설명해야 할 때
- 최종 마감 재료에 대한 정보를 전달할 필요가 있을 때

이 외에도 필요한 경우마다 간략히 표현할 수 있는 약속된 설명방식이 필요하다. 위와 같은 정보들을 만약 글로 풀어 설명해야 한다거나

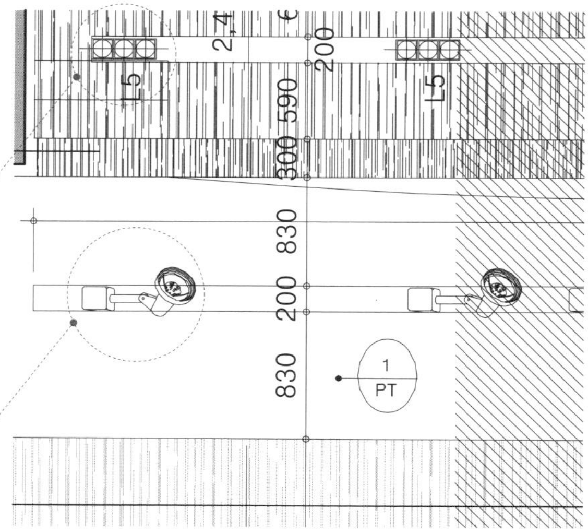

그림38_ 조명기호 적용 사례

간략히 표현할 수 있는 방법이 없다면 도면시트 하나가 글로 가득 차야 할지도 모른다. 이는 전하고자 하는 정보전달의 한계에 부딪히게 되고 읽는 사람은 도면 작성자의 의도를 이해하는데 한계가 생길 수밖에 없다. 그러므로 이러한 기호의 사용과 표기법은 도면을 읽는데 있어 가장 기본이 되는 부분이므로 확실히 이해해 둘 필요가 있다.

각종 도면기호 읽는 방법

도면에 사용되는 다양한 기호들을 크게 나누어 보면 재료나 기구, 집기 등의 사물을 상징화해서 표현한 '구체적'인 심벌 형태의 기호와 도면에 작성된 내용을 부가적으로 설명하기 위한 '추상적'인 기호로 나누어 볼 수 있다. 물론 도면에 필요한 수많은 표현기호를 위의 두 가지 분류방식으로 정확히 나누어 설명하기엔 무리가 있으나 기호를 만든 이유를 생각해 보면 결국 모든 기호는 '있는 것을 단순화시킨 것-각종 심벌'과 '실제로는 없지만 설명하기 위해 필요한 것-보조기호'로 나누어 볼 수 있다.

위의 성격에 따라 각종 도면기호들을 이해해 보자.

각종 심벌

첫 번째로 실제 도면에 존재하는 형태나 오브젝트를 효율적으로 표현하고 이를 시공자에게 정확히 이해시키기 위해 필요한 일련의 약속된 기호들이 있다.

이러한 심벌들을 공사 분야별 범주에 따라 분류해 보면 크게 아래와 같이 3가지 분야로 나누어 설명할 수 있다.

- 실내건축 관련 심벌(벽체, 창호, 계단, 재료 등)
- 전기 관련 심벌(조명, Power, 통신, AV, 보안, 감지 기구 등)
- 설비 관련 심벌(공조, 소방, 급배수, 냉난방 등)

창호, 계단, 재료마감 등의 별도 설명이 필요한 항목은 뒤쪽에 자세히 설명하기로 하고 기본적인 심벌 형태로 바로 이해가 가능한 내용부터 살펴보도록 하자.

A. 실내건축 관련 벽체 심벌

공간을 조성하는 가장 기본이 되는 요소는 바닥과 벽, 천장이다. 이 중 평면도 작성 시 실제 시공에 가장 직접적인 영향을 미치는 중요한 요소는 벽체라고 할 수 있다. 이러한 벽체들을 단순히 두께를 가진 두 개의 라인으로만 표현해서는 벽체의 종류나 재료 등을 파악하는 데 한계가 있다. 물론 벽체 상세도에서 자세히 설명되기는 하나 상세하게 표현될 필요도 없는 모든 벽체를 별도로 작성하는 무리수를 두지 않기 위해서는 평면도에서 한 눈에 파악이 가능하도록 친절한 설명이 되어 있으면 시공현장에 많은 도움이 될 수 있다.

Interior Wall Construction Type		
경량벽체 (Dry Wall)	목재스터드, 메탈스터드 등을 이용한 경량벽체	 Solid Hatch or Open
경량벽체-충진재 삽입 (Dry Wall-Insulated)	충진재가 삽입된 경량벽체	
기존벽체-유지 (Existing Wall to Remain)	기존 벽체 중 유지하는 벽체	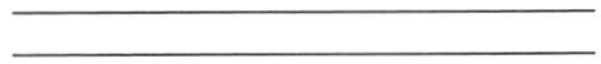
기존벽체-제거 (Existing Wall to Removed)	기존 벽체 중 제거하는 벽체	
조적벽체 (Brick Wall)	시멘트벽돌 등을 이용한 조적 벽체	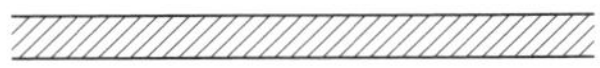
블럭벽체 (Block Wall)	시멘트블럭 등을 이용한 조적 벽체	

표10_ 벽체 심벌 사례
위의 표기법 이외에도 다양한 설명이 가능한 벽체 표기방법이 있으나 많이 사용되지 않아 여기서는 생략한다.

많은 인테리어설계회사가 이러한 '친절함'을 도면에 표현하지 않는 경우가 대부분이긴 하나 필요에 따라 실수나 착오를 줄일 수 있다는 점에서 알아 둘 필요는 있으며 주로 사용하는 기호를 중심으로 표기사례를 정리해 보면 위와 같다.(표10 참조) [이러한 기호들도 국가나 지역, 회사에 따라 다른 약속들로 표기하는 경우가 대부분이다. 국내의 경우 이러한 기호들을 생략하고 평면도를 작성해도 현장에서 대부분 알아서 정리되는 구조를 가지고 있고 기호에 따라서는 도면만 복잡해지는 과잉친절로 볼 수도 있으나 국내 인테리어도면들이 아직 이런 부분에서 체계가 약하다는 걸 반증하는 사례이기도 하다]

B. 조명 심벌(Lighting Symbol)

특별히 디자인된 조명을 제외하면 일반적으로 인테리어에 사용되는 조명들은 대부분 사각형이나 원형의 기하학적 형태로 제작, 생산된다. 이러한 조명은 가능하면 조명기구의 모양을 있는 그대로 표현하는 것이 가장 좋겠으나 도면 전체가 어느 정도 정리된 형태로 쉽게 인식되어야 한다는 관점에서 보면 일정 수준의 단순한 형태로 심벌화 시켜야 한다는 점도 고려되어야 하며 가능하면 등 기구의 실제크기를 고려해 작성하는 것이 도면이해에 도움이 된다.

결국 조명심벌을 작성하는 가장 중요한 목적은 시공현장에서 조명의 종류와 위치, 간격 등을 파악하여 시공할 수 있는 정보를 담고 있어야 한다는 점이다. 그래서 일반적으로 사용되는 심벌의 형태를 보면 보조선을 이용하여 조명기구의 중심선을 표현하고 있다는 점을 확인할 수 있다.(표11 참조) 또한 단순화된 심벌의 형태로는 정확히 조명기구의 사양을 파악하는데 한계가 있으므로 도면 한쪽에 조명심벌의 사양을 정리한 범례(Lighting Symbol Legend)를 삽입하는 것이 바람직하다.

C. 전기설비 관련 심벌(Electrical Symbol)

전기설비 심벌은 작게는 콘센트 등의 전열설비부터, AV, 통신설비, 분전반 등의 전력설비 등에 관련된 내용 일체를 도면에 효과적으로 표현하기 위해 약속한 기호이다. 프로젝트의 규모나 상황에 따라 위의 내용들을 여러 장의 도면에 나누어 하나의 도면집으로 묶어 납품하기도 하고 간단한 경우 인테리어 도면집 안에 포함시켜 납품하기도 한다.(표12 참조)

전문자격을 갖춘 전기설계회사에 의해 작성되고 시공현장에서도 전기관련 전문시공업체가 시공하므로 인테리어 전공자가 모든 것을 다 파악하기에는 무리수가 있으나 전체 현장의 관리자 역할을 해야

Lighting Symbol Legend		
다운라이트 (Ceiling Mounted Light)	일반적으로 복도, 화장실 등에 사용되는 천장 매립형 원형 등기구	
팬던트 조명 (Ceiling Mounted Pendat Light)	식당, 카페 등의 분위기 연출 및 피사체의 효과를 높이기 위해 천장에 매달린 조명 방식	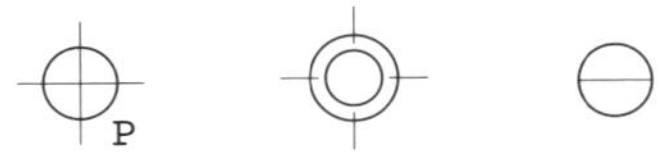
형광등 (Fluorescent Light)	주거 및 사무공간에서 주로 사용되는 대표적 조도용 조명	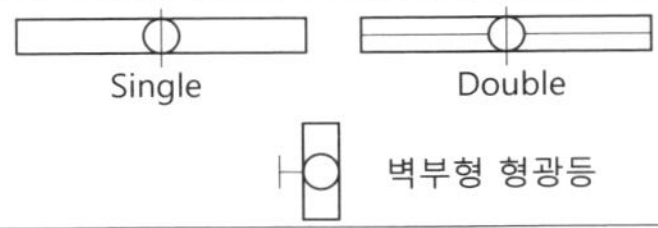
벽부등 (Bracket Wall Mounted Light)	벽체나 기둥 등에 부착된 형식의 조명 방식	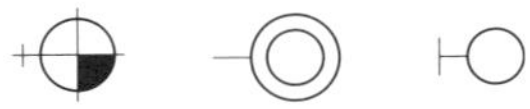
샹들리에 (Chandelier)	크리스털, 캔들 등의 장식을 이용한 화려한 장식조명	
비상등 (Emergency Light)	배터리가 내장되어 정전 시 복도 등에 설치되는 조명	
피난 유도등 (Exit Light)	사고나 화재 시 피난구를 알려주기 위해 설치하는 등기구	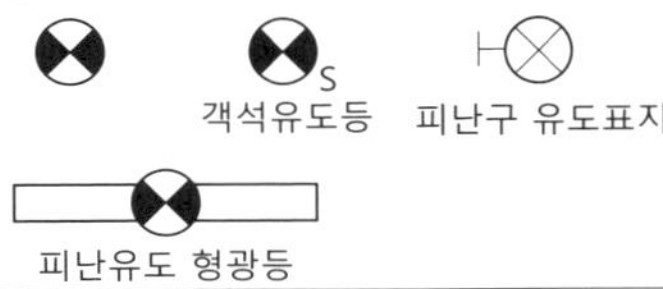
레일등 (Track Light)	천장이나 벽에 별도의 트랙을 만들어 설치되는 등기구	
강조등 (Spot Light)	특정 부위를 강조하기 위해 설치되는 장식조명	
센서등 (Sensor Light)	현관 등에 사용하며 움직임을 감지하여 점멸되는 조명	
옥외보안등	외부 보안용 조명	

표11_ 조명심벌 목록

Electrical Symbol Legend

구분	항목	설명	기호
전열설비	콘센트 (Receptacle Outlet)	벽에 전기배선과 코드를 접속하는 기구. (110V 2핀/220V 3핀) 보통 바닥에서 300mm 높이에 설치	2구 천장형 / 1구 벽부형 FL+300 / 2구 벽부형 FL+300 / 벽부 방수형 FL+800 / 2구 바닥형 / 비데용 FL+300 / 드라이어용 FL+1200 / TV수납 FL+500
	시스템 박스 (System Box)	보통 바닥의 일정 모듈로 가구 등에 전원이나, 통신코드를 연결하기 위해 매입시킨 접속 기구	Access Floor형 / 콘크리트 매용형
전등설비	점멸기 (Switch)	등기구 등을 켜고 끄는 스위치	단로X1 / 단로X2 / 타이머형 / 방수형 / 조광기 / 리모콘형
전력설비	환기팬 (Ventilating Fan)	실내환기를 위해 벽이나 천장에 부착하는 송풍기	
	분전반 (Distribution Board)	배전반에 배선된 간선을 다시 분기 배선하는 보드형태의 장치	배전반 / 동력용 분전반 / 전등/전열용 분전반
	풀박스 (Pull Box)	케이블 길이가 긴 경우 전선관에 케이블의 인입을 용이하게 하기 위해 설치하는 철제박스	P
	접속박스 (Joint Box/Junction Box)	케이블을 서로 접속해야 하는 경우 접속한 케이블의 보호하기 위해 설치하는 철제박스	J / J
배관/배선	노출 배관/배선	전선 및 전선관의 천정 노출 배관 / 배선 표기	
		전선 및 전선관의 바닥 노출 배관 / 배선 표기	
	매입 배관/배선	전선 및 전선관의 천정 및 벽체 매입 배관 / 배선 표기	
		전선 및 전선관의 바닥 매입 배관 / 배선 표기	
통신설비	방송설비		천정형스피커 / 벽부형스피커 / 음량조절기 / 방송단자함 / AMP 방송단자함 / m 마이크잭

표12_ 전기설비관련 기호 목록

Mechanical Symbol Legend		
공조 및 소방설비	덕트 (Duct)	
	옥내소화전함 (Fire Hydrant)	
	스프링클러 (Sprinkler Head)	
	비상밸브 (Alarm Valve)	
	감지기 (Sensor)	
	디퓨저 (Diffuser Inlet / Outlet)	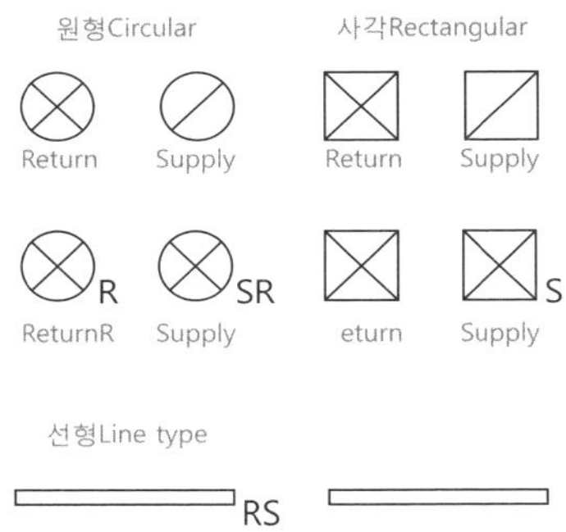

표13_ 기계설비관련 기호 목록

한다는 점에서 인테리어에서 범용으로 사용되는 기본적인 심벌 정도는 숙지하고 있을 필요가 있다. 도면에 심벌을 표현하는 방법이나 심벌의 모양은 작성자의 경험이나 회사의 매뉴얼에 따라 표현방식이 달라질 수 있으며 표현방식이 다른 심벌들은 도면에 작성되어 있는 별도의 범례(Legend)를 통해 확인할 수 있다.

D. 기계설비 관련 심벌(Mechanical Symbol)

기계, 소방, 급배수, 위생, 공조, 냉난방 등의 건물이 제 기능을 하기 위한 각종 설비는 각각의 전문성을 필요로 하는 분야이므로 인테리어 전공자가 모든 분야를 이해하고 작업하는 데는 한계가 있다. 다만 인테리어설계 시 디자인과 기능에 연관된 기본적인 표현기호 정도는 숙지할 필요가 있다. 다만 각 분야에서 사용되는 다양한 기호들의 약속된 심벌은 국가 간, 지역 간, 심지어 각 설계사무실마다도 조금씩 차이가 있다는 점을 전제로 하고, 주로 사용되는 몇 가지 심벌을 살펴보면 위(표13 참조)와 같다.

도면설명에 필요한 보조기호

실제로 존재하지 않으나 도면에 대한 부가적 설명이 필요할 때 주로 사용되는 기호와 표현방법들을 살펴보자.

A. 주열기호와 기준선(Column Grid)

흔히 실무에서 축선이라고 표현되는 기준선은 말 그대로 건축설계 및 시공의 가장 중요한 기준이 되는 선으로 실내건축설계에서는 직접 작성하는 선이 아니므로 참고하는 정도로단 이용된다. 흔히 건축도면을 받아서 실내건축에 적용할 때가 많으므로 직접 사용하지는 않는다 하더라도 건축도면을 이해하기 위해 알아둘 필요는 있다.

공간이나 건축물은 수학의 함수처럼 기본적으로 X축, Y축, Z축의 3차원으로 구성되므로 주열선 또한 이 세 가지 축을 기준으로 기준 열이 만들어진다. 수평선, 즉 가로열은 Y축에서의 증가 및 감소를 나타내므로 Y1, Y2, Y3…로 표기하고 수직선의 세로열은 X축의 증가감소를 표현하므로 X1, X2, X3…로 표기하는 게 일반적이다. -가로열을 A,B,C…, 세로열을 1,2,3…의 순으로 표기하기도 한다.-

더 세분화가 필요한 경우, 여기서 주기준선과 보조기준선으로 다시 나누어 표현하는데 위의 알파벳 기호에 -1,-2…등을 붙여 X-1, Y-2, A-3, 1-4…등으로 표현한다.

그렇다면 Z축은 언제 어떻게 사용할까? 입면이나 단면처럼 공간이나 건물의 레벨을 나타내는 경우에 사용되는데, 한 가지 다른 점은 Z축은 위의 설명처럼 알파벳을 이용하지 않고 층과 FL(Floor Level) 값을 사용해 표현된다는 점이다. [Z축의 기준선은 보통 슬라브의 바닥 마감선을 기준으로 작성되므로 내부공간의 인테리어 공사에 중요하게 고려해야 되는 기준이 될 수 있다] 아래 그림(그림39 참조)과 같이 건축물이 X,Y축과 어긋나 디자인되는 경우는 별도의 주열번호 S나 T등으로 표기하여 별도의 기준선을 만들어 표현할 수도 있다.

그림39_ 주열선 표기

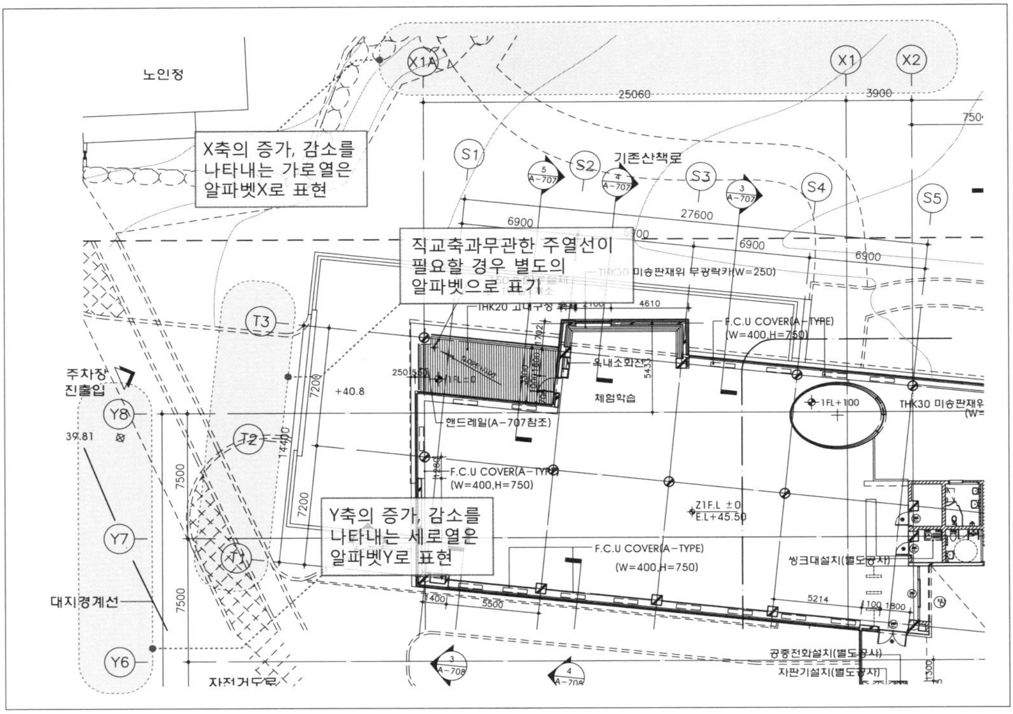

B. 절단선(Break Line)

절단선은 말 그대로 도면 내용물의 특정 부위를 절단할 필요가 있을 때 쓰는 선이다. 그렇다면 어떤 경우에 절단할까? 크게 두 가지 경우로 나누어 볼 수 있다.

첫째, 도면의 크기는 한정적이고 실제 보여줘야 되는 내용물의 크기가 도면 틀 안에 적정 스케일로 삽입하기 적절치 않은 경우이다. 이 경우는 전체 내용물을 적절한 위치에서 끊어 표현하는 것이 바람직하다.

둘째는 똑같이 반복되는 디자인이 연속적으로 이어져 있을 경우인데, 이럴 때는 적절히 반복부위를 생략하고 연속성을 파악할 수 있는 정도에서 잘라내어 적정 스케일로 표현하는 것이 바람직하다. 예를 들어 천장고가 2.5M, 길이가 30M인 복도 입면을 반복적인 패턴으로 디자인했다면 반복되는 한, 두 단위만 표현하고 전체 복도의 시작과 끝만 명확히 표현해도 충분히 내용 전달은 가능하다.

필요에 따라 연결되는 부위의 중앙부를 잘라내는 이면절단 기호를 사용해야 하는 경우와(그림40 참조)와 한쪽 또는 양쪽 단부를 잘라내는 일면절단 기호가 있다.(그림41 참조)

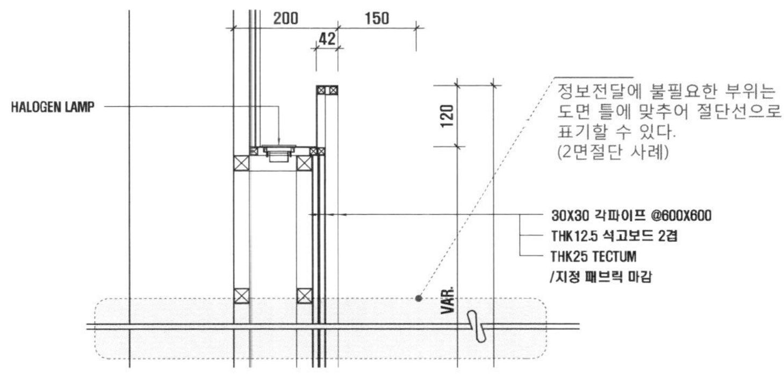

그림40_ 이면절단 기호

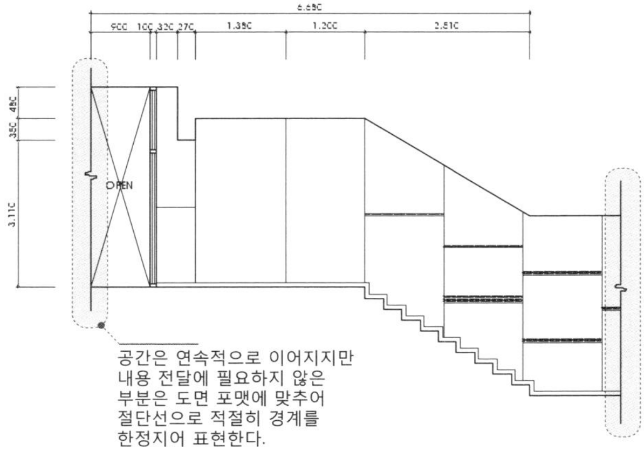

그림41_ 일면절단 기호

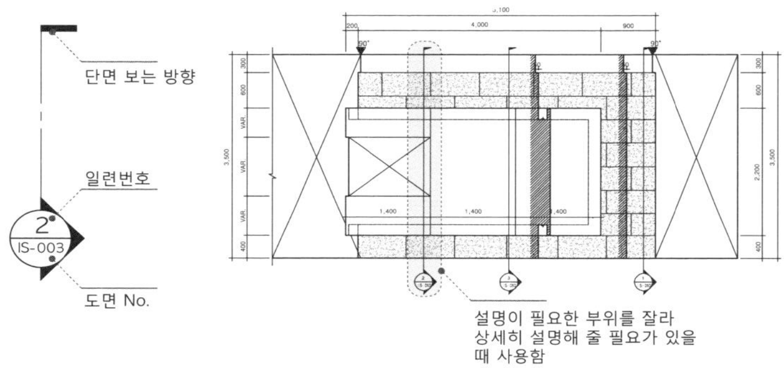

그림42_ 단면기호

C. 단면기호(Detail Section)

위에서 설명한 절단선처럼 특정 부위를 절단하기 위해 사용되는 기호이긴 하나 사용목적이 다르다. 시공을 정확히 하기 위해 내용물의 특정 부위를 끊어서 또 다른 도면으로 설명이 될 필요성이 있다고 판단되는 경우에 사용된다. 동일한 도면 안에 같이 표현되는 경우와 다른 도면에 별도로 그려져야 하는 경우의 두 가지가 있는데 첫 번째 경우는 숫자로만 구분해 표현하고 두 번째 경우는 해당 도면의 시트 넘버를 별도로 추가해서 표기한다.(그림42 참조)

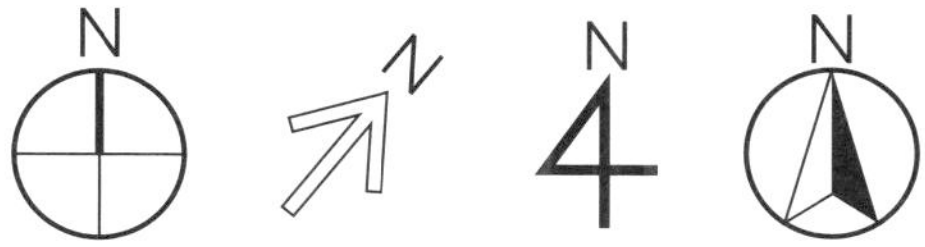

그림43_ 방위표기

D. 방위(North Arrow)

대지에 건물을 앉힐 때 방위는 절대적인 배치기준이 된다. 증축이나 리모델링 등의 특이한 경우를 제외하면 대부분 건축에서 방위에 따른 합리적인 배치계획이 완성되고 실내건축은 이에 순응하는 내부공간설계가 이루어진다. 각 실의 합리적 배치를 위해 실내건축에서도 방위는 아주 중요한 계획요인이 되며 평면도의 좌측상단에 표기하는 것을 기본으로 한다.(그림43 참조)

E. 레벨기호 및 약어

토목이나 건설분야에서 사용되는 다양한 레벨관련용어들을 보면, 토목에서 주로 사용되는 평균 해수면을 기준으르 한 레벨인 E.L.(Earth Level), 건축물의 지반선을 기준으로 한 G.L.(Ground Level), 골조의 바닥높이를 지칭하는 S.L.(Slab Level) 등 필요에 따라 다양한 레벨 표현 약어가 있으나 실내건축공사에 주로 필요한 레벨 약어는 슬라브 바닥에서 마감까지 완료된 마감 높이를 지칭하는 바닥마감레벨 F.L.(Floor Level)과 바닥의 마감에서 천장의 마감까지의 높이를 지칭하는 천장고 C.H.(Ceiling Height), [지역이나 국가에 따라 FFL(Finished Floor Level), FCL(Finished Ceiling Level)로 표기하기도 한다] 한 층의 바닥마감에서 다음 층의 바닥마감높이까지를 지칭하는 층고 F.H.(Floor Height) 정도이다.

예를 들어 평면도에서 FL:+3,000이라고 표기되어 있다면 건축

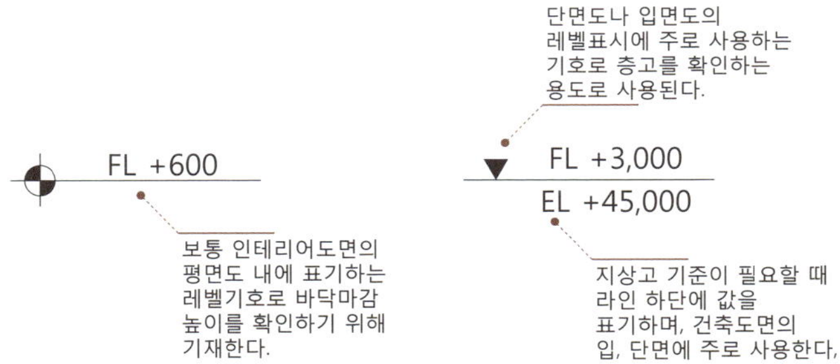

그림44_ 레벨표현 기호

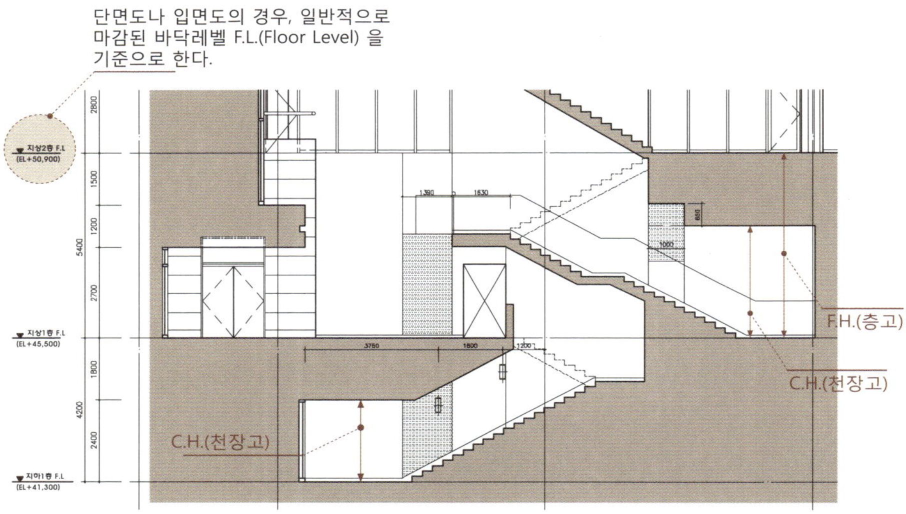

그림45_
레벨표현 및 천장고와 층고 산정

물의 지표면 G.L: ±0을 기준으로 3미터 높이에 있는 바닥마감선이라고 이해하면 된다. 대략 건물의 2층 바닥 정도라고 볼 수 있다.

바닥의 레벨차이나 천장의 높이기준, 층고는 내부공간 디자인의 가장 큰 베이스가 되는 부분이므로 평면도나 천장도에 필요시 기입해 주는 것이 바람직하다.

보통 인테리어도면에 F.L. 및 C.H. 값을 표현하는 방법은 위(그림 44)와 같다.

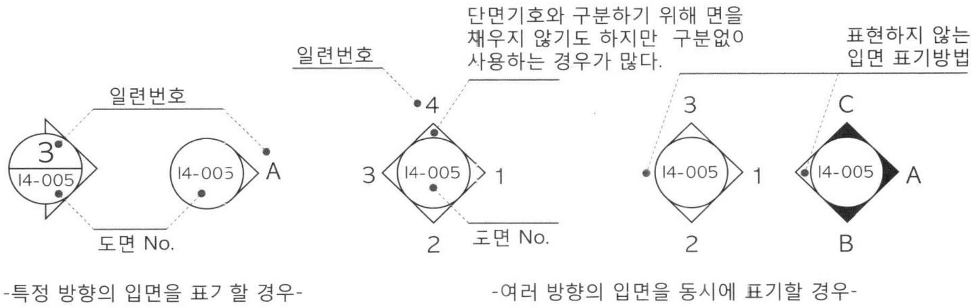

그림46_ 입면 및 단면표시기호

F. 입면(전개도)표시기호(Elevation Symbol)

실내건축 도면은 공사에 필요한 정보를 위한 작업이 기본이므로 내부의 입면도는 전개도로 그리는 것이 바람직하다. 간혹 클라이언트와의 협의나 일반인에게 디자인된 분위기를 설명하기 위해 입면으로 표현된 도면을 사용하기는 하나, 시공에 목적을 두고 그려지는 실시설계 단계에서는 꺾인 부분, 휘어진 부분 등을 모두 정면으로 펼쳐서 이어 그리는 것이 시공 시 정보 전달을 위한 정확한 방법이다.

표현하고자 하는 입면의 방향과 그려진 해당입면 번호를 알려주기 위해 평면도 위에 정해진 입면기호로 표기할 필요가 있는데 이 역시 직관적으로 이해할 수 있는 화살표 모양의 기호를 사용하며, 특정 방향의 입면을 각각 설명하는 방식과 별개로, 전개되는 여러 방향에 맞추어 입면을 표현하는 방법도 있다. 그려지지 않은 방향의 입면은 화살표방향의 검게 칠한 해치를 비워두는 방식으로 표현하기도 한다.(그림46 참조)

G. 부위별 상세기호(Enlarged Detail Reference)

스케일별로 도면을 작성하다 보면 1/50~1/100 정도의 축척을 가진 평면도와 같은 경우 공사방법을 설명하는데 한계가 있는 부분(벽체

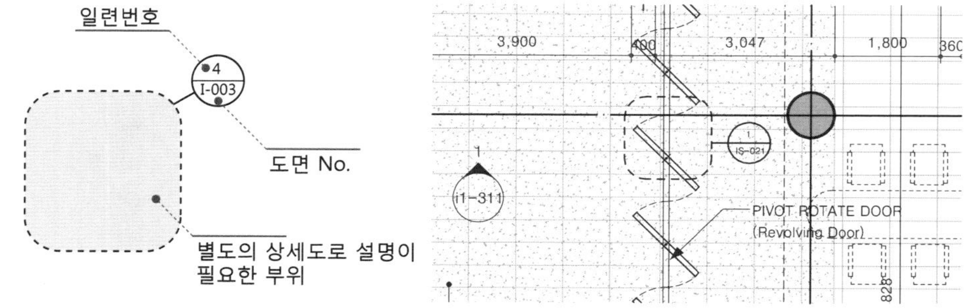

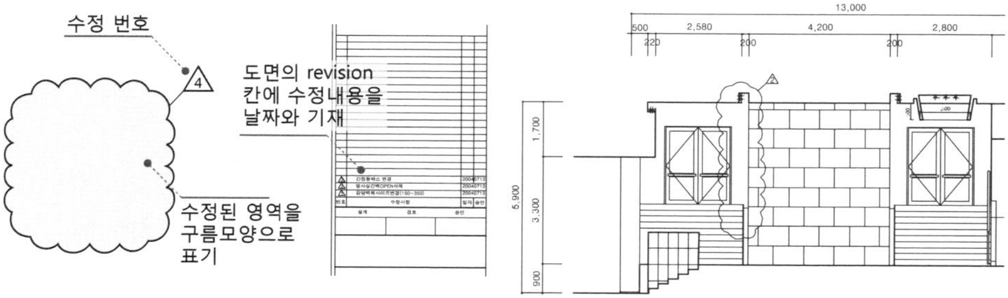

그림47_ (위) 부위별 상세기호
그림48_ (아래) 수정부위 표기방법

상세, 천장상세, 코너상세, 도어 상세, 가구상세 등)이 생긴다. 이 경우에 스케일을 확대하여 상세하게 다시 설명해 줄 필요가 있는 특정부위를 지정하고 도면집의 어느 시트에 상세도면으로 작성되었는지 해당도면의 정보를 알려줄 수 있는 표현방법이 필요한데 이 경우 아래와 같은 심벌을 사용한다.(그림47 참조)

H. 수정부위 표시기호(Revision Symbol)

도면작업이 완료되고 승인이 끝난 이후에도 다시 검토되어 수정되어야 하는 부분이 발생할 수 있다. 이 때 이에 해당하는 수정영역을 구름모양으로 도면에 표기하고 도면의 Revision항목에 날짜와 수정사항을 기재해준다.(그림48 참조)

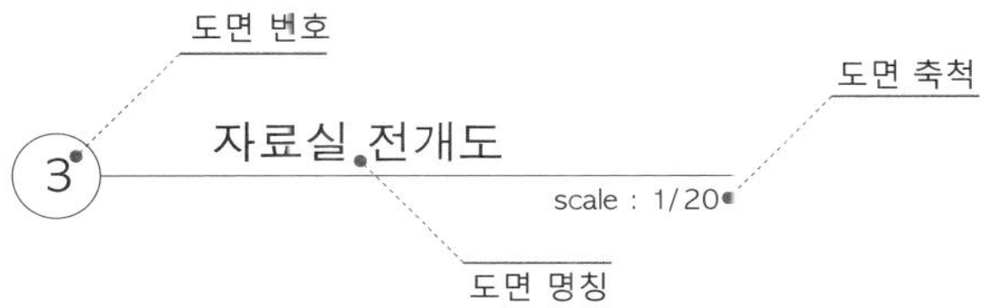

그림49_ (위) 도면명 표기방법
그림50_ (아래) 입면 오픈영역 표기

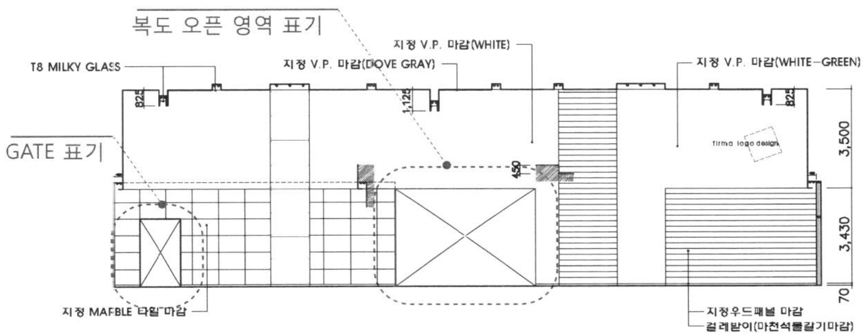

I. 도면명 표기(Drawing Label)

해당도면의 명칭, 도면번호와 스케일 등을 기재하는 기호로 도면 영역 하단에 표기하는 방법이 일반적이며 별도로 테두리 칸을 만들고 기재하기도 한다.(그림49 참조)

J. 개구부 표기(Void)

도면은 선과 면으로 구성된다. 그러다 보니 막힌 벽면이나 비워진 면 모두 동일하게 보일 수밖에 없다. 이를 구분하기 위해 비워진 면은 직관적으로 이해하기 쉽도록 일점쇄선을 이용해 X자로 표현하는 방법을 사용한다. 주로 평면의 오픈된 바닥면(Vo.d)이나 입면의 게이트 부위에 사용하며 더 알아보기 쉽게 X자의 중앙부에 'OPEN' 또는

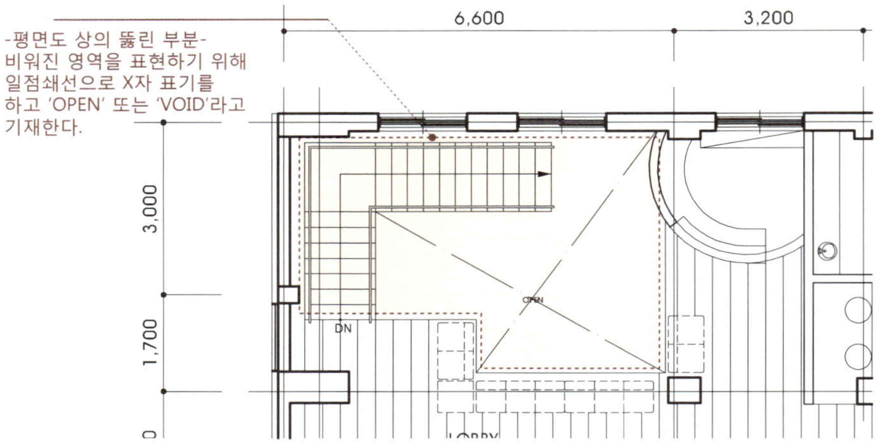

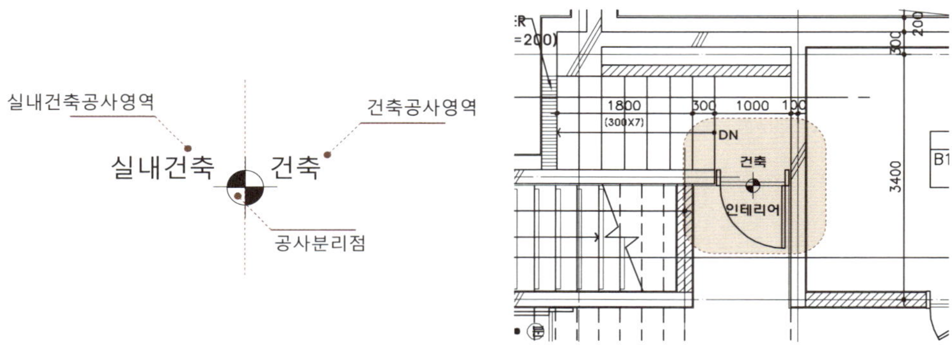

그림51_ (위) 평면 오픈영역 표기
그림52_ (아래) 공사 분리 경계점 표기

'VOID'라고 표기하기도 한다.(그림50, 51 참조)

이 외에도 가구평면도의 비워진 내부공간이나 각종 덕트(Duct)와 같이 비워진 통로에도 적용되며 이 경우에는 문자표기는 생략하는 게 일반적이다.

K. 공사 분리점

실내건축 시공은 일반적으로 지어진 건축물 내의 일부 또는 전체 영역을 다루게 되는 게 일반적이며, 건축과 실내건축이 동시에 계획되어지는 경우에는 일정 영역만을 실내건축이 담당하게 되는 경우도 있다.

이런 경우에 건축과 실내건축의 설계 및 공사영역의 경계선을 별도의 기호를 이용해 표기해 줄 필요가 생기는데 이 때 사용하는 기호가 시공 기준점이다.(그림52 참조)

계단 표기 방법

공간 내의 건축적 요소들 중 수직 동선을 담당하는 계단은 단순히 층간 이동의 기능적 역할 이외에도 사용자의 시선 변화 및 계단을 둘러싼 공간의 성격, 공간들 사이의 동선유도에 막대한 영향을 미칠 정도로 공간 내의 핵심 역할을 담당하며 디자이너의 공간 표현 개념에 자주 등장되는 요소이기도 하다. 그로 인해 계단의 종류, 난간과 디딤판의 형태, 재료, 구조방식 등 설계자가 표현하고자 하는 공간개념에 부합되는 디자인을 만들기 위해 다양한 방법의 계단 방식을 사용하게 되므로 이를 도면에서 정확히 표현하고 읽어낼 필요가 있다. [복합적인 축을 지닌 3차원의 형태이다 보니 처음 도면 조성자들이 가장 이해하기 어려워하는 부분이기도 하다]

계단의 표현방식

주거공간이나 집합주택 등에 흔히 사용되는 U자형 계단을 사례로 계단이 평면도에서 어떻게 표현되는지 살펴보기로 하자.

평면도는 해당 층의 1.5M 높이 정도에서 수평으로 절단한 아랫부분을 투영해 표현한 도면이다. 이 기준은 계단에도 동일하게 적용된다. [계단의 디자인이나 입체적인 특성상 평면도의 기준과 관계없이 계단에 대한 설명을 위해 조금 더 높은 위치에서 절단해 표현하기도 한다] 해당 층

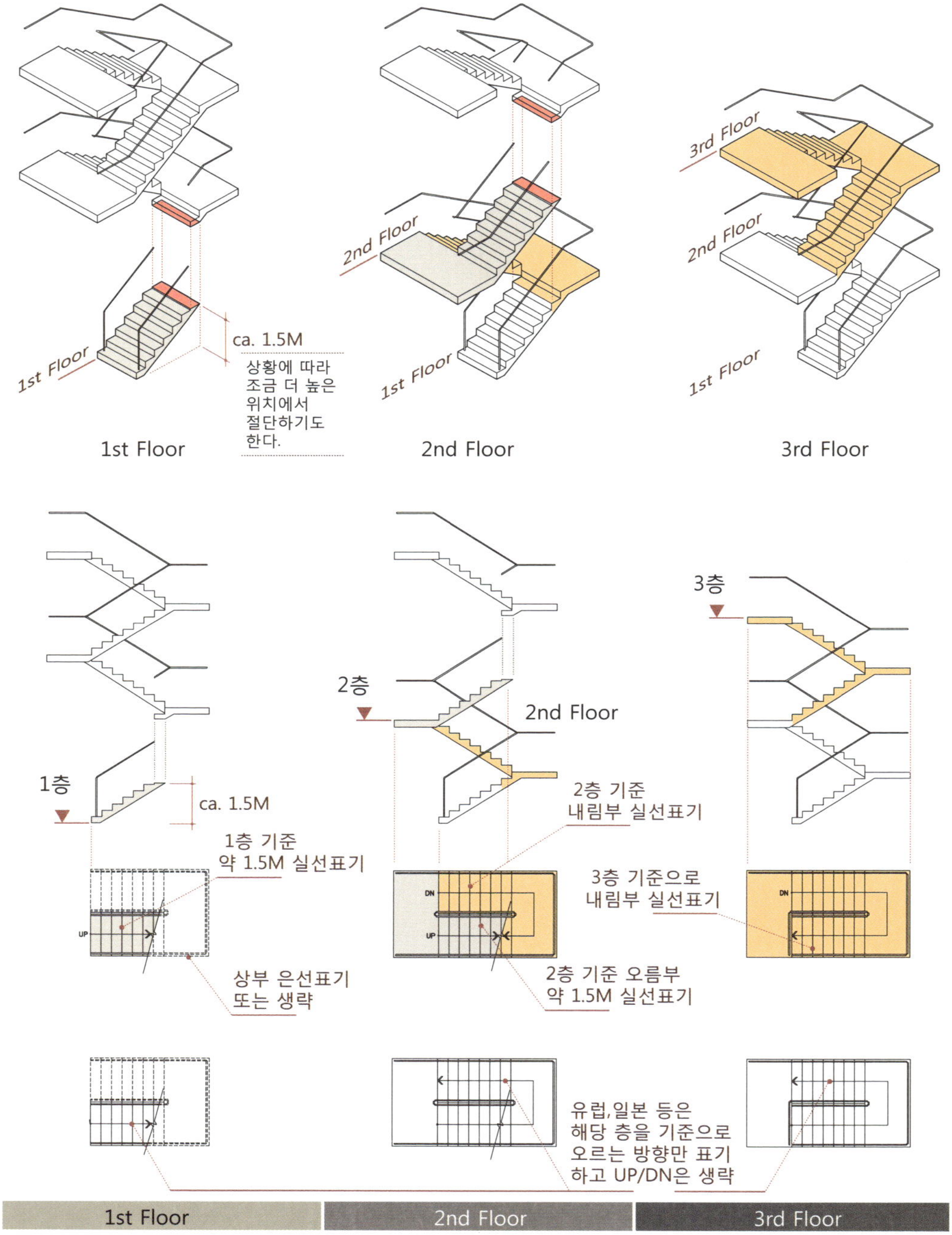

그림53_ 계단 도해 및 표기방법

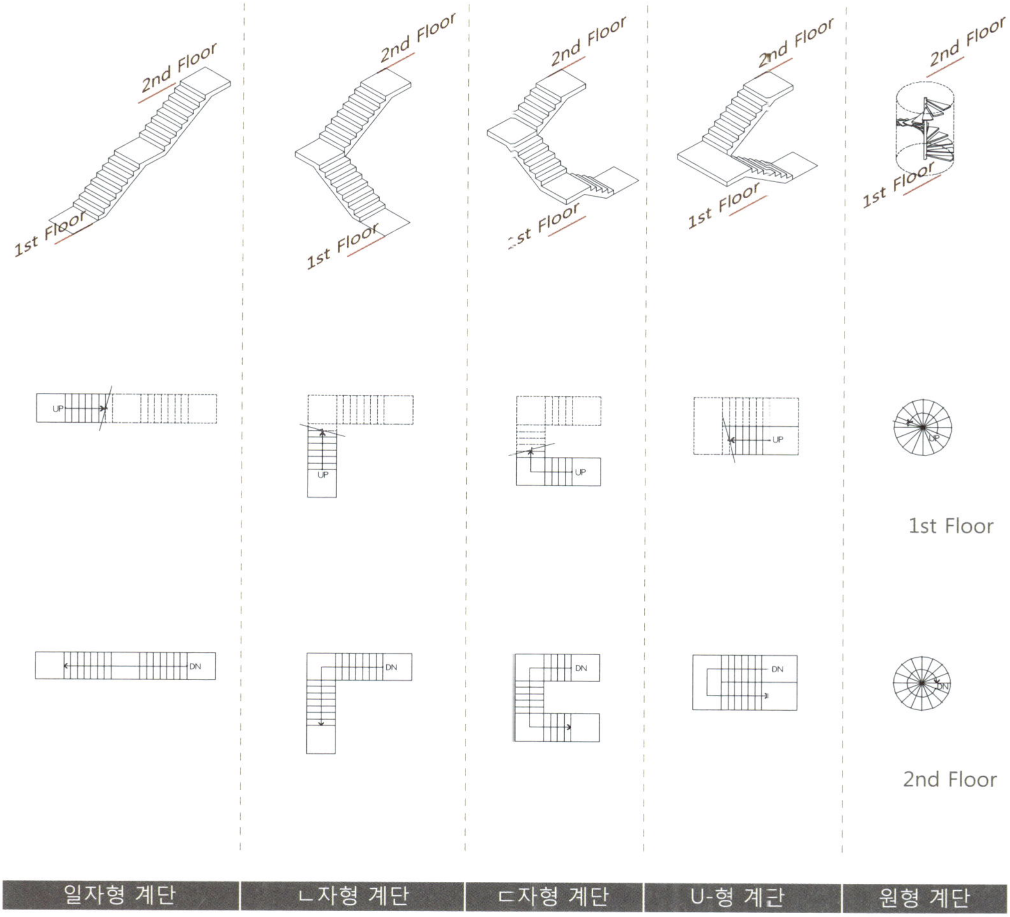

그림54_ 계단 종류 및 표기방법

의 마감레벨에서 1.5M를 수평으로 절단 후 상부는 제거하고 하부를 표현하게 된다. 이 방식으로 도면을 보면 1층은 오르는 방향만 간단히 표현이 되나 중간층의 경우 오르는 방향의 일부(1.5M)와 내려가는 방향의 일부가 동시에 보이게 된다. 이 부분을 그림(그림53 참조)의 투상도에 표현된 것처럼 색상으로 구분해보면 2열의 그림처럼 표현된다. 도면에서 라인이 모두 검정색으로 표현되어 구분이 안돼 보이나 실제로는 그림의 내용처럼 이해하여야 한다.

더 이상 상부에 계단이 존재하지 않은 최상위층의 계단은 그림의 3열에 표현되어 있는 것처럼 절단할 부분이 남아있지 않으므로 하부로 투영되어 보이는 계단 전체를 표현하게 된다.

계단의 오름과 내림을 표현하는 화살표의 방향과 UP/DN 표기 방식은 국가마다 차이가 있다. 유럽과 일본의 경우는 오르내리는 방향의 UP/DN을 표기하지 않고 오르는 방향의 화살표로만 통일해 표현하는 것이 일반적이며 국내에는 관습적으로 해당 층을 기준으로 오르는 방향과 내려가는 방향을 구분해 UP/DN을 표기하는 방법을 사용한다.(그림53 하단 참조) [오르는 방향으로 일원화시켜 화살표를 표현하는 방법이 상대적으로 헷갈리지 않고 쉽게 이해할 수 있는 더 영리한 도면표기법일 수 있다]

계단의 종류

자주 적용되는 계단 사례를 보면 앞의 그림(그림54 참조)과 같으며, 3개 층 이상에 연속적으로 설치될 경우는 앞서 설명한 계단표현방법을 참고하여 이해하면 된다.

창호 기호 읽는 방법

공간의 질을 결정하는 가장 중요한 요소 중 하나인 개구부는 공간의 흐름을 만들어 내는 핵심적 역할을 담당한다. 이러한 개구부는 채광, 조망, 환기의 역할을 담당하는 창(Window)과 공간과 공간을 물리적으로 연결, 구분, 차단하는 문(Door)으로 나뉜다.

창호는 기술의 발전과 더불어 개폐방식, 재료, 형태에 따라 다양한 방식으로 제작되고 있으며 공간의 기능과 디자인에 따라 적용방법도 달라지므로 다양한 창호의 실제 형태를 도면에 표현하고 읽기 위해서는 적절히 단순화시켜 기호화할 필요가 있다. 이렇게 약속된 창호기호들은 국가나 지역, 작성되는 축척에 따라 다소 차이가 있긴 있지만 국제적으로 거의 비슷하게 표현된다고 볼 때 도면읽기의 가장 기초적 언어라고 볼 수 있다.

창호의 표현방법은 설계회사의 매뉴얼이나 도면의 축척에 따라 표현하는 정도가 조금씩 다르기는 하나, 보통 1/100~1/20정도의 스케일에서는 프레임과 창호의 두께를 일정부분 표현하고 1/200이하의 스케일에서는 프레임과 창호의 두께는 생략하고 단선(Single Line)으로 표기하는 방법이 일반적이다. 보다 자세한 창호의 정보를 전달하기 위해 평면도 상에 각각의 창호위치에 해당 창호의 번호를 심벌로 표기하여 설치되는 창호의 자세한 스펙을 확인할 수 있게 작성하게 된다. [사실, 기본적인 평면도 등에서 이들을 어느 정도 자세히 표현하고 읽어야 할지 고민해 볼 필요가 있다. 문을 예로 들어보자. 도면에 문을 표현하는 목적은 시공 시 필요한 정보, 다시 말해 문의 위치, 문의 폭, 문의 열리는 방향, 문의 종류와 재료 등에 대한 내용을 시공자에게 전달하는데 있다. 이러한 내용을 기본도면 내에 복잡하게 모두 표현하기에는 무리가 따르므로 도면납품목록 안에 별도로 도어리스트(Door List) 또는 도어스케줄(Door Schedule)을 만들어 자세한 스펙을 표현하게 된다. 시공자는 이 스케줄을 기준으로 제작, 발주하게 되므로 기본 도면에 문틀의 도양, 문의 두께, 손잡이 모양, 마감재료 등을 상세하게 표현할 필요까지는 없으며 만약 벽과 문이 만나는 부분 등에 디자인 상 별도의 디테일이 필요한 경우는 도어 상세도를 별도로 뽑아내 작업하면 된다. 위의 설명대로라면 기본드면에서는 문의 위치, 폭, 방향만 이해할 수 있도록 단선으로 최대한 단순하게 표현하고, 나머지 사항들은 도어 스케줄표나 상세도에 자세히 설명해도 문제가 없음에도 불구하고 출력하면 잘 보이지도 않는 부분까지 관행적으로 과도하게 자세히 표현하는 경향이 있다. 이는 시공자에게도 별 도움이 안 될 뿐만 아니라 효율적인 도면표기방법도 아니다. 손으로 제도하는 시대에서 쉽게 소스복사가 가능한 캐드 프로그램을 사용하는데 그 원인이 있을 수도 있고 표현할 수 있는 건 모두 표현하고자 하는 설계자의 과도한 강박관념일 수도 있다. 이러한 창호의 표기관행은 다시 한 번 생각해 볼 필요가 있다]

창(Window)

개폐방법이나 형태에 따른 많이 사용되는 창의 표현 기호를 살펴보면 다음(그림55 참조)와 같다. 문과 구분하기 위해 창의 작동궤적을 은선으로 표기하는 방법이 일반적이다.

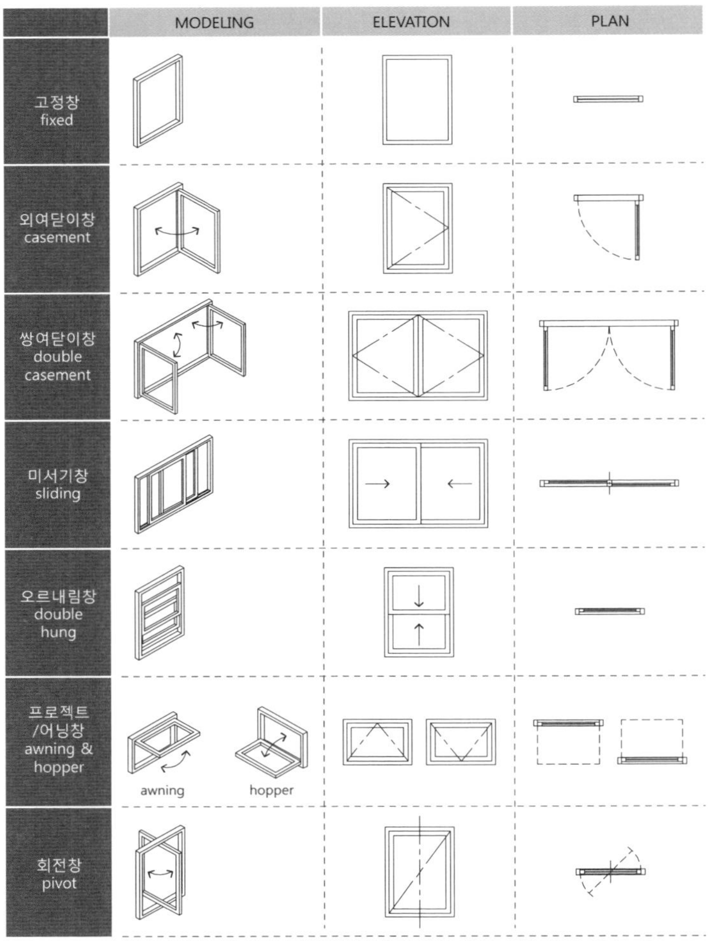

그림55_ 창 종류 및 표기방법

문(Door)

문의 개폐방법과 형태에 따라 표현되는 방법을 살펴보면 다음(그림56 참조)와 같으며, 문의 작동궤적은 창과 구분하여 일점쇄선 또는 가는 실선으로 표기한다. [문은 창(특수한 경우의 창을 제외하면 일반적인 창은 바닥 프레임이 존재한다)과 다르게 바닥 프레임이 설치되는 경우와 프레임 없이 바닥면이 연속적으로 이어지는 경우가 있으므로 프레임의 유무에 대해 평면도와 입면도 상에서 정확히 표현해 주어야 한다]

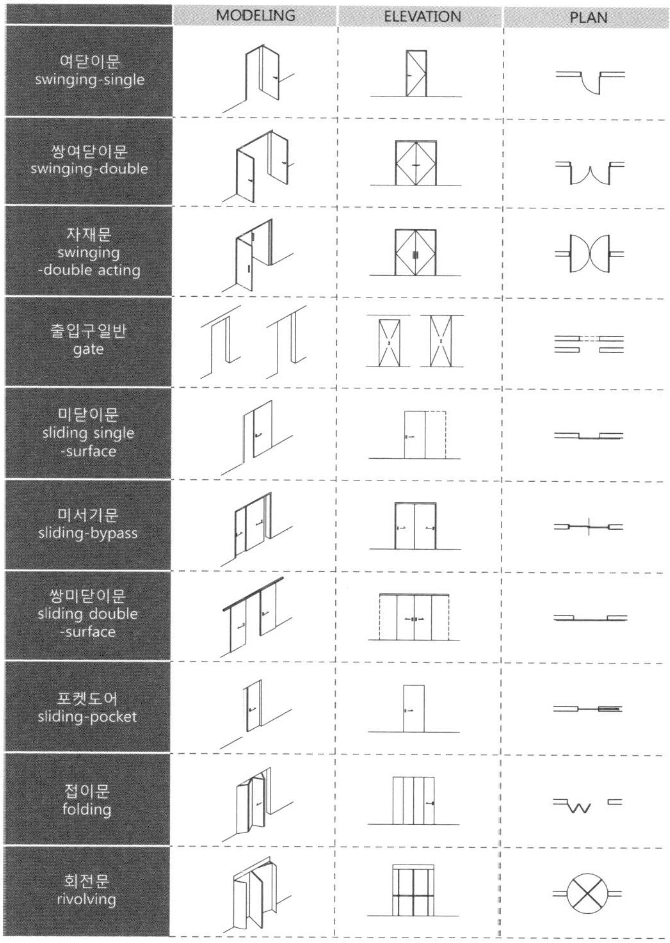

그림56_ 문의 종류 및 표기방법

5. 재료마감 표현 방법에 대한 이해

마감 코드(Finish Code)

보통의 인테리어사무실에서 작업된 도면을 보면 정보전달을 위한 글이 많은 양을 차지하는 경우를 볼 수 있다.

건축 등의 관련 분야와 협업을 통해 도면의 표준을 정하고 작업하거나, 납품기준이 까다로운 기관이나 기업 등을 상대로 일정부분 표준화된 도면을 요구하는 경우가 아니라면 마감 재료에 대한 설명과 표기는 거의 대부분 도면에 지시선과 함께 텍스트를 통해 해당도면에 직접 설명하는 경우가 많다. 이 경우에는 구성된 마감재료 등에 설명이 자세히 들어갈 필요가 있다 보니 도면이 한층 빼곡해 보일 수 밖에 없다.

이렇게 복잡한 마감재 설명방법이 원시적이라고 생각한 누군가[개인이든 전문가 집단이든]는 이를 좀 더 효과적으로 간략히 정리해서 표현하는 방법을 고안해 낼 필요가 있다고 생각했을 것이며 그 결과로 만들어낸 표기법이 마감코드(Finish Code)이다.

이러한 마감코드는 마감재를 약속된 약어와 하위분류의 숫자로만 표현하는 경우도 있고 이를 사각형이나 원형 등을 이용해 일정 기호 안에 표기하는 경우도 있으며, 더 나아가 바닥과 벽, 천장, 가구, 집기 등으로 분류해 약속된 다양한 심벌을 사용하기도 한다. 이처럼 마감코드는 설계회사에 따라 사용하는 기호나 알파벳 또한 매우 다양하게 사용되므로 정확한 표준이 있다고 말하기는 어려운 게 현실이므로 국내외에서 사용되는 다양한 사례를(표14,15 참조) 참고로 실제 도면집의 서두에 나와 있는 마감표(Finish Legend)를 확인하고 해당

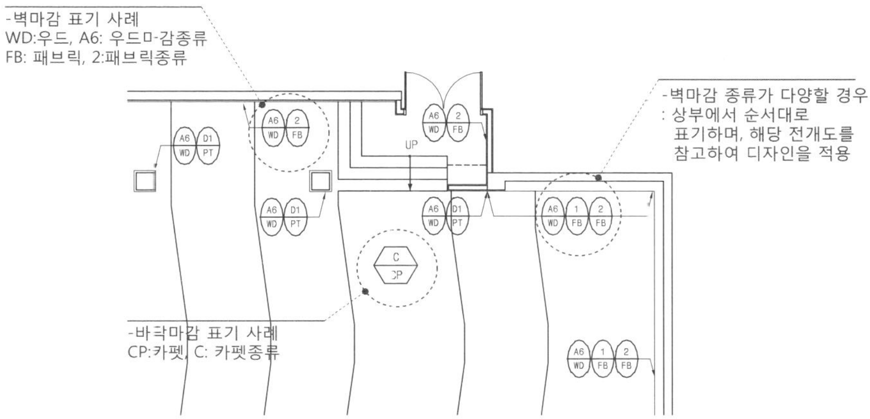

분류기호(상위)	마감재료	분류기호(상위)	마감재료
C, CP	CARPET(카펫)	GL	GLASS(유리)
FB, FBR	FABRIC(직물)	WD	WOOD(나무)
WC	WALL COVERING(도배)	P, PT	PAINT(도장)
TL	TILE(타일)	ST	STONE(석재)
VT	VINYL TILE(장판류)	WF	WOOD FLOORING(마루)
MT, MTL	METAL(금속)	CT	CERAMIC TILE(세라믹 타일)
PL	PVC-TILE(비닐계 타일)	L	LAMINATE(라미네이트)

* 내부마감에 주로 사용되는 마감코드 사례로 도면작성자에 따라 다소 차이가 있으며 하위분류는 작성자의 기준에 따라 달라지므로 여기서는 생략한다.

그림57_ (위) 마감재 표기 사례
표14_ (아래) 마감재 약어 사례

도면을 이해하는 것이 바람직한 방법이다. 이렇게 정리된 마감기호들을 잘 이용하면 도면 내에 마감표현이 어려운 위치도 비교적 간단히 정리할 수 있고 그려진 도면의 내용을 좀 더 깨끗하게 확인할 수 있는 장점이 있다.(그림57 참조)

표15_ 마감코드 사례

* 위의 마감코드들은 현장에서 사용되는 사례의 일부를 예로 든 것이며 설계자의 작성지침과 매뉴얼에 따라 다소 차이는 있다. 중요한 점은 도면을 읽을때 위와 유사한 코드를 접하게 되면 도면집 서두에 삽입되어 있는 마감일람표(Finish Legend)를 참조하여 도면작성자의 의도를 정확히 확인하여야 하며, 확인작업의 번거로움을 피하기 위해 해당 도면 시트의 우측 또는 하단에 별도로 표를 만들어 이해를 돕는 경우도 있다.

도면 작성자 입장에서 보면 작업시간을 단축하고 복잡한 도면을 깔끔하게 정리할 수 있다는 점에서 효율적이라 볼 수도 있으나 도면을 읽는 사람 입장에서는 약속된 심벌과 표기된 약어를 머릿속에 다 집어넣기 전까지는 여러 차례 확인해야 한다는 점에서 오히려 더 혼란스러울 수도 있으며 기성재료가 아닌 디자이너의 창의적인 재료사용 시에는 일반적인 마감코드로 표현하기 모호한 경우도 발생할 수 있다. [이 경우는 기타코드(Miscellaneous)로 분류하여 별도로 재료에 대해 설명해 줄 필요가 있다]

참고로 프로젝트의 규모가 그리 크지 않은 경우라면 해당도면에 바로 마감에 대한 설명을 하는 것이 도면작성자와 읽는 사람 모두에게 편할 수 있으므로 인테리어 단독으로 진행하는 비교적 복잡하지 않은 프로젝트에는 형식을 위한 형식이 아니라면 굳이 마감코드를 적용하여 불필요한 혼란을 야기할 필요까지는 없다.

재료 표기방법에 대한 이해

위에서 설명한 마감코드는 평면도, 천장도, 전개도 등의 기준 도면에서 주로 적용되고 상세도 등의 특정 부위를 자세히 설명해야 되는 목적의 도면에 적용하기는 적합하지 않다. 시공에 관련된 정확한 정보를 담아야 하므로 최종 마감의 종류만 분류하는 방법으로 표현해서는 공사에 필요한 모든 내용을 설명하기란 불가능하기 때문이다.

이 경우는 마감재를 적용하기 위한 뼈대[스터드(stud), 목재, 금속파이프 등]를 포함한 모든 재료의 종류와 규격, 두께, 간격 등 시공자가 제작하는데 필요한 모든 정보가 들어있어야 하고 이를 순서대로 정확히 표현하기 위한 일정한 규칙에 따라 표기되어야 한다.(그림58 참조)

보통 내부마감공정을 진행하기 위해서는 기존상태에서 최종마

그림58_ 재료표기방법 사례
위의 사례는 영문표기법으로 관공서 등의 기관에 납품되는 도서에는 한글표기법을 사용하는 것을 의무화하는 경우도 있다.

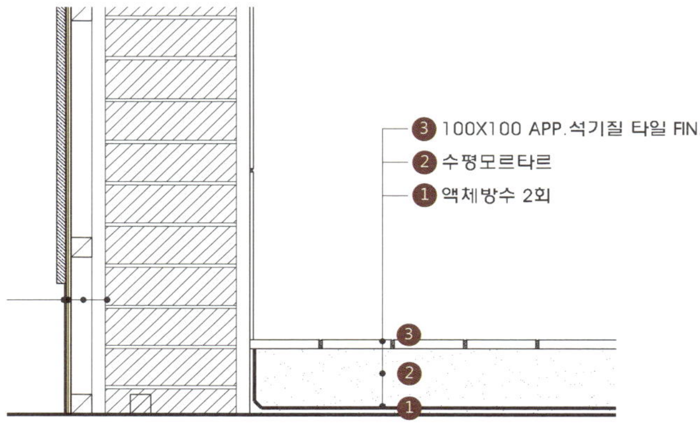

그림59_ 바닥 재료표기 사례

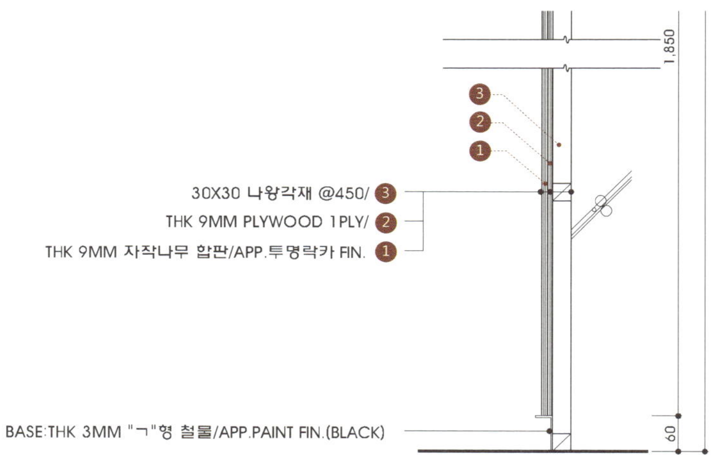

그림60_ 벽 재료표기 순서 사례

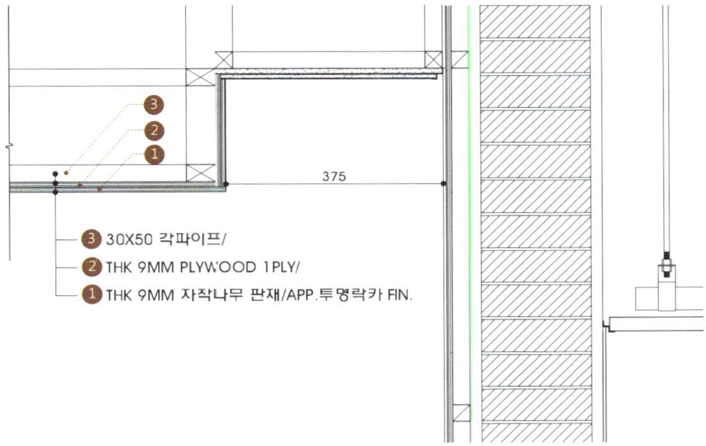

그림61_ 천장 재료표기 순서 사례

감까지 몇 단계에 걸쳐 작업이 진행되며 이를 상세히 설명하기 위해 각각의 재료를 지시선(화살표 또는 도트)을 이용하여 순서대로 표기하게 된다. (그림59, 60, 61 참조)

마감재료 표현방법

도면을 작성하고 읽을 때 실제 시공에 사용된 재료를 도면 내에 시각적으로 묘사할 수 있는 방법이 있다면 좋겠지만 선이나 해치 정도로 표현되는 현재의 도면작성기술로는 불가능에 가깝다. 그래서 특정 패턴으로 약속된 심벌을 이용하는 표현방법을 사용한다. 하지만 이마저도 도면의 축적에 따라 표현하는데 한계가 있을 수 있다. 일반적인 평면도처럼 1/50이하의 도면에는 이를 도식화시켜서 심벌로 표현하는 데 물리적 한계가 있다 보니 해당 스케일에서 표현가능한 정도의 주요재료만 도면에 표현하거나 또는 생략하는 방법을 취하고 1/10 정도의 상세히 확대된 도면에서 재료설명 텍스트와 함께 약속된 심벌로 확인하기 쉽도록 표현하는 것이 일반적이다.

이 경우, 위에 언급한 것처럼 사용된 재료를 사실적으로 묘사하

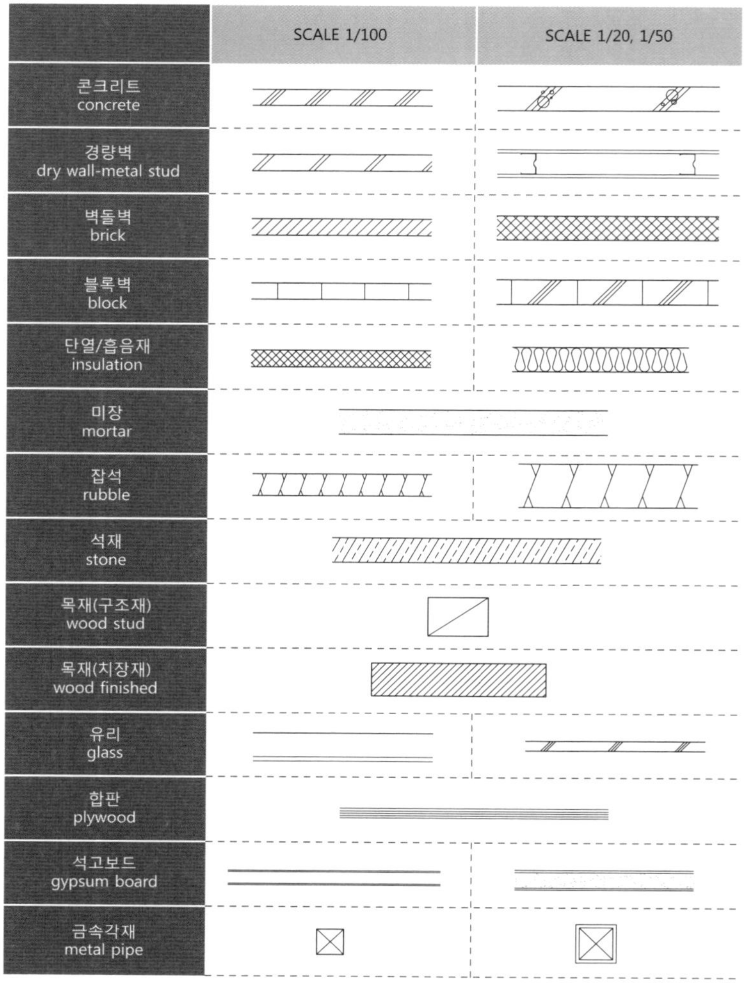

표16_ 마감재 도면표현방법
실내건축에 주로 사용되는 재료에 대한 표기사례로 국가별, 지역별, 도면 작성자의 기준에 따라 다르게 표현되는 경우가 많으므로 납품도서의 재료표기기준에 대해 숙지하고 도면을 이해하여야 한다.

기는 불가능하므로 되도록 해당 재료를 '직관적'으로 이해할 수 있는 약속된 표현기호를 사용하게 되며 작성자의 기준에 따라 다소 차이는 있으나 되도록 범용으로 사용되는 표현방법을 적용하게 된다.

이러한 심벌들이 주로 표현되는 도면은 단면상세도, 평면상세도 등이며 이러한 표현방법을 통해 보다 쉽고 정확히 도면을 이해할 수 있다.(표16 참조)

약어(Abbreviations)

복잡한 도면을 효과적으로 표현하기 위해서 관련 용어들을 약자로 줄여 표기하는 경우가 있다. 이런 약어를 잘 사용하게 되면 용어를 있는 그대로 풀어서 표기했을 때보다 도면의 공간을 절약할 수 있어 도면보기가 훨씬 명료해지며, 굳이 상세도를 통해 별도로 표기하지 않아도 되는 수고를 줄일 수 있다.

약어	원어	약어	원어
AC	Acoustical 음향	A/C	Air Conditioning 에어컨
AL	Aluminum 알루미늄	AUTO	Automatic 자동
BD	Board 보드,판재	C.H	Ceiling Height 천장고
COL	Column 기둥	CONC	Concrete 콘크리트
CONT	Continuous 연장	DIM	Dimension 치수
DIA, D	Diameter 지름	DN	Down 아래
DR	Door 문	ELEV	Elevator 승강기
ELEC	Electrical 전기	EQ	Equal 동일
ENT	Entrance 입구	F.F.	Finish Floor 바닥마감
FIN	Finish 마감	FL	Floor 바닥
F.C.U	Fan Coil Unit 팬코일유닛	GYP. BD	Gypsum Board 석고보드
H/W/D/T	Height/Width/Depth/Thickness	INSUL	Insulation 단열
MIR	Mirror 거울	PL	Plate 평판
QTY	Quantity 수량	RAD, R	Radius 반지름
REF	Refrigerator 냉장고, Reference 참조	RM	Room 방
SEC	Section 단면	SPEC	Specification 사양, 시방
SST	Stainless Steel 스테인레스 스틸	STL	Steel 철
THK	Thickness 두께	UTIL	Utility 다용도실
V.P.	Vinyl Paint 비닐페인트	WD	Wood 목재
@	At 간격마다	#	Number 번호

표17_ 재료 약어 표기 사례
주로 사용되는 약어의 사례이며 도면 작성자에 따라 달라질수 있다.

예를 들어, 이러한 약어는 GYP. BD.(Gypsum Board)와 같이 흔히 사용되는 재료의 명칭을 줄여 표기하는 경우와 C.H.(Ceiling Height)처럼 도면에 자주 표기되는 도면용어를 줄여 표기하기도 한다. [어차피 도면작성의 편의를 위해 영어권의 알파벳을 차용한다는 관점에서 보면 국내 도면에서는 적절히 이해할 만한 약어를 사용하는 것이 바람직하며 도면 내에 친절히 설명할 공간이 충분한데도 시공자에게 익숙하지 못한 약어를 남발하는 것은 오히려 도면을 읽는데 방해가 될 수도 있다는 점은 생각해 필요가 있다]

도면의 종류별 이해

1. 개요 도면에 대한 이해
2. 기본 도면에 대한 이해
3. 기타 설비 도면에 대한 이해

지금부터 종류별로 설명되는 도면들은 하나의 인테리어 프로젝트를 완성하기 위해 갖추어야하는 모든 도서종류들 중 한 파트에 속한다. 바꾸어 말하면 한 프로젝트가 시작되는 시점에서 완료되기까지 도면만 가지고는 모든 문제를 해결할 수는 없다는 뜻이기도 하다.
프로젝트의 계약에서부터 시공, 사후관리까지 많은 다양한 서류와 자료들이 도면과 함께 갖추어져야 하고, 이러한 서류들을 통해 비용과 사람, 시간이 움직이고 계약에서 운영, 관리시 발생할 수 있는 문제들을 줄이고 해결한다는 관점에서 보면 보통 사람들의 생각처럼 실제 프로젝트 수행에 영향을 미치는 요소가 도면이 전부가 아니라는 점을 함께 인식할 필요가 있다.
이러한 서류들의 총합 중 도면자료가 디자인과 시공에 직접적인 영향력을 지닌다는 점에서 보면 다른 서류들도 그렇지만 가장 꼼꼼히 챙겨야 하며 정확히 작성되어야 하는 서류라고 볼 수 있다.
이 책의 앞쪽에서 설명한 설계 단계 중 최종 납품단계에 해당하는 실시설계도면(Construction Drawing)은 클라이언트의 요구정도, 프로젝트의 규모, 건축물의 전제조건 등에 따라 도면목록에도 다소 차이가 있을 수 있으며 건축프로젝트와 공동으로 진행되는 경우에는 전체 건축도면목록의 일부분에 포함되어 작성되기도 한다. [이 경우 재료의 표기원칙, 치수 표기방법, 도면의 선 굵기 등 제도통칙이나 표현방법에 차이가 생기기도 하는데 대원칙은 프로젝트 매니저가 정한 기준에 맞추어 작성되는 것이 바람직하며 부득이한 경우, 별도로 협의를 거쳐 도면의 통일성을 유지하는 것이 필요하다]
여기서 소개되는 도면의 종류는 인테리어프로젝트 매뉴얼에 일반적으로 많이 사용되는 도면들이며 설계사무소나 프로젝트의 성격에 따라 추가 또는 생략될 수 있다. [필요에 따라 소방도면, 철거도면 등이 추가되는 경우가 있으며, 본격적인 공사 전에 작성되어야 하는 실측도면 또한 설계 시에 꼭 필요한 내용이긴 하나 납품 시에 굳이 필요한 도면이 아니므로 여기서는 생략한다]

1. 개요 도면에 대한 이해

표지(Cover Sheet/Title)

말 그대로 표지이다 보니 실제로 이후에 작성되는 본격적인 도면들과는 다소 차이가 있다. 좀 더 정확히 말해 정해진 형식이 있는 것도 아니며 '이렇게 작성되어야 한다.'라는 원칙이 있는 것도 아니긴 하나 프로젝트 전체의 표지에 해당되므로 일반적으로 들어가야 할 내용은 포함하는 것이 바람직하다. 그 외에 디자인이나 추가하고 싶은 이미지, 정보 등은 작성자의 주관적 판단에 맡겨도 무방하다.(그림62 참조) 아래의 목록은 일반적으로 표지에 포함될 수 있는 대부분의 정보들을 나열했으며 필요에 따라 추가 또는 생략할 수 있다.

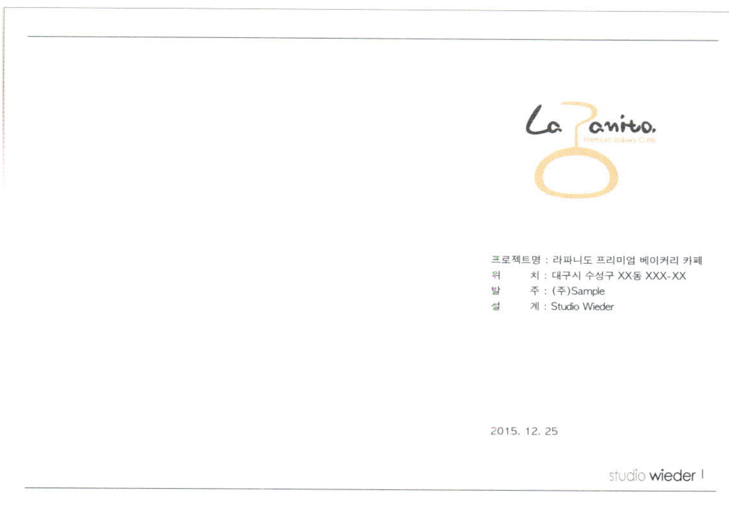

그림62_ 표지사례

- 프로젝트 명칭
- 프로젝트 정보(위치, 면적, 기타정보)
- 클라이언트 정보(기업/로고, 개인)
- 디자이너 정보(회사명, 로고, 주소, 회사 직인 등)
- 프로젝트 이미지(투시도, 기준도면 등)
- 작성날짜
- 도면목록(국내에서는 거의 사용되지 않음)

도면 목록표(Drawing List)

지금부터 설명되는 도면목록, 마감 리스트, 심벌과 약어, 제너럴 노트 등은 이후에 작성되는 모든 도면의 작성기준과 이해를 위한 지침이 된다. 이는 도면 시트의 크기와 도면 분량, 프로젝트의 규모, 건축분야와의 협업 방식에 따라 다양한 형식으로 제작되며 편집 및 구성 원칙이 완벽히 정해져 있지는 않으므로 설계자와 시공자, 클라이언트가 이해하기 가장 효과적인 구성을 고려해서 작성하면 된다.

일반적으로 도면 시트의 사이즈가 크거나 프로젝트 규모가 작은 경우는 위의 항목들을 정리해서 하나의 시트에 작성하기도 하며, 도면의 종류가 많거나 사용된 범례의 종류와 설명이 많을 경우는 2장 이상에 구성하기도 한다.(그림63, 64 참조)

이 중 도면목록표는 위의 범례들 중 전체 설계도면의 구성을 알 수 있는 책의 목차라고 볼 수 있다. 위에서 설명한 내용들 중 가장 먼저 배치되는 경우가 일반적이며 도면의 편집순서와 도면번호, 도면명, 축척 등이 기입되어 도면의 전체 종류와 매수, 위치 등을 쉽게 확인하기 위한 목적으로 작성된다.

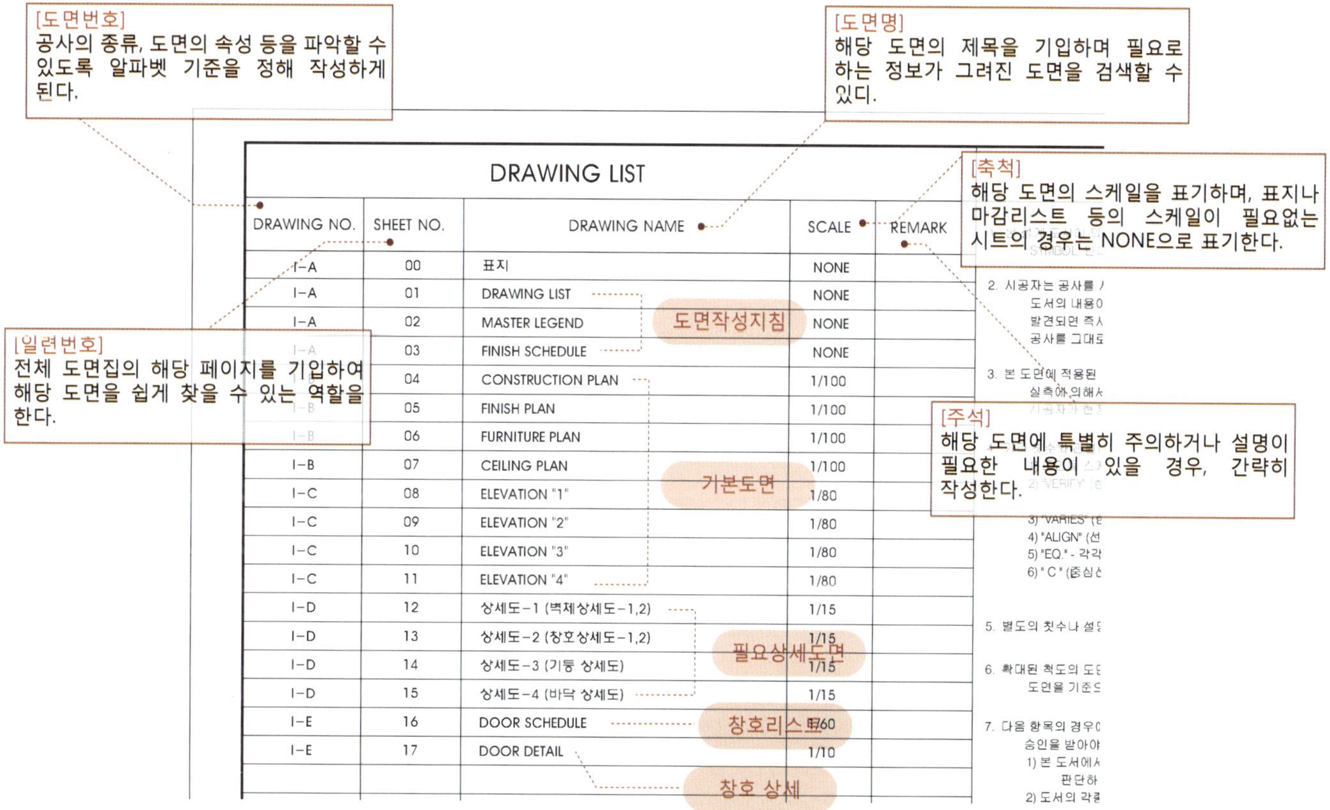

DRAWING LIST

DRAWING NO.	SHEET NO.	DRAWING NAME	SCALE	REMARK
I-A	00	표지	NONE	
I-A	01	DRAWING LIST	NONE	
I-A	02	MASTER LEGEND	NONE	
I-A	03	FINISH SCHEDULE	NONE	
I-B	04	CONSTRUCTION PLAN	1/100	
I-B	05	FINISH PLAN	1/100	
I-B	06	FURNITURE PLAN	1/100	
I-B	07	CEILING PLAN	1/100	
I-C	08	ELEVATION "1"	1/80	
I-C	09	ELEVATION "2"	1/80	
I-C	10	ELEVATION "3"	1/80	
I-C	11	ELEVATION "4"	1/80	
I-D	12	상세도-1 (벽체상세도-1,2)	1/15	
I-D	13	상세도-2 (창호상세도-1,2)	1/15	
I-D	14	상세도-3 (기둥 상세도)	1/15	
I-D	15	상세도-4 (바닥 상세도)	1/15	
I-E	16	DOOR SCHEDULE	1/60	
I-E	17	DOOR DETAIL	1/10	

그림62_ 도면리스트 사례01
비교적 간략한 프로젝트의 도면목차
사례로서 작성자마다 형식에
조금씩 차이가 있을 수 있으나
기본적인 도면 작성순서 및 리스트
내 작성항목은 위와 같다.

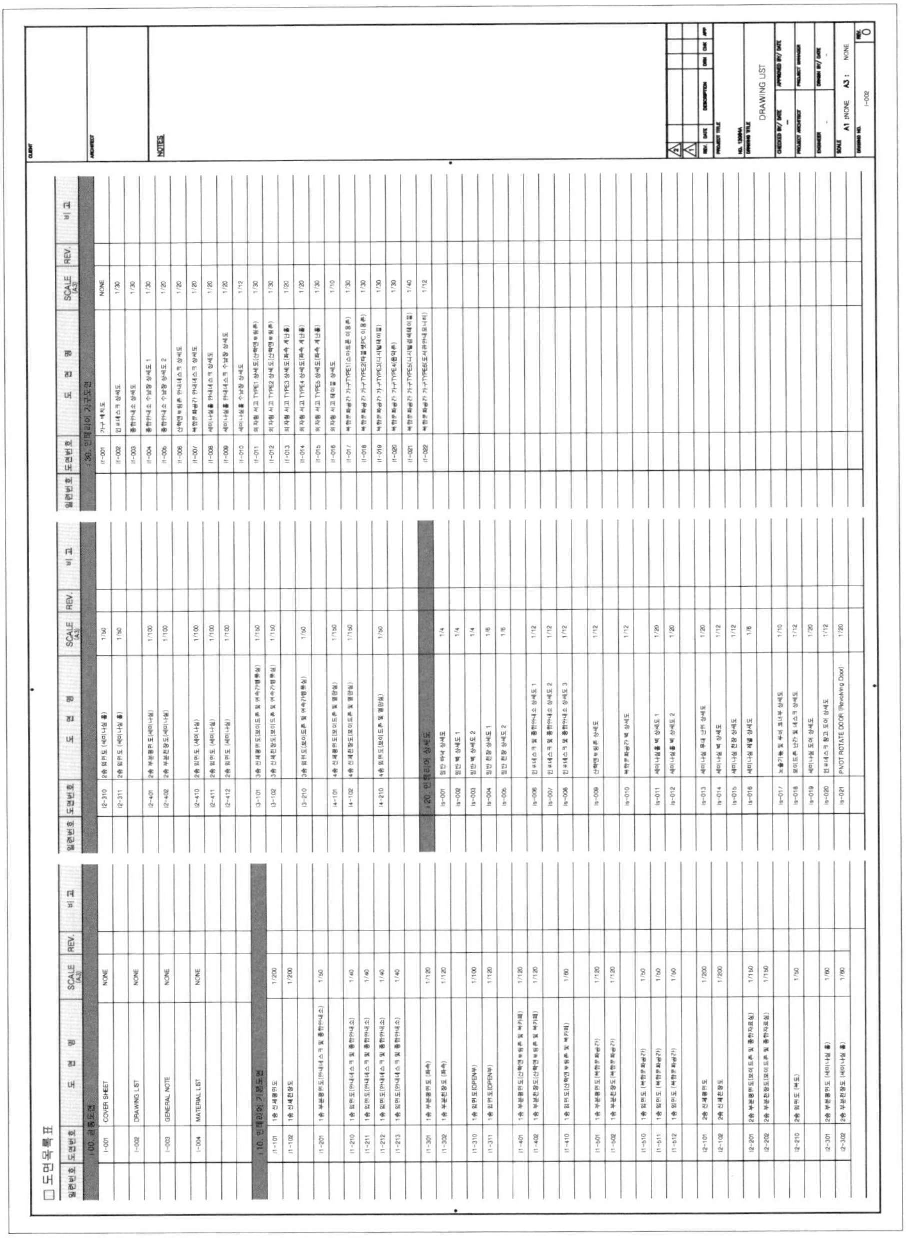

□ 도면목록표

일련번호	도면번호	도 면 명	SCALE (A3)	REV.	비 고
I 00. 공통도면					
	I-001	COVER SHEET	NONE		
	I-002	DRAWING LIST	NONE		
	I-003	GENERAL NOTE	NONE		
	I-004	MATERIAL LIST	NONE		
I 10. 인테리어 기본도면					
	I1-101	1층 전체평면도	1/200		
	I1-102	1층 전체천장도	1/200		
	I1-201	1층 부분평면도(안내데스크 및 종합안내소)	1/50		
	I1-210	1층 입면도(안내데스크 및 종합안내소)	1/40		
	I1-211	1층 입면도(안내데스크 및 종합안내소)	1/40		
	I1-212	1층 입면도(안내데스크 및 종합안내소)	1/40		
	I1-213	1층 입면도(안내데스크 및 종합안내소)	1/40		
	I1-301	1층 부분평면도 (좌측)	1/120		
	I1-302	1층 부분천장도 (좌측)	1/120		
	I1-310	1층 입면도(OPEN부)	1/100		
	I1-311	1층 입면도(OPEN부)	1/120		
	I1-401	1층 부분평면도(산학연北원존 및 북카페)	1/120		
	I1-402	1층 부분천장도(산학연北원존 및 북카페)	1/120		
	I1-410	1층 입면도(산학연北원존 및 북카페)	1/60		
	I1-501	1층 부분평면도(북한문화공간)	1/120		
	I1-502	1층 부분천장도(북한문화공간)	1/120		
	I1-510	1층 입면도 (북한문화공간)	1/50		
	I1-511	1층 입면도 (북한문화공간)	1/50		
	I1-512	1층 입면도 (북한문화공간)	1/50		
	I2-101	2층 전체평면도	1/200		
	I2-102	2층 전체천장도	1/200		
	I2-201	2층 부분평면도(보이드존 및 종합자료실)	1/150		
	I2-202	2층 부분천장도(보이드존 및 종합자료실)	1/150		
	I2-210	2층 입면도 (복도)	1/50		
	I2-301	2층 부분평면도 (세미나실 홀)	1/60		
	I2-302	2층 부분천장도 (세미나실 홀)	1/60		
	I2-310	2층 입면도 (세미나실 홀)	1/50		
	I2-311	2층 입면도 (세미나실 홀)	1/50		
	I2-401	2층 부분평면도(세미나실)	1/100		
	I2-402	2층 부분천장도(세미나실)	1/100		
	I2-410	2층 입면도 (세미나실)	1/100		
	I2-411	2층 입면도 (세미나실)	1/100		
	I2-412	2층 입면도 (세미나실)	1/100		
	I3-101	3층 전체평면도(보이드존 및 여속가행북실)	1/150		
	I3-102	3층 전체천장도(보이드존 및 여속가행북실)	1/150		
	I3-210	3층 입면도(보이드존 및 여속가행북실)	1/50		
	I4-101	4층 전체평면도(보이드존 및 열람실)	1/150		
	I4-102	4층 전체천장도(보이드존 및 열람실)	1/150		
	I4-210	4층 입면도(보이드존 및 열람실)	1/50		
I 20. 인테리어 상세도					
	Is-001	일반 바닥 상세도	1/4		
	Is-002	일반 벽 상세도 1	1/4		
	Is-003	일반 벽 상세도 2	1/4		
	Is-004	일반 천장 상세도 1	1/6		
	Is-005	일반 천장 상세도 2	1/6		
	Is-006	인포데스크 및 종합안내소 상세도 1	1/12		
	Is-007	인포데스크 및 종합안내소 상세도 2	1/12		
	Is-008	인포데스크 및 종합안내소 상세도 3	1/12		
	Is-009	산학연北원존 상세도	1/12		
	Is-010	북한문화공간 벽 상세도	1/12		
	Is-011	세미나실홀 벽 상세도 1	1/20		
	Is-012	세미나실홀 벽 상세도 2	1/20		
	Is-013	세미나실 무대 단면 상세도	1/20		
	Is-014	세미나실 벽 상세도	1/12		
	Is-015	세미나실 천장 상세도	1/12		
	Is-016	세미나실 레벨 상세도	1/6		
	Is-017	노출기둥 및 루버 코너부 상세도	1/10		
	Is-018	보이드존 난간 및 데스크 상세도	1/12		
	Is-019	세미나실 도어 상세도	1/20		
	Is-020	인포데스크 창고 도어 상세도	1/12		
	Is-021	PIVOT ROTATE DOOR (Revolving Door)	1/20		
I 30. 인테리어 가구도면					
	If-001	가구 배치도	NONE		
	If-002	인포데스크 상세도	1/30		
	If-003	종합안내소 상세도	1/30		
	If-004	종합안내소 수납장 상세도 1	1/30		
	If-005	종합안내소 수납장 상세도 2	1/20		
	If-006	산학연北원존 안내데스크 상세도	1/20		
	If-007	북한문화공간 안내데스크 상세도	1/20		
	If-008	세미나실홀 안내데스크 상세도	1/20		
	If-009	세미나실홀 안내데스크 수납장 상세도	1/20		
	If-010	세미나실홀 수납장 상세도	1/12		
	If-011	의자형 서고 TYPE1 상세도(산학연北원존)	1/30		
	If-012	의자형 서고 TYPE2 상세도(산학연北원존)	1/30		
	If-013	의자형 서고 TYPE3 상세도(좌측 계단홀)	1/20		
	If-014	의자형 서고 TYPE4 상세도(좌측 계단홀)	1/20		
	If-015	의자형 서고 TYPE5 상세도(좌측 계단홀)	1/30		
	If-016	의자형 서고 테이블 상세도	1/10		
	If-017	북한문화공간 가구TYPE1(스마트폰 이용존)	1/30		
	If-018	북한문화공간 가구TYPE2(타블렛PC 이용존)	1/30		
	If-019	북한문화공간 가구TYPE3(디지털테이블)	1/30		
	If-020	북한문화공간 가구TYPE4(음악존)	1/30		
	If-021	북한문화공간 가구TYPE5(디지털검색테이블)	1/40		
	If-022	북한문화공간 가구TYPE6(도서관안내모니터)	1/12		

CLIENT

ARCHITECT

NOTES

REV.	DATE	DESCRIPTION	DRN	CHK	APP
2					
1					

PROJECT TITLE

NO. 13084A

DRAWING TITLE: DRAWING LIST

CHECKED BY/ DATE: – | APPROVED BY/ DATE

PROJECT ARCHITECT | PROJECT MANAGER

ENGINEER: - | DRAWN BY/ DATE: -

SCALE: A1 :NONE A3 : NONE

DRAWING NO.: I-002 | REV. 0

그림63_ 도면리스트 사례02
규모가 상대적으로 크고 관련 분야와의 협업체계 안에서 작성된 도면리스트 사례

마감 리스트(Finish Schedule) 및 마감코드(Finish Code)

도면에 적용되는 마감 재료를 표기하기 위한 심벌과 약어, 코드내용을 총괄적으로 정리하여 보기 쉽게 일정 틀에 담은 표를 마감리스트라고 하며, 마감 리스트(Finish Schedule)는 실별로 바닥, 벽, 천장, 몰딩, 기둥 등에 사용된 마감 재료를 표기하고 [마감코드를 사용하거나 마감재료 명칭으로 풀어 적기도 한다] 실별로 마감되는 특이사항을 별도로 기재하기도 한다.(표18 참조)

마감코드(Finish Code)는 마감심벌 내에 표기된 약어에 대한 설명으로 재료의 명칭과 분류 체계에 따라 대분류와 소분류로 표기하고 필요할 경우 소분류에 다시 번호를 달아 소분류를 다시 세분해 분류한다. 일반적인 재료표기는 마감코드 내의 분류체계로 나누어 설명할 수 있으나 인테리어디자인의 특성상 일반적으로 사용하지 않는 특이한 재료를 적용할 경우는 별도로 기타항목을 두고 특정 약어를 정해 추가로 표기하게 된다.(표19, 그림65 참조)

FINISH SCHEDULE

ROOM NAME	FLOOR	BASE	WALL	CEILING	REMARK
객석	C / CP	A6 / WD	1 / FB, 2 / FB	D1 / PT, D2 / PT	
무대	3 / WF	A6 / WD	A3 / WD	D2 / PT	
사무실	1 / PL	D4 / PT	D1 / PT	D1 / PT	
분장/소품실	1 / PL	D4 / PT	D1 / PT	D1 / PT	
전실	1 / PL	D4 / PT	D1 / PT	D1 / PT	
사무실 2	1 / PL	D4 / PT	D1 / PT	D1 / PT	
컨트롤 부스	C / CP	A6 / WD	D3 / PT	D3 / PT	

표18_
마감리스트(Finish Schedule)사례

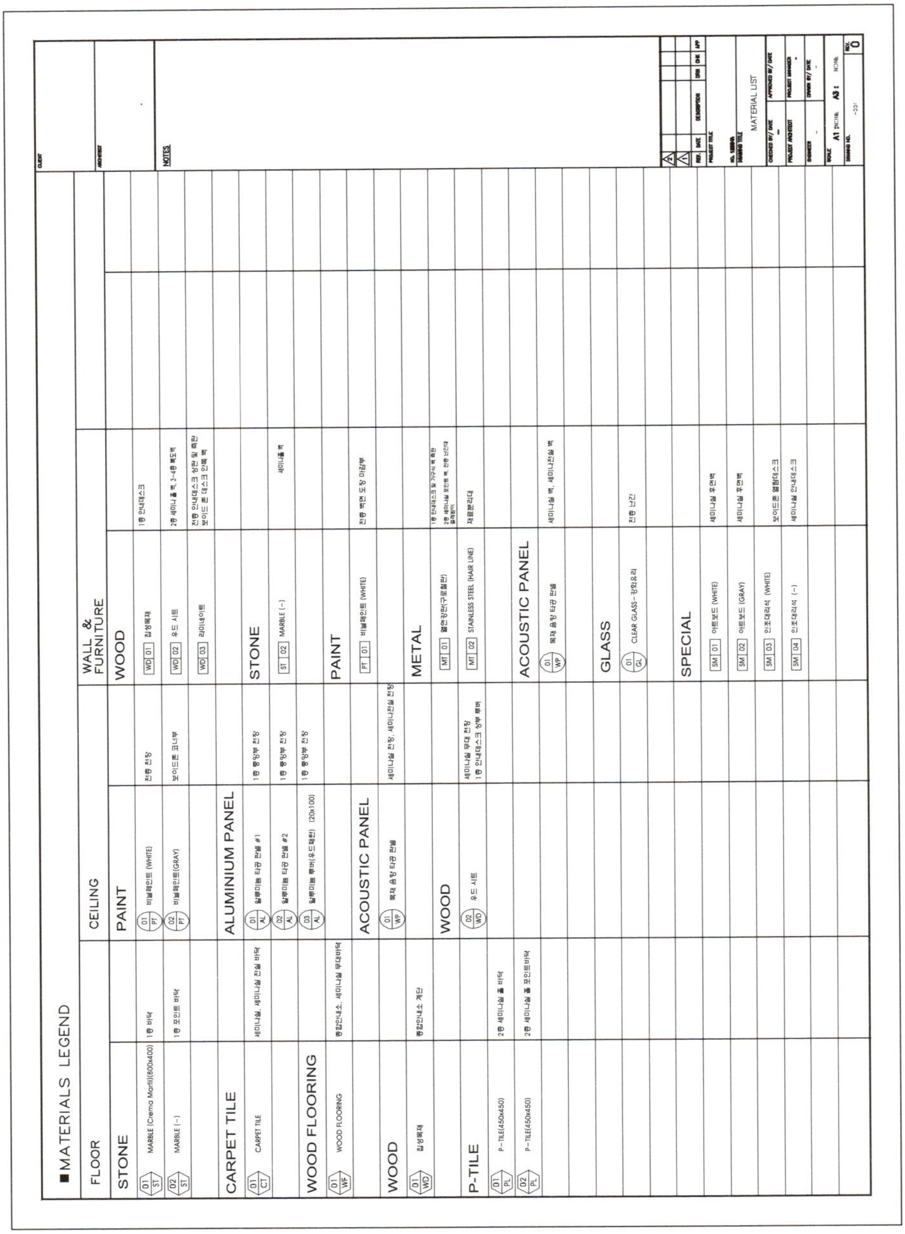

그림65_ 마감리스트 사례

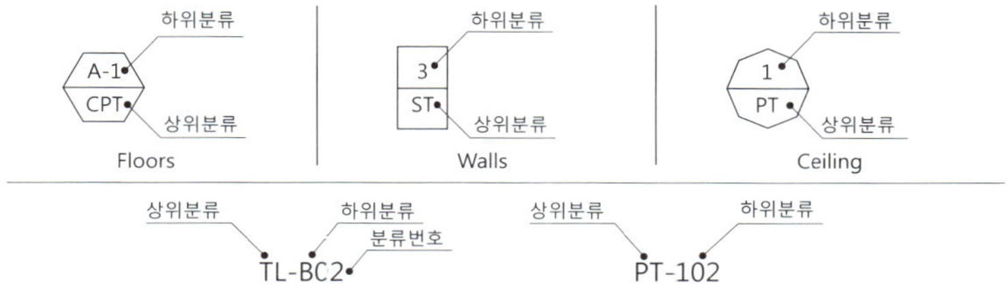

표19_
마감코드(Finish Code) 사례

각종 심벌 및 약어

도면 내에 사용되는 모든 약속된 기호와 약어를 정리한 표로 보통 범례(Legend) [흔히 알고 있는 '전설'이 아니라 '범례'라는 다른 뜻] 라고 표현하며, 도면에 사용된 약어(Abbreviation), 구조기호(Construction Symbol), 전기기호(Electrical Symbol), 조명기호(Lighting Symbol), 설비기호(Mechanical Symbol) 등으로 나누어 정리하며 도면 시트의 사이즈에 따라 뒤에 설명되는 제너럴 노트와 함께 하나의 시트에 병기하거나 별도로 시트를 나누어 정리하기도 한다.

도면설명에 사용되는 각종 표현기호, 즉 입면, 단면, 재료마감 등에 대한 설명을 위해 정의된 표현기호와 상세도와 같이 해당 도면과 연계된 도면 번호를 설명하기 위해 약속한 기호 등이 포함된다.(다음 페이지, 표20 참조)

제너럴 노트(General Notes)

도면작성자의 입장에서 보면 '본인이 작성한 도면을 이렇게 이해해 주길 바라며 시공 시에 이러한 점을 유의하고 정확하게 시공해 주기를 바란다.'라는 설명이 필요할 수 있다. 이는 쉽게 말해 본격적인 책 내용을 읽기 전에 작가가 독자에게 이 책은 이렇게 읽어주었으면 하는 바람을 책 서두에 적어놓은 것과 유사하다고 볼 수 있다. 도면을

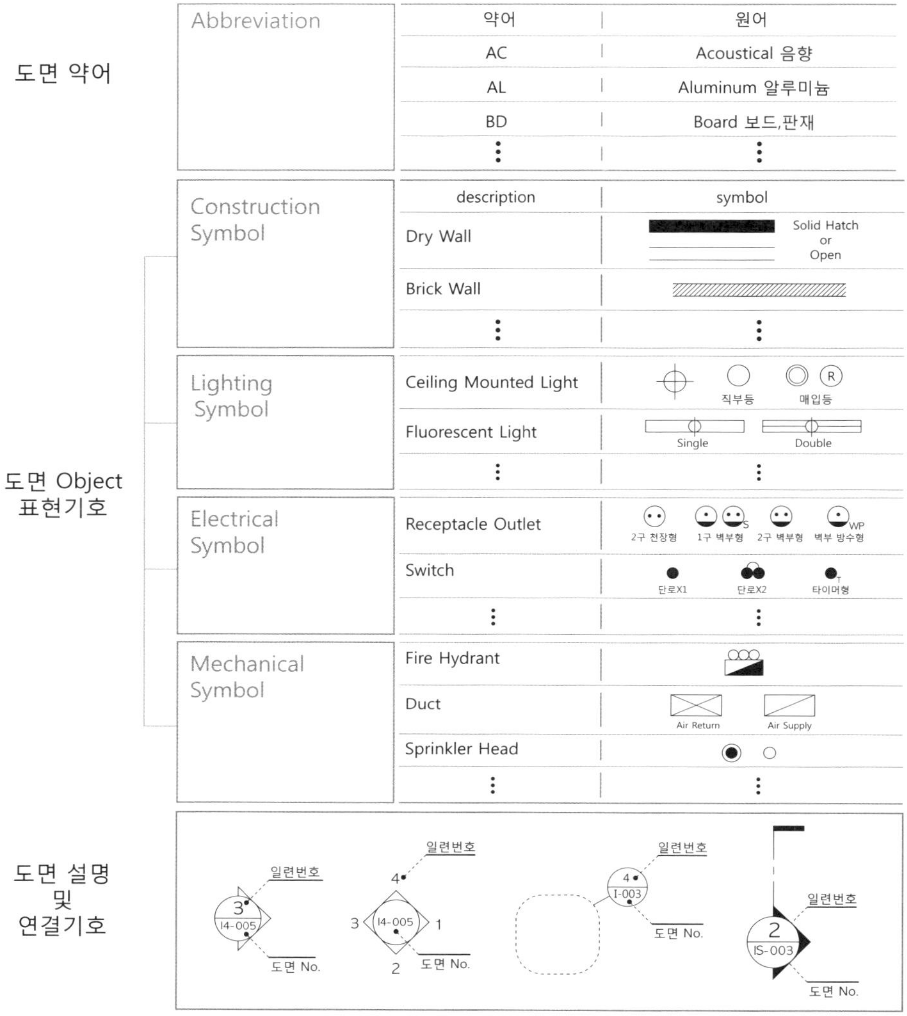

표20_ 도면기호 및 약어

토대로 시공하기 전에 읽어주기를 당부하는 글이므로 일반적으로 제너럴 노트는 도면집의 시작부에 배치하는 것이 일반적이다.

제너럴노트의 내용을 살펴보면, 설계도면에 표기된 용어나 도면 표현방식, 치수표기방식, 각종 협의사항, 공사에 관련한 기타책임 내용 등을 기재함으로써 시공자는 공사를 진행하는 지침이 되며 공사

일반준수사항	1. 시공자는 직경 또는 하도급업자의 작업이 관련법규나 규칙에 어긋나는 것을 알면서도 설계자에게 사전에 알리지 않고 시행했을 경우에 이에 대한 모든 책임을 진다. 2. 시공자는 입찰 또는 공사를 시작하기 전에 도견, 시방서, 견적서 등을 자세히 검토하여 설계상 잘못 표기된 사항, 불합리한 사항 등이 발견되면 즉시 설계자에게 알려야 한다. 3. 시공자는 도견이나 시방 등의 내용을 변경하고자 할 때에는 사전에 설계자로부터 문서상의 승인을 얻어야 한다. 단, 승인을 얻지 아니한 모든 작업사항어 대해서는 시공자가 책임을 진다. 4. 시공자는 건물구조와 현장사항에 관한 자세한 사항을 알고자 할 때에는 건축구조도면을 참고한다. 5. 시공자는 공사를 시작하기 전에 현장의 기존치수와 제반사항을 확인하여야 한다. 6. 본 도서에서 누락된 부분은 반드시 설계자에게 알리고 설계확인 후 시공한다.
치수관련사항	1. 시공 전 반드시 현장에서 실측에 의하여 현장치수를 재확인하고 현장에서 조정된 치수는 설계자와 협의해야하며, 시공자가 현장에서 임의로 치수를 변경해서는 안 된다. 2. 별도의 치수나 설명이 없는 칸막이의 치수는 칸막이 중심을 치수의 기준으로 한다. 3. 유의사항 (1) 도면을 스케일로 측정해서는 안 된다. (2) 별도의 특기 사항이 없는 경우에는 도면상의 치수가 우선한다. (3) 모든 치수는 현장에서 재확인되어야 한다. (4) 'VERIFY' (현장치수확인) - 우선 지정된 치수이므로 현장에서 반드시 확인해야 한다. (5) 'VARIES' (현장치수) - 현장에서 임의의 치수로 도면의 내용에 맞추어 조정한다. (6) 'ALIGN' (선맞추기) - 각각의 면을 동일한 선상의 마감면으로 한다. (7) 'CL' (중심선) - 기둥, 벽, 멀리언, 방, 내부 등의 중심을 기준으로 선, 면 나누기를 한다. (5) 'EQ' - 각각의 구획을 동일한 치수로 나눈다. (8) 치수와 면나누기 등의 기준은 콘크리트, 벽돌 등 골조의 마감면을 기준으로 하여서는 안 된다. 단, 상기 기준에 문제가 발생되었을 경우에는 즉시 설계자에게 알려야 한다. (9) 특기의 사항이 없는 경우 치수는 마감선을 기준으로 한다. (10) 별도의 치수나 설명이 없는 칸막이의 위치는 건축의 멀리언이나 기중의 중심선을 기준으로 한다.
세부 준수사항 및 기타사항	1. 같은 내용의 상세 도면이 상이할 경우에는 확대된 척도의 상세도면을 기준으로 한다. 2. 재료마감 또는 기타 도면에 '노출'표기가 없는 어떠한 경우에도 배관자재, 전선, 덕트, 통기관 따위가 노출되어 있어서는 안 된다. 3. 시공자는 설비나 전기공사를 위해 개구부의 치수나 위치를 변경하여야 할 경우에는 공사를 시작 전에 설계자의 승인을 얻어야 한다. 4. 시공 전 반드시 설계자나 감독관과 협의하거나 문서상의 승인을 받아야 하는 경우는 다음과 같다. (1) 본 도서에서 적용된 DETAIL과 시공방법이 불합리하거나 시공이 불가능 하다고 판단하여 이를 개선된 방법으로 시공방법 등을 수정하고자 할 때 (2) 도서의 각종 표기나 마감 CODE, 치수 등이 서로 다를 때 (3) 도면 및 시방서에 제시된 마감재료의 수급에 문제가 있을 때 (4) CLIENT가 이미 설계된 내용과 다르게 디자인 변경을 요구할 때 5. 시공자는 모든 소방 설비물의 설치에 있어서, 사전에 충분히 검토하여 제반법규에 위배됨이 없어야 한다. 6. 설계자는 설계도서에 기계, 전기 등의 설비사항을 표기한다. 시공자는 이들의 도면을 비교 검토하여 모순된 점이 발견되면 공하가 시작되기 전에 설계자에게 알려야 한다.

표21_
제너럴노트 내용 사례

중 협의가 필요한 경우의 기준과 시공 전반에 대한 사항들을 제시하는 내용 등으로 구성되어 있다. 일반 시방서에 들어가 있는 내용과 중복된 사항들이 많으며 그 중 가장 중요한 내용을 요약한 정도라고 볼 수 있다.(표21, 그림66 참조)

시방서를 별도로 제출한다는 점에서 보면 굳이 도면집 내에 이러한 내용을 필수로 넣어야 하는 건 아니다 보니 제너럴노트를 생략하고 작성되는 도면집도 적지 않다.

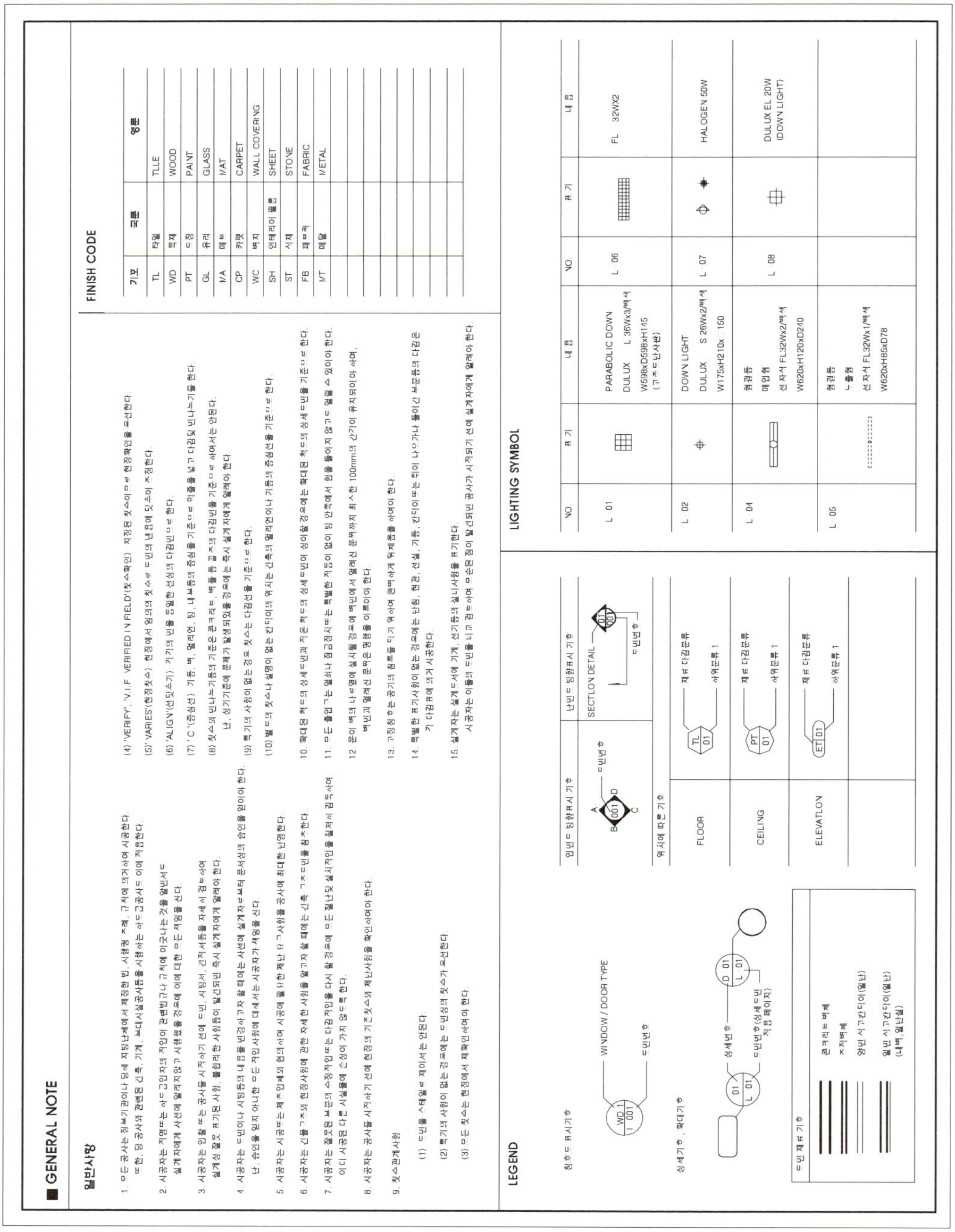

그림66_ 일반시방사항과 마감코드, 각종 기호 및 심벌에 대한 내용을 하나의 시트 내에 정리한 사례로 보통 각종 코드와 심벌, 약서, 준수사항 등 모든 내용을 담고 있다는 의미에서 Master Legend라고 지칭하기도 한다.

2. 기본 도면에 대한 이해

지금까지의 내용이 본격적으로 도면을 작성하기 전에 필요한 도면형식과 제반사항 등의 전반적인 정보가 담긴 서론에 해당한다면, 지금부터의 내용은 실제 공간을 디자인하고 시공하는데 필요한 직접적인 정보가 담긴 본론이라고 볼 수 있다.

3차원의 공간을 2차원에 풀어 설명하기 위해 필수적으로 필요한 도면을 간략히 정리해 보면, 공간을 수평투영한 평면도, 수직투영한 단면도와 입면도(전개도), 특정 부위를 확대해서 설명하기 위한 상세도 정도로 요약될 수 있으며, 여기서 다시 분야별 도면이 필요에 따라 줄기에 가지가 붙는 형식이라고 생각할 수 있다.

평면도

설계가 본격적으로 시작되면 보통 가장 먼저 구상에 들어가는 도면이 평면도이다. 물론 설계방법론으로 볼 때, 2차원의 평면도가 3차원의 공간을 생각하는 사고를 제한시킬 수도 있다는 점에서 무조건 평면도가 디자인의 시작이라고 보기는 힘들지만 도면을 읽는 관점에서 보면 평면도는 모든 다른 도면들의 열쇠가 된다. 공간을 디자인하기 위해 전체적인 공간의 배치와 동선을 점검하는 가장 기본적인 도면이며 여타 도면들과 비교해 볼 때 전체 공간디자인에 필요한 가장 많은 정보를 담고 있는 도면이기도 하다. 그래서 보통 설계도서의 도입부에 놓이는 게 일반적이다. [사실, 3차원의 공간을 디자인한다는 관점에서 보면 평면도만큼이나 중요도가 높은 도면이 단면도이다. 이러한 관점에서 평면과 단면을 동시에 놓고 공간을 디자인하는 것이 이상적이나 서로 다른 층의 연관성이 상대적으로 낮은 실내건축의 계획 범위를 고려해 볼 때 평면도가 우선이 되는 경우가 일반적이다] 평면도가 다른 도면의 등대 역할을 한다는 관점에서 보면 여타 도면들이 평면도 내의 어떤 부분과 방향을 표현하고 있는지 파악할 수 있는 정보를 담고 있어야 한다.

계획되는 공간의 규모와 표현하고자 하는 내용이 다소 복잡해지면 평면도 한 장에 필요한 정보를 모두 담기 난해한 경우가 발생하는데, 이 경우 실시설계 단계에서는 시공의 정확성과 도면 해독의 편의성을 위해 평면도에 중첩되어 표기되는 내용을 종류별로 나누어 표현하는 것이 바람직하다.

평면도는 크게 나누어 보면 수평면을 자른다는 개념으로 보면 크게 일정 높이에서 바닥을 내려다보는 바닥 평면도(Floor Plan)와 위를 올려다보는 천장 평면도(Reflected Ceiling Plan)로 구분할 수 있으

그림67_
평면도는 설계와 시공, 클라이언트 모두에게 가장 효율적으로 전체 공간을 설명할 수 있는 기준 도면이 된다.

며, [통상적으로 바닥평면도를 평면도, 천장평면도는 천장도라고 지칭하는 경우가 많으나 정확히 분류하면 평면도를 다시 바닥과 천장으로 나누어 지칭하는 것이 바람직하다] 위의 설명처럼 각각의 표기 내용을 한 장의 도면에, 또는 내용별로 여러 장에 나누어 작성하게 된다.

바닥평면도(Floor Plan)

바닥평면도는 해당 공간을 높이 1.2~1.5미터를 기준으로 수평으로 잘라 바닥을 투영한 도면이다. 공간의 규모와 필요에 따라 전체평면도 한 장으로 표현하는데 한계가 있을 경우는 각각의 공간 또는 부위를 확대해 부분평면도로 나누어 작성하게 된다.

일반적으로 바닥평면도 안에 담겨야 하는 내용을 나누어 분류해보면 다음과 같다.

- 구조평면도(Demolition Plan/Construction Plan)_ 벽체, 창호, 마감 등 철거, 신설에 관한 정보
- 마감평면도(Finish Plan)_ 바닥과 벽체에 사용되는 마감재료에 대한 정보
- 가구 배치도(Furniture Installation Plan)_ (가구 및 집기의 배치와 치수, 간격에 대한 정보, 집기부분은 필요에 따라 별도도면(Equipment Plan) 작성
- 바닥 패턴도(Floor Pattern)_ 바닥재의 재료, 색상 및 패턴 등에 대한 정보

왜 하나의 평면도 위에 모든 정보를 다 표현하지 않고 위의 도면종류들처럼 나누어 작성하는지 생각해 보자.

위의 도면종류를 자세히 들여다보면 공사현장의 공종별로 해당 공정에 따라 나누어진 것을 볼 수 있는데, 이렇게 나누어 작성했을

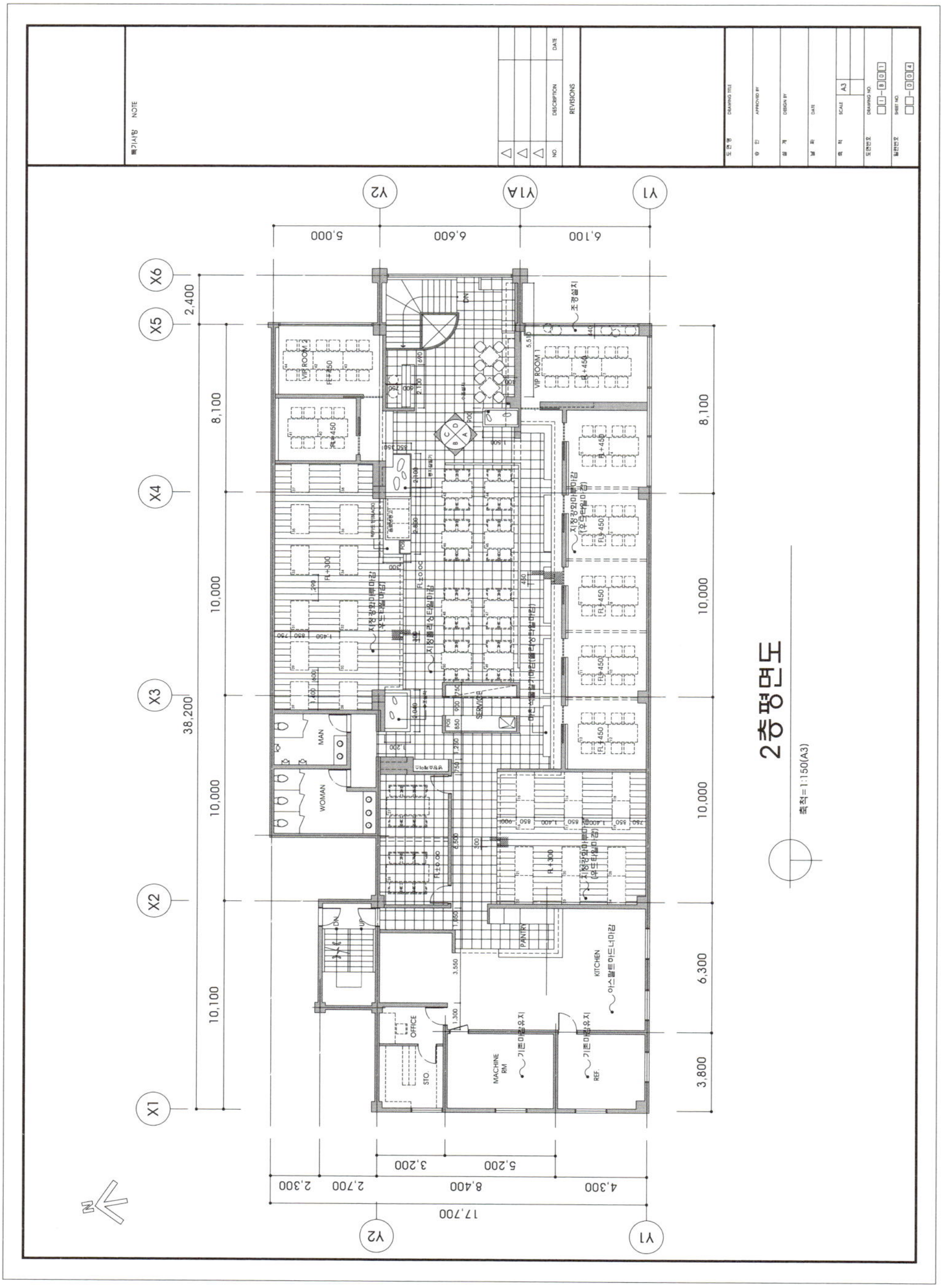

그림68_ 마감재료, 패턴, 가구 등의 정보를 하나의 도면에 모두 표현한 평면도 사례

때 현장에서 진행되는 작업의 성격과 작업자의 작업범위에 필요한 정보를 정확히 전달할 수 있기 때문이다. 물론 간단한 디자인의 경우, 위의 내용을 평면도 한 장에 모두 표현하기도 하지만(그림68 참조) 여러 정보가 하나의 도면에 작성되어 있을 경우 도면작성자와 시공자 모두에게 정확성이 떨어진 정보전달이 될 가능성이 높으므로 가능하면 각각의 내용을 분류해 별도의 도면으로 작성하는 것이 바람직하다.

구조평면도(Demolition Plan/Construction Plan)

완성된 건축물에 별도로 실내건축을 하는 이유의 대부분은 기존 공간을 사용하고자 하는 새로운 목적에 맞게 재구성하는데 있다. 이러한 목적에 부합하는 보다 합리적인 공간을 새로이 만들어내기 위해서는 기존의 기능에 맞추어져 시공된 벽체나 계단, 출입구, 창호, 천장, 바닥, 각 부위의 마감요소 등 고정적인 요소들을 제거하는 작업이 선행되고 디자인 목적에 맞는 새로운 요소들이 만들어지는 과정을 거쳐야 하는데, 이러한 일련의 과정을 시공자가 정확히 이해할 수

그림69_ 공간의 기능이나 성격에 맞게 철거해야 할 요소와 새로이 신설해야 하는 벽체 등에 대한 내용을 다루는 도면이 필요한데 이를 구조평면도라 부른다.

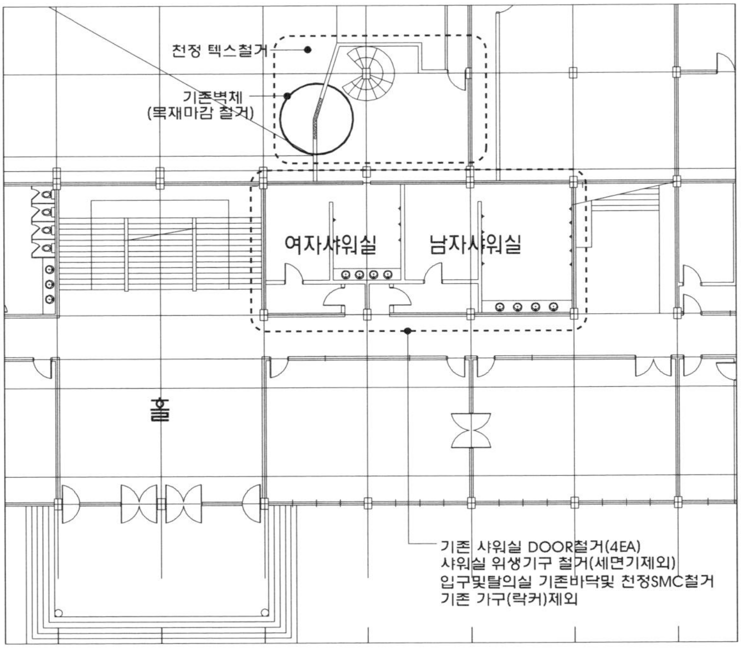

그림70_ 철거도면 사례
시공 전 철거해야 하는 영역과 요소들을 서술적으로 설명한 철거도면 사례

있도록 표현한 도면이 구조도이다. 그러므로 구조도 내에는 기존 요소들의 철거와 새로운 요소들의 신설에 대한 모든 내용이 다루어진다. [일반적으로 신설되는 내용은 새로이 적용되는 디자인에 맞춘 평면도에 설명되어 있으므로 신설에 대한 내용은 별도로 표현하지 않고 철거에 대한 내용만 설명하는 '철거도면'으로 정리하는 경우를 흔히 볼 수 있다(그림70 참조)]

실내건축의 특성상 디자인이나 기능에 치명적인 영향을 미치는 상황이 아니고서는 기존 건축물의 구조적인 부분은 건드리지 않는 게 일반적이다. 다시 말해 본격적인 공사를 시작하기 전에 새로운 디자인에 방해가 되는 집기나 마감재료, 비내력벽 등 건물의 구조와 관련 없는 부분을 철거하는 경우가 대부분이긴 하나, 경우에 따라서는 내력벽, 기둥, 보 등의 구조적 요소를 변형해야 할 수도 있는데 이런 경우는 구조기술전문가의 전문적인 구조검토과정을 거쳐 안전을 확

인한 뒤에 도면이 작성되어야 한다.

왼쪽의 사례도면처럼(그림70 참조) 세부적인 철거내용을 전달해야 하는 경우에 영역을 설정하여 도면에 텍스트로 직접 설명하는 방법을 취하기도 하는데, 이는 철거내용을 도면에 약속된 기호로 도식화해서 설명하기 어려운 경우이며 벽체, 창호와 같이 철거와 신설의 가장 기본적인 요소들은 아래와 같은 심볼을 이용해 도면에 표현하는 방법을 취하는 것이 일반적이다.(표22, 그림71 참조) [범용으로 사용되는 기호와 체계에 맞춰 도면을 작성하는 것이 바람직하긴 하나, 이런 체계에 묶여 철거나 신설부위에 대한 설명이 더 어려워진다고 판단되는 부분이 있다면 공사에 관련되어 있는 사람들이 가장 이해하기 쉬운 방식(컬러구분, 텍스

Demolition Legend	
기존벽체(경량벽체) 유지 Existing Frame Wall to Remain	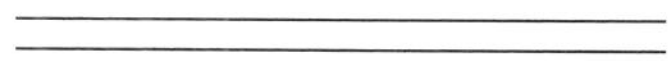
기존벽체(경량벽체) 제거 Existing Frame Wall to be Removed	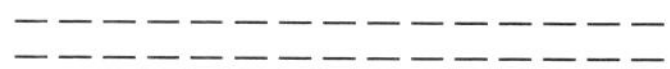
신규벽체(경량벽체) 조성 New Frame Wall	
신규벽체(벽돌) 조성 New Brick Wall	
기존벽체(벽돌) 제거 Existing Brick Wall to be Removed	
기존도어 제거 Existing Door Frame to be Removed	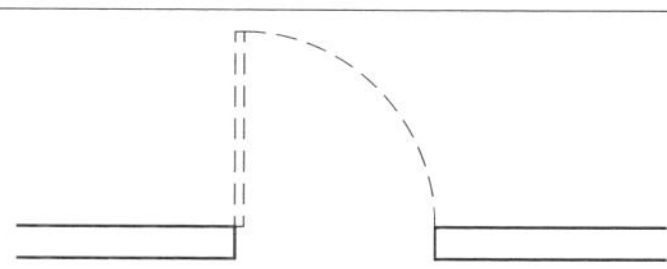
기존창문 제거 Existing Window Frame tc be Removed	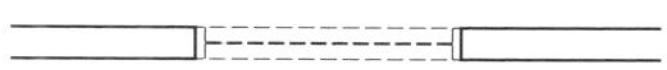

표22_ 철거 표시 기호
위의 사례는 일반적으로 구조도에 많이 사용되는 범례를 요약한 것으로 벽체의 재료, 단열, 방음 등 적용되는 벽체의 종류나 높낮이 구분처럼 도면에 보다 자세한 설명이 필요한 경우, 또는 도면 작성자의 작성방식에 따라 다른 범례를 정해놓고 사용할 수도 있으며 구조도를 읽을 때는 해당 도면에 사용된 범례표를 정확히 확인하고 작업해야 한다.

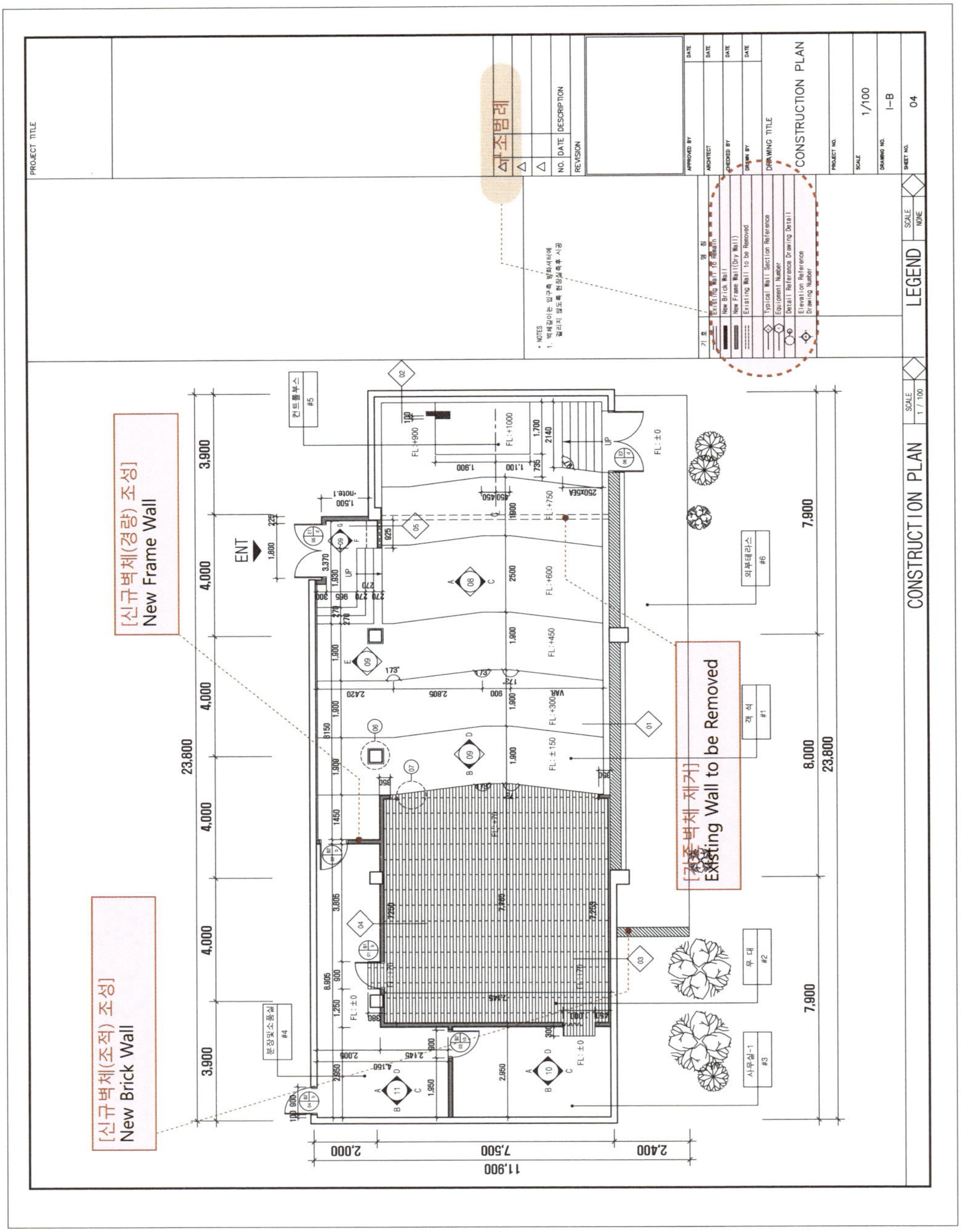

그림71_ 구조평면도사례

철거해야 하는 벽체와 신설벽체, 신규로 설치해야 하는 각종 창호의 스펙에 대한 내용을 기호로 표시하고 있으며 새로이 마감되는 부위에 대한 시공정보를 제공하고 있다.

트를 이용한 설명 등)으로 작성하는 것이 오히려 더 효율적일 수 있다]

마감평면도(Finish Plan)

앞서 사례로 든 도면(그림68 참조)과 같이 한 평면도 내에 마감 재료를 포함한 대부분의 내용을 모두 기재하는 경우도 많지만 규모가 상대적으로 크거나 복잡한 도면 내에서 마감 재료에 대한 내용까지 한꺼번에 기재하게 되면 도면을 읽어야 하는 사람 입장에서 보면 매우 불친절한 도면이 될 가능성이 높다. 이럴 때 평면도 안에 사용된 마감재료들만을 별도로 하나의 도면에 표현하는 방법을 사용하는 것이 효율적이라고 판단하여 작성한 도면이 마감평면도이다.(다음 쪽, 그림72 참조)

가구 배치도(Furniture Instal ation Plan)

인테리어 공사가 끝난 뒤 배치될 가구들의 위치를 표기한 도면으로 실제 가구배치시 기준이 될 수 있도록 마감면부터의 거리를 표시한다.(그림73참조)

바닥 패턴도(Floor Pattern)

바닥에 적용하는 디자인 및 패턴정보를 표현한 도면으로 구체적인 치수와 시공관련 정보를 표시한다.(그림74참조)

천장평면도(Reflected Ceiling Plan)

천장평면도에 대해 개념적으로 간략히 설명하면 바닥평면도의 반대개념으로 해당 공간의 일정높이를 기준으로 수평으로 절단 후 천장을 투영한 도면으로 이해하면 된다. 하지만 지속적으로 언급한 것처럼 도면은 단순히 눈에 보이는 걸 표현하는 '그림'이 아니라 시공자가 시공에 대한 정보를 읽는데 필요한 모든 내용을 담고 있어야 한다. 이

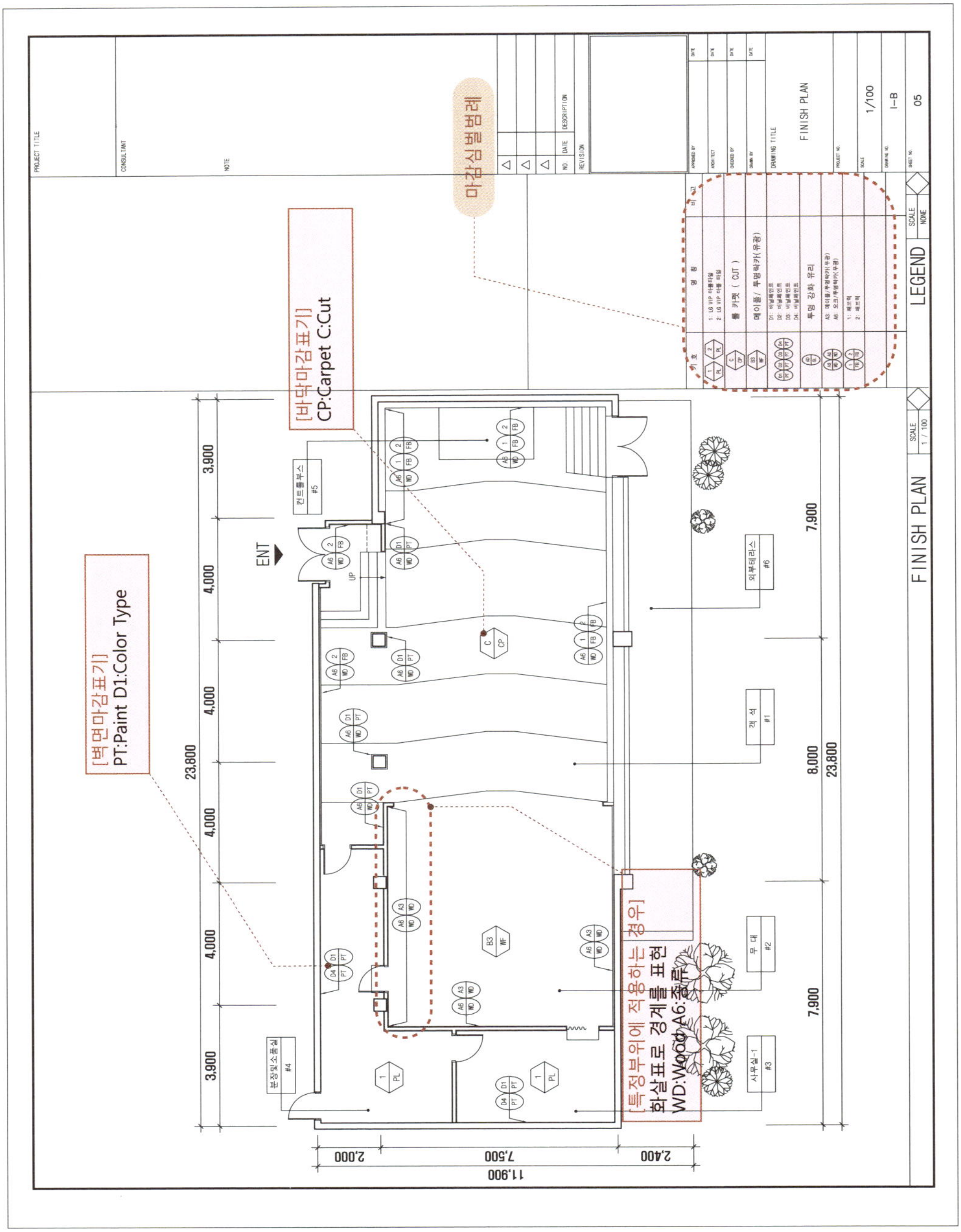

그림72_ 마감평면도 사례

벽체와 바닥에 적용된 마감을
평면도에 별도로 표기하며 천장면의
마감재료는 천장도에서 별도로
표기한다.

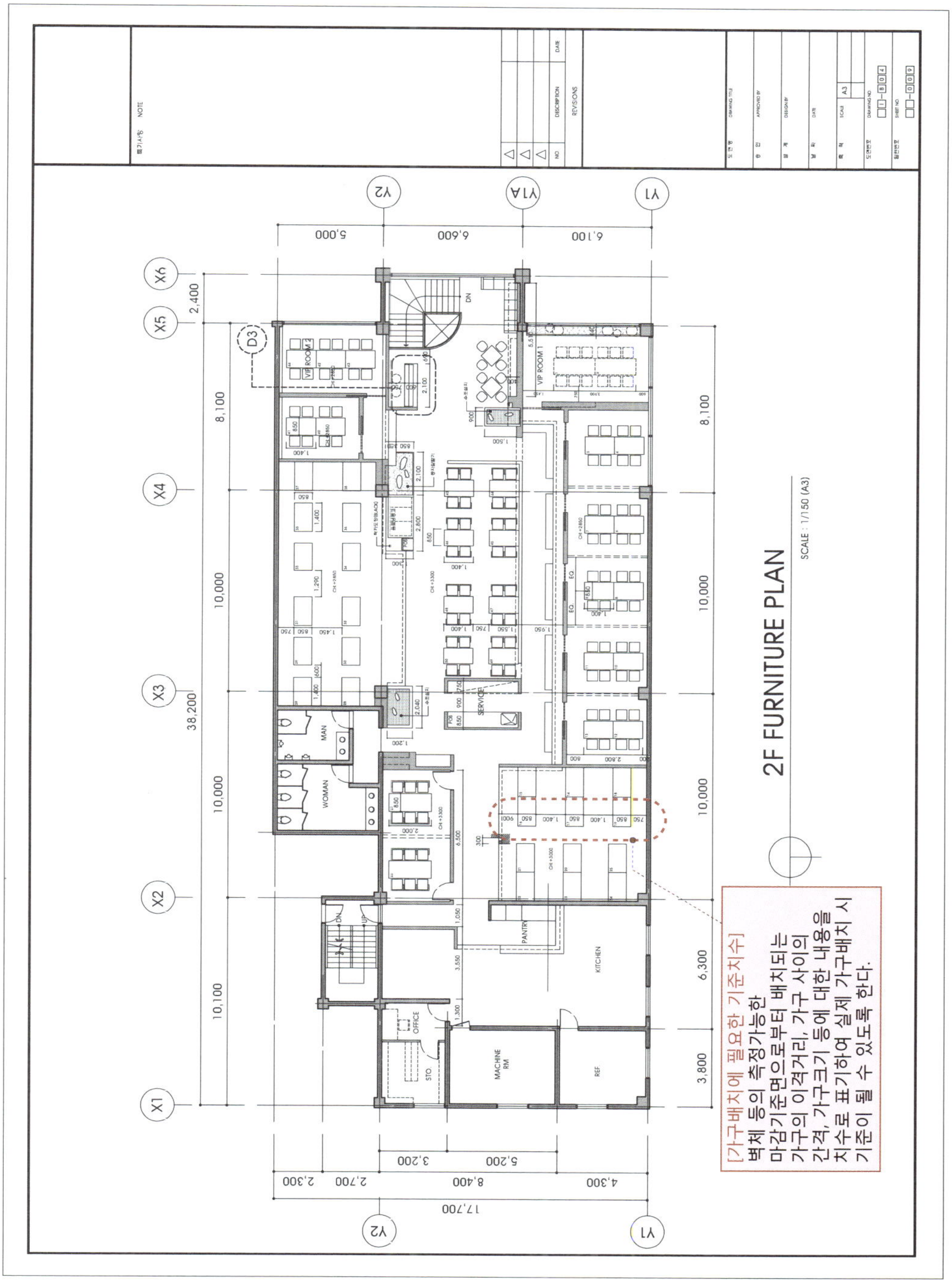

그림73_ 가구배치도 사례

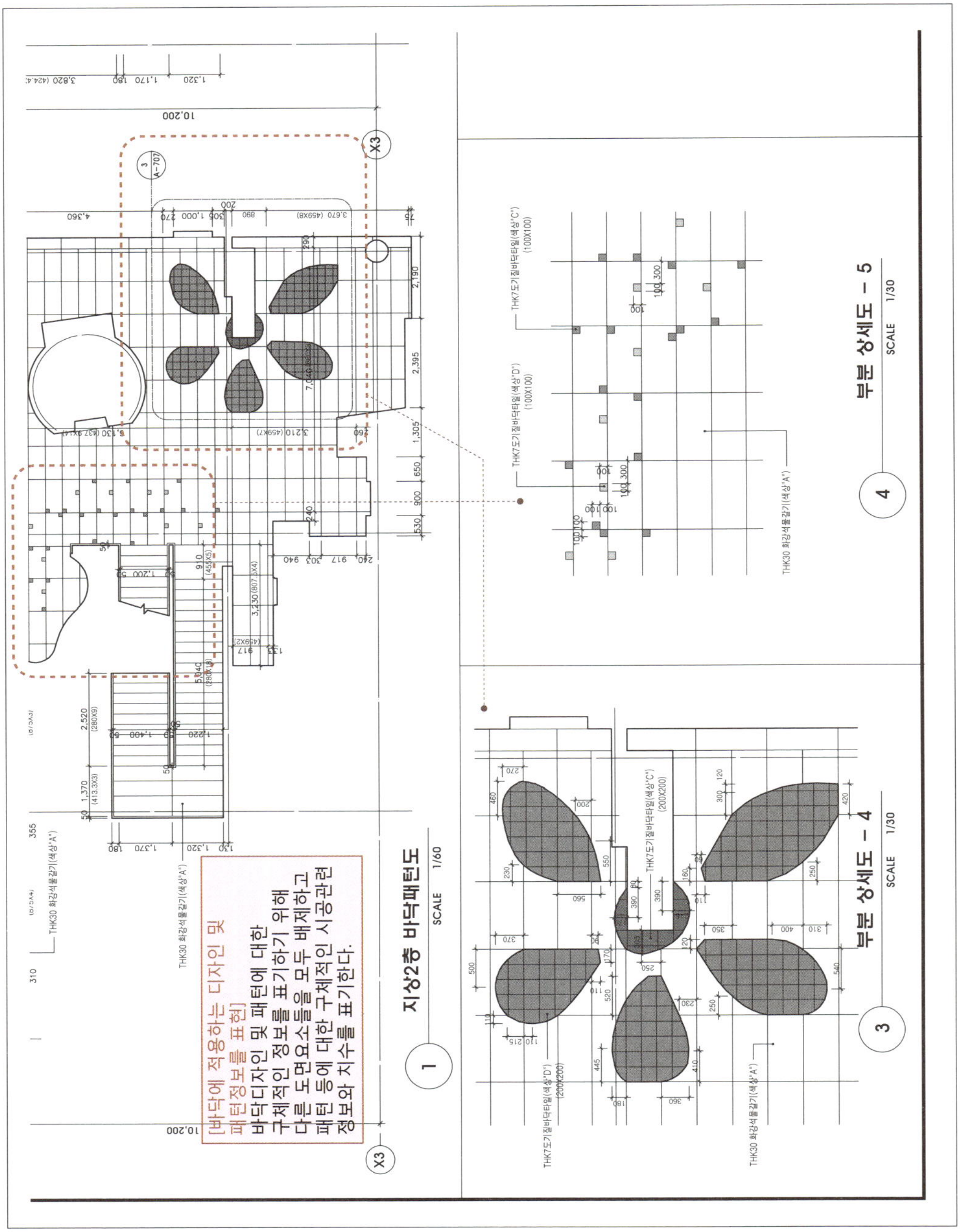

그림74_ 바닥패턴도 사례

러한 목적으로 작성하는 도면이 천장평면도라고 보면 그 시공정보가 얼마나 많은 내용을 담고 있는지에 따라 도면의 표현형식과 종류도 달라질 수밖에 없다.

예를 들어 주택과 같이 조명을 포함한 간략한 디자인만 적용되는 경우라면 크게 헷갈리지 않고 하나의 도면 안에 전기배선과 조명, 냉난방기기, 천장디자인의 형태 등 시공에 필요한 정보의 대부분을 담아낼 수 있다. 반면 백화점, 오피스, 쇼핑몰 등의 다목적 시설을 생각해 보자. 마감이 다 되어 있는 천장면만 해도 상당한 기구들이 빼곡히 박혀 있으며, 특히 상업공간은 시각적 효과를 위해 현란한 디자인 처리까지 되어 있는 경우를 흔히 볼 수 있다. 여기에 사용공간의 필요기능에 맞춰 마감된 천장 마감 안쪽으로는 미로 같은 배관들이 뱀처럼 얽혀 지나다니고 있을 가능성이 높다. 이런 경우라면 한 장의 도면 안에 모든 시공정보를 담아내는데 한계가 올 수밖에 없다. 그래서 앞서 언급한 바닥평면도처럼 도면을 나누어 정리하는 것이 바람직하다.

다시 말해, 여러 공종의 정보가 중첩되어 표현될 필요성이 높은 경우는 설계자와 그에 해당하는 시공자 별 작업범위에 맞추어 도면을 나누어 작성하는 것이 시공정보를 이해하는데 혼선을 막고 명료하게 확인할 수 있으므로 이러한 필요성에 의해 공종별로 나누어 작성하는 것이 바람직하다.

다만 천장에 시공되는 각종 설비들은 전문적인 면허나 허가를 취득한 기술자를 통해 작성되어야 하는 내용이 대부분이므로 각 분야의 전문가를 통해 실내건축도면을 기본으로 별도로 제작되며, 인테리어디자이너는 이러한 설비에 관련된 도면을 취합하여 디자인에 충돌이 일어나는 부분을 협의하고 최종적으로 정리하여 인테리어도면에 담아내는 관리자의 역할을 담당하게 된다.

이 경우 인테리어디자이너가 작성하는 천장평면도에 모든 시공 정보를 담을 수는 없으므로 디자인에 영향을 미치는 천장구조, 마감재료, 조명, 냉난방, 스프링클러, 디퓨저 등 천장기구에 관련된 기본적인 위치와 사양은 천장평면도에 표현되고 나머지 설비계통이나 상세한 기술적 내용은 별도의 설비도면에 분류, 정리되는 경우가 일반적이다.

항목	내용	작성/ 도면
천장구조 및 디자인 (Construction of Ceiling)	천장면 구성에 관련된 구조방식 및 형태	실내건축 / 천장평면도
천장마감재료 (Finish of Ceiling)	천장면의 마감재료 및 패턴	실내건축 / 천장평면도
조명 (Lighting)	조명의 종류, 위치, 간격 등	실내건축 / 천장평면도
	배선, 조명기구상세, 조명설비 등	전기,통신설비 / 조명설비도면
공조 및 냉난방 (HVAC)	디퓨저, 냉난방기기 종류, 위치 등	실내건축 / 천장평면도
	배관설비, 장비 및 기구 상세도 등	기계설비 / 공조설비도면
소방 (Fire and Safety)	스프링클러, 화재감지기, 유도등 위치 등	실내건축 / 천장평면도
	화재탐지설비 계통, 배선, 상세 등	소방설비 / 소방설비도면
음향, 방송 (A/V, CCTV)	카메라, 스피커 및 기타 AV 위치 등	실내건축 / 천장평면도
	기구배선, 설비계통, 상세 등	전기,통신설비 / 통신설비도면

표23_
천장평면도 작성내용 및 관련분야 도면

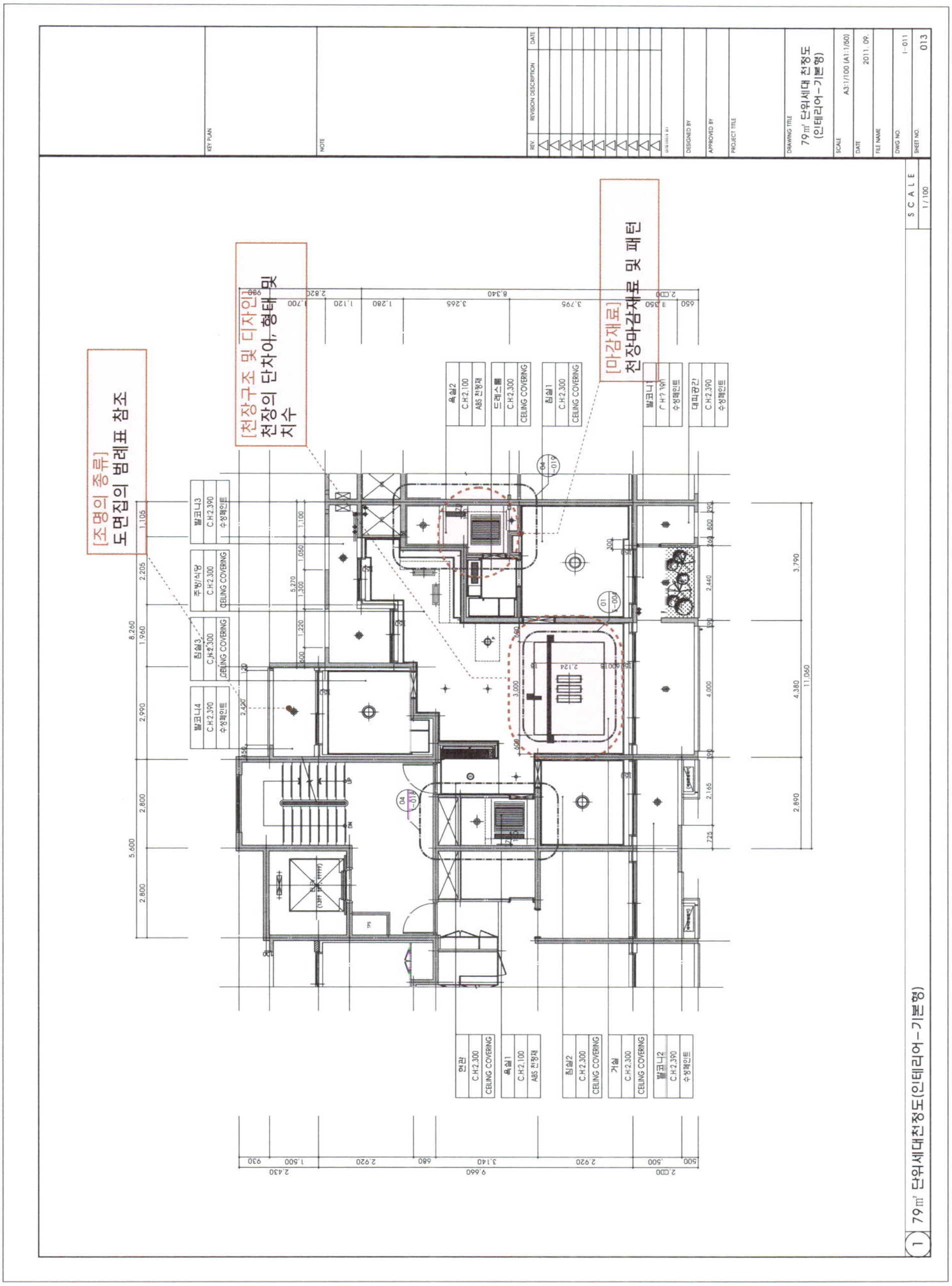

그림75_ 주택천장평면도 사례

사례에는 도면에 사용된 기호의 범례가 표현되어 있지 않으나 통상적으로 도면집 전체의 범례표와 별도로 해당 도면의 노트란 등에 작성하는 경우가 많다. 위 사례는 가장 기본적인 천장형태 및 디자인, 조명, 재료에 대한 설명 정도만 기재되어 있다.

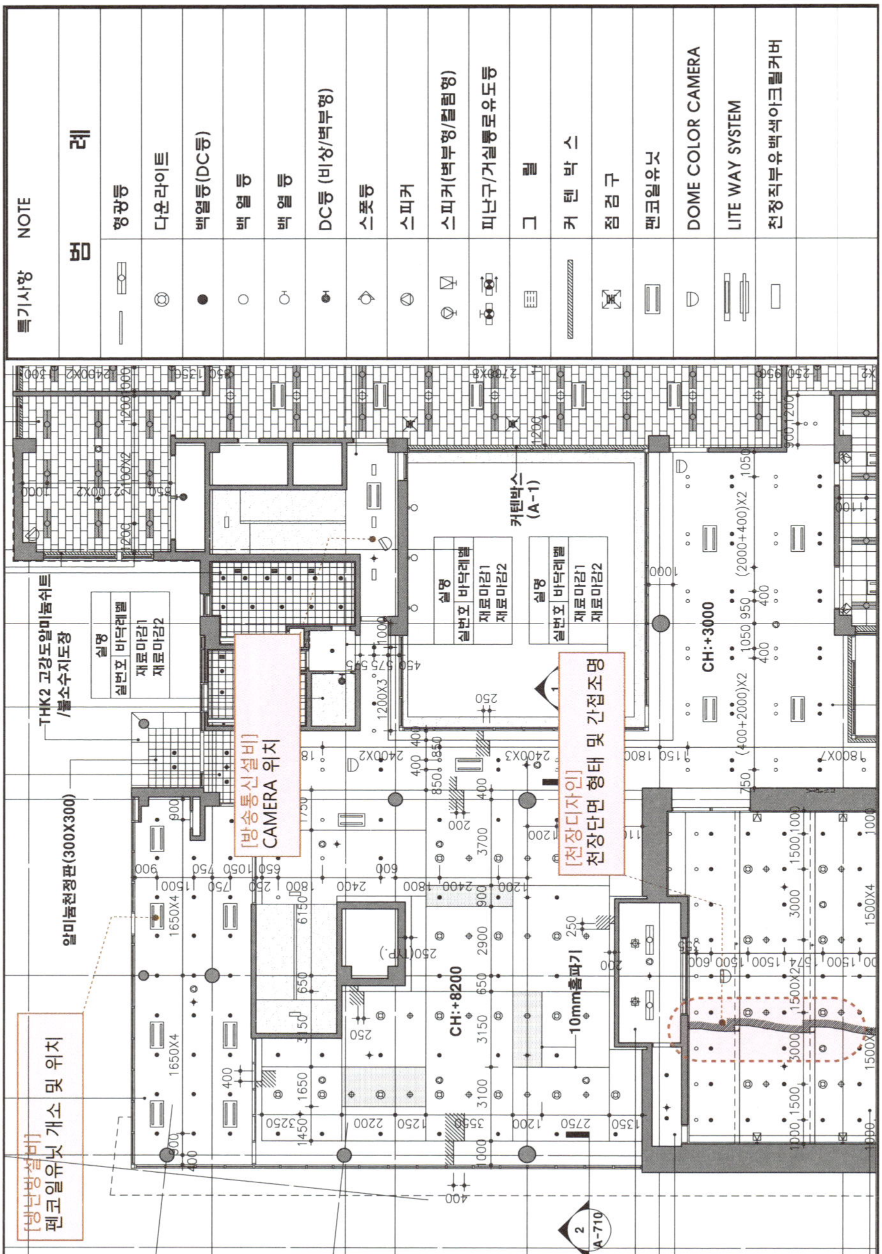

그림76_ 천장평면도 사례
전체 천장평면도의 일부사례로 천장면의 디자인 요소뿐 아니라 공조, 냉난방, 통신설비에 관련된 기구들까지 표현되어 있으며, 보다 상세한 기술적 도면은 별도의 설비도면에서 작성된다.

천장평면도에 표기되는 일반적인 항목들과 각 항목에 연관된 설비관련도면을 개략적으로 분류해 보면 다음 표와 같다.(표23 참조)

입면/전개도

인테리어도면의 입면도를 설명하기 위해서는 우선 건축분야에서 작성하는 입면도와 인테리어도면에서 주로 사용되는 전개도 사이의 작성목적에 따른 차이부터 이해할 필요가 있다.

일반적으로 건축설계도면에서 작성되는 입면도가 주로 건축물의 외부를 수직 투영한 형태를 2차원으로 표현한 도면이라면 실내건축에서 작성되는 입면도는 이와는 반대로 내부공간의 수직면을 투영한 도면이라고 볼 수 있다. [이는 주된 공사범위를 기준으로 한 설명이며 경우에 따라서는 건축도면에서도 시공에 필요한 내부입면도를 작성하는 경우가 있으며, 인테리어도면 또한 외부디자인이 공사범위에 포함될 경우

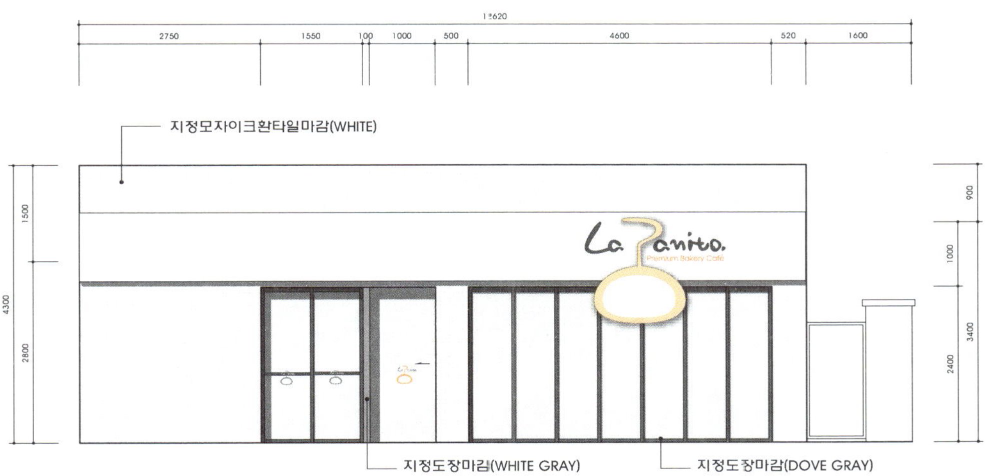

그림77_
정면도(Facade) 계획도면 사례
상업공간의 경우, 디자인된 외부입면은 거의 대부분 공사에 반영되므로 실내건축 공사범위에 포함되는 외부입면도는 필수로 작성되어야 한다.

Facade(정면도)와 같은 외부입면도 작성은 필수적인 부분이다(그림77 참조)]

1차적으로 내부공간을 디자인하는 단계의 계획도면에서는 위에서 설명한 입면도의 개념으로 받아들여도 크게 무리가 없으나, 내부시공에 필요한 실시도면을 작성하기 위해서는 건축물의 입면도와는 조금은 다른 개념으로 접근할 필요가 있다. 모든 도면이 그렇듯 최종적으로 시공에 필요한 정보를 제공하는데 목적이 있다고 볼 때 일반적인 입면도 작성으로는 실내공간의 모든 벽체시공에 필요한 내용을 명확하게 보여주는데 한계가 있기 때문이다.

예를 들어 내부 공간의 벽체에 요철이나 굴곡이 있을 수도 있으며 사선으로 기울어진 벽체, 또는 부정형의 형태를 지닌 벽체로 디자인되어야 하는 경우라면, 육면체의 포장박스와 같은 공간 안에 들어

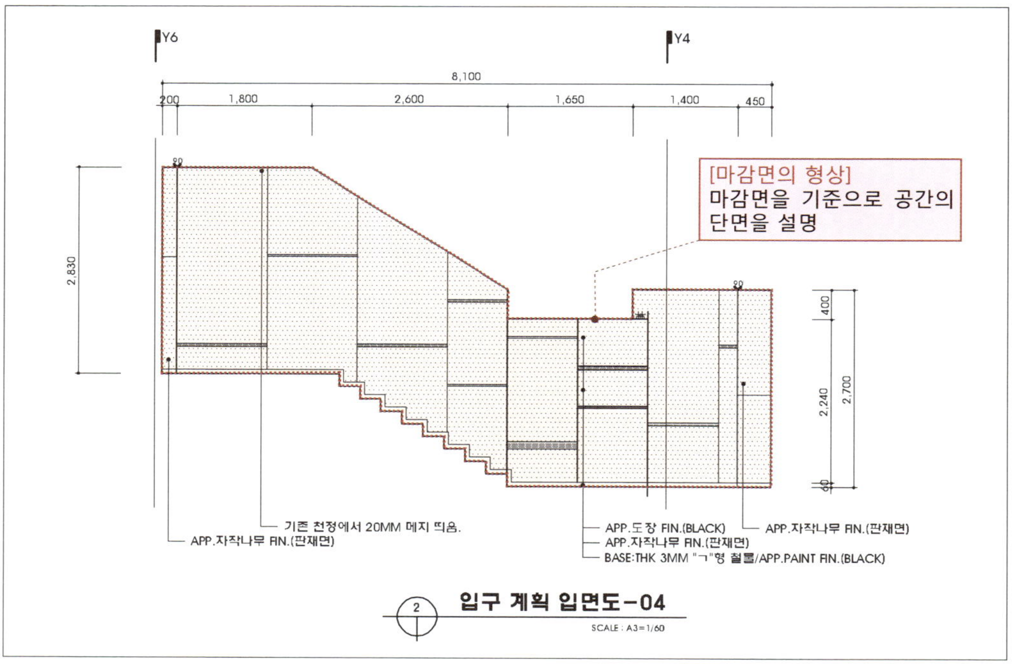

그림78_ 내부계단실 입면도 사례

가 단순히 수직 투영한 면을 도면에 옮기는 방법으로는 시공에 대한 모든 정보를 담아낼 수 없게 된다. 그래서 실내건축에서는 각각의 입면을 펼쳐 전개한 도면의 형태로 표현하는 것이 바람직하며 이를 '전개도'라고 지칭한다.

이러한 전개도를 작성하고 읽을 때 알아야 할 사항들을 좀 더 구체적으로 살펴보면 다음과 같다.

- 공간의 단면형상 : 입면/전개도가 그려지는 공간의 천장, 벽, 바닥에 관련한 단면의 형태를 표현한다.(그림78 참조)
- 천장, 창호, 입면에 관련된 치수
- 벽 마감재료, 색상
- 벽의 줄눈 : 시중에 생산되는 마감재의 최대크기와 벽면의 디자

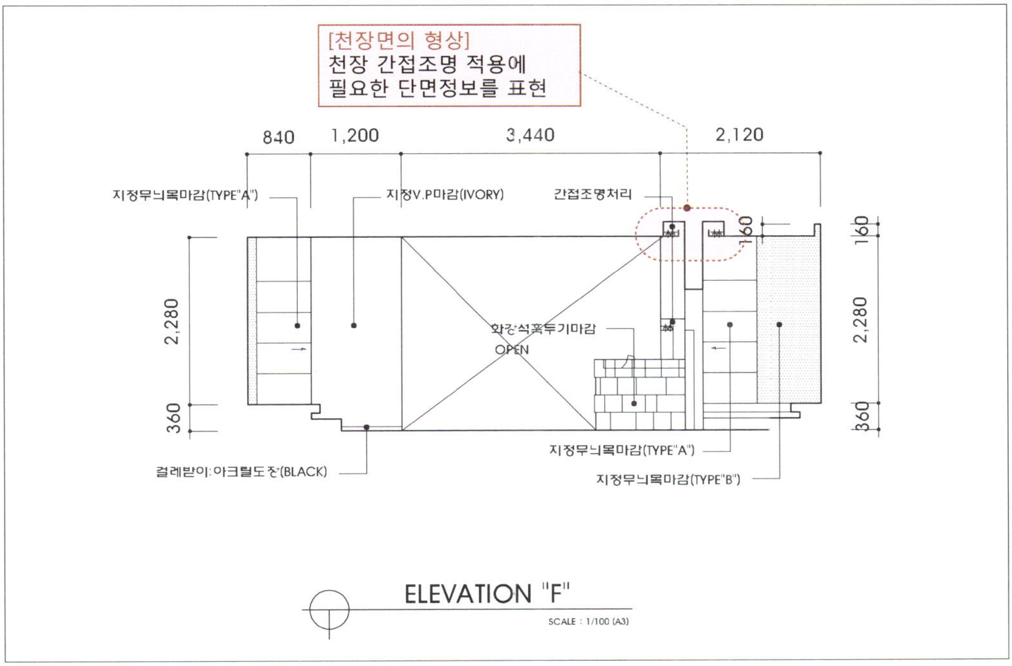

그림79_
입면도 내 천장 간접조명 작성 사례

인을 고려해 재료를 나누는 경계선으로 볼 수 있으며 입면의 디자인에 큰 영향을 미치는 요소로 작용하기도 한다. 흔히 사용되는 전개도의 축적을 고려해 줄눈사이의 간격을 생략하고 단선으로 표현하는 경우가 일반적이다.

- 걸레받이, 천장몰딩
- 개구부 위치 및 크기 : 창호의 종류별 도면표기약속에 따라 표현한다.
- 가구 : 빌트인가구 또는 벽면에 밀착되는 가구는 필수적으로 표현하게 되며, 일반적으로 공간에 놓이는 테이블, 의자와 같은 가구 등의 이동형 가구는 점선으로 표현한다.
- 조명방식 : 천장평면도와 별도로 팬던트조명, 벽부등에 대한 정보, 간접조명을 적용하는 경우의 단면형상 등을 표현한다.(그림79

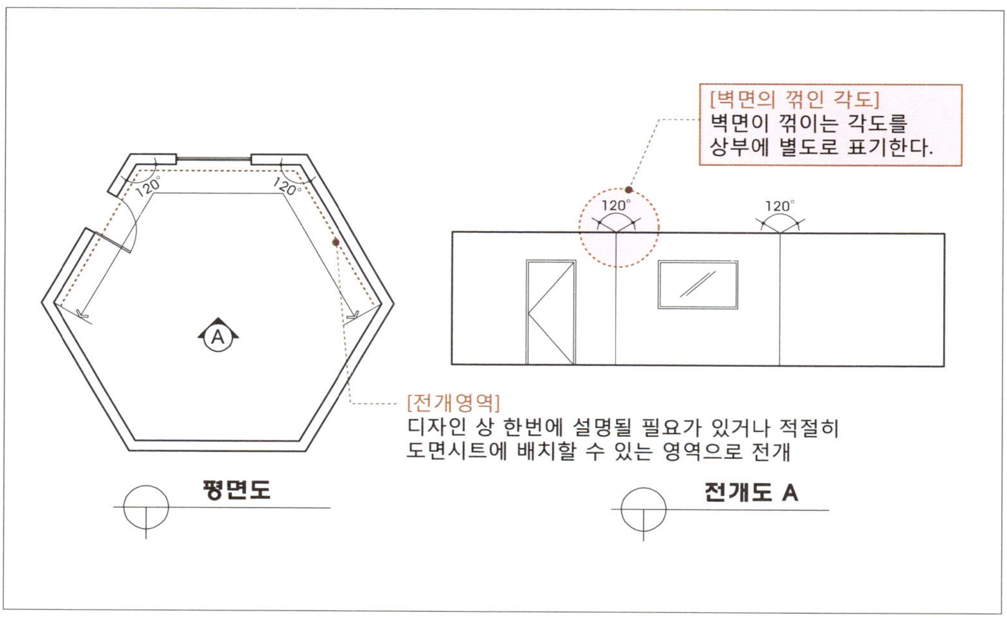

그림80_
꺾인 벽의 전개도 작성 방법

참조)

- 벽의 꺾인 각도 : 전개도의 특성상 벽면의 꺾인 각도와 곡면에 대한 정보를 별도로 표기한다.(그림80 참조)

단면도

일반적으로 건축이나 실내건축에서 전공자들이 일컫는 단면도를 설명하기 전에 단면도의 개념에 대해 원론적으로 접근해보자.

흔히 Section이라고 지칭하는 단면도는 건축물을 '수직'으로 절단한 도면을 전공자들이 그렇게 부르자고 약속한 도면이다. 하지만 좀 더 근원적으로 작성하는 원리를 보면 앞서 설명한 바닥평면도, 천장평면도 또한 공간을 수평으로 '절단'한 단면도로 보는 것이 맞다. [이러한 개념으로 공간을 설계하면 평면, 단면의 고정관념을 깬 훨씬 풍부한 공간을 연출하는데 도움이 될 수 있다] 필요에 따라서는 수평으로 절단한 평면상세도가 필요한 경우가 있는데 이 경우 또한 절단했다는 의미에서 보면 단면상세도에 해당한다. 쉽게 말해 입면도를 제외한 모든 도면은 작성원리로 보면 모두 단면도에 해당한다. 다만, 건축물의 내·외부를 시공함에 있어 수직으로 절단한 정보를 필요로 할 때의 도면을 수평으로 절단한 도면과 구분하기 위해 정해놓은 약속 하에 단면도라고 표기한다고 이해하면 된다.

그렇다면 단면도를 작성하는 이유 또는 단면도에서 얻어야 할 정보는 무엇일까?

크게 두 가지를 생각해 볼 수 있는데, 첫째는 공간의 수직적 규모와 공간들 사이의 수평, 수직적 관계를 파악하기 위함이고 둘째는 수직으로 절단한 부위가 어떻게 시공되어져야 하는지를 보여주기 위함으로 볼 수 있다.

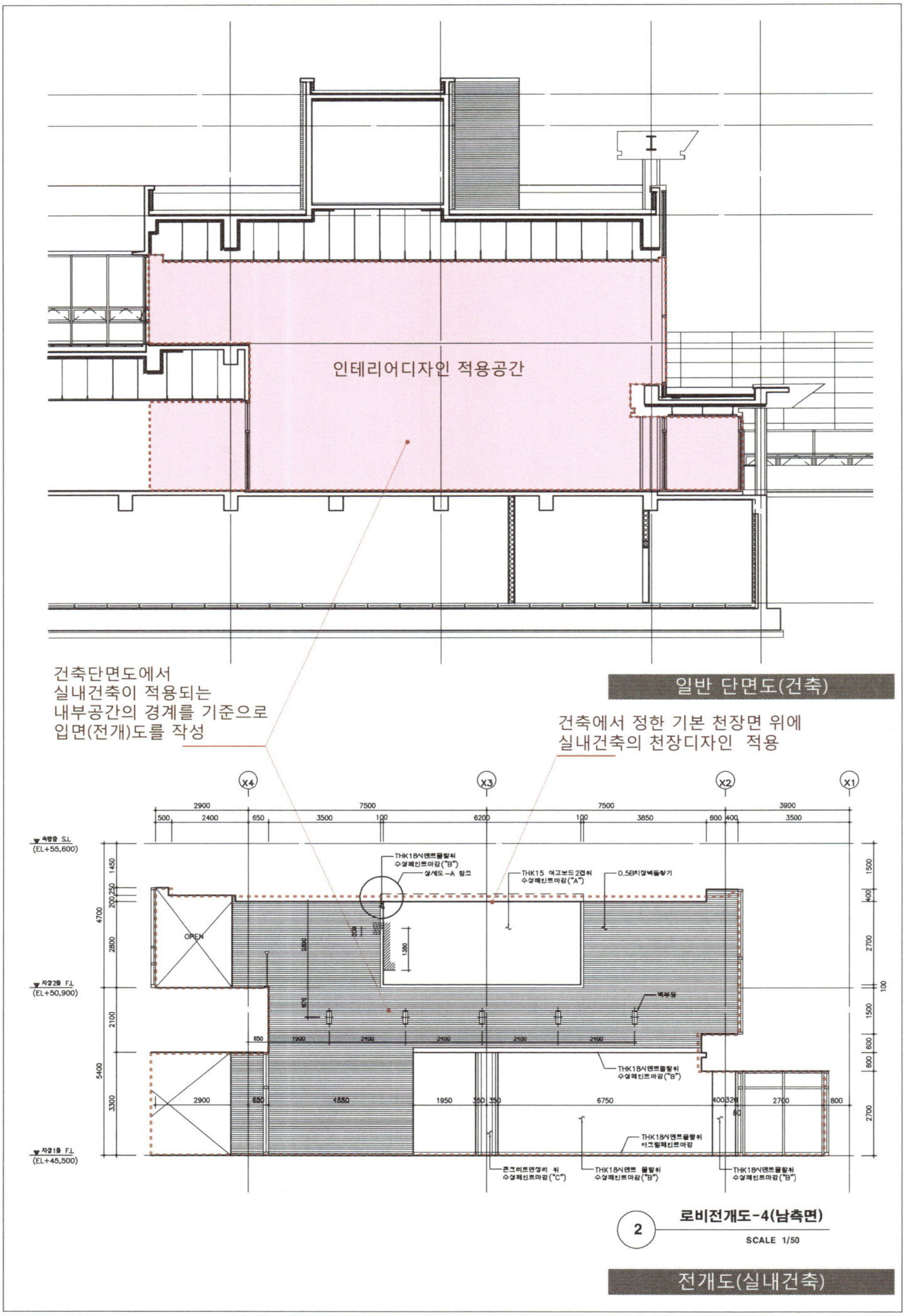

그림81_

내부입면도 표현방법

첫 번째 정보를 얻기 위한 목적으로만 보면 벽체나 천장, 바닥 등의 잘려진 부위에 대한 자세한 시공정보까지 필요로 하지는 않지만, 두 번째 정보를 확인하기 위해서는 잘려진 부위의 시공정보가 해당 스케일에 적합한 방식으로 도면 내에 표현되어져야 한다. 여기서 두 번째 정보에 해당하는 공정의 대부분은 건축시공에서 먼저 진행되고 실내건축은 건축공정이 마무리된 이후의 작업 또는 기존 건축물의 수정, 보완하는 공정으로 진행되므로 실내건축에서는 단위 공간 또는 공간전체의 수직적 정보를 도면으로 표현하는데 있어, 특별한 조건이 아니라면 단면도가 아닌 해당 공간의 입면도(전개도) 방식으로 작성하는 경우가 일반적이다.(그림81 참조) 이는 건축공정의 마무리 또는 완료된 시점에 투입되어 내부 공간을 중심으로 작업이 이루어지는 실내건축공정의 특성상 실내건축 시공에 필요한 정보를 중심으로 도면이 작성되기 때문이며, 이 과정에서 건축이 선 진행한 건축 마

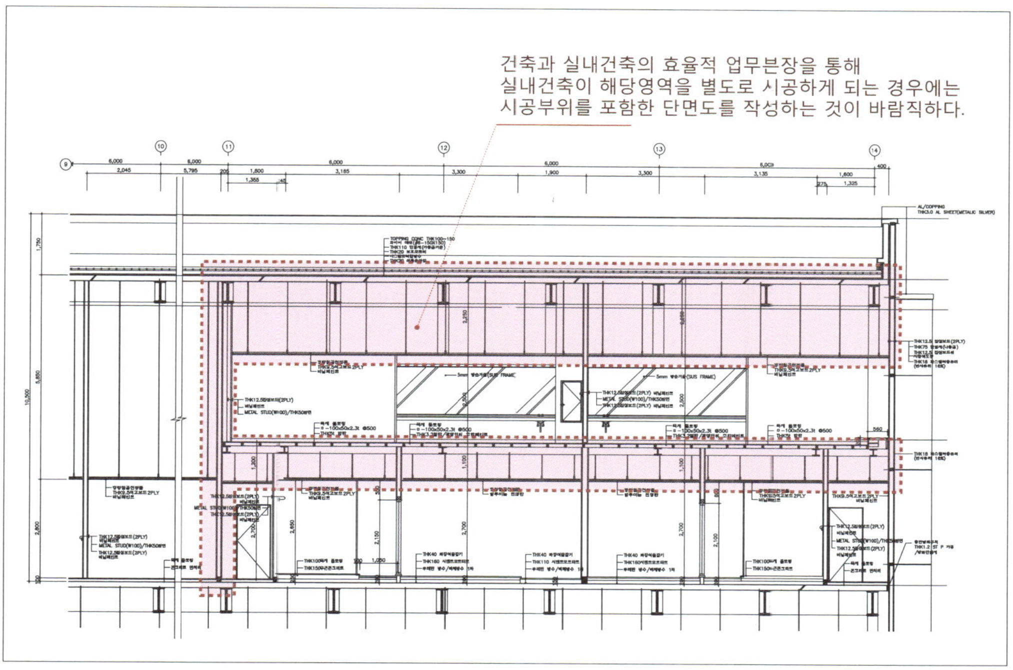

그림81_
내부입면도 표현방법

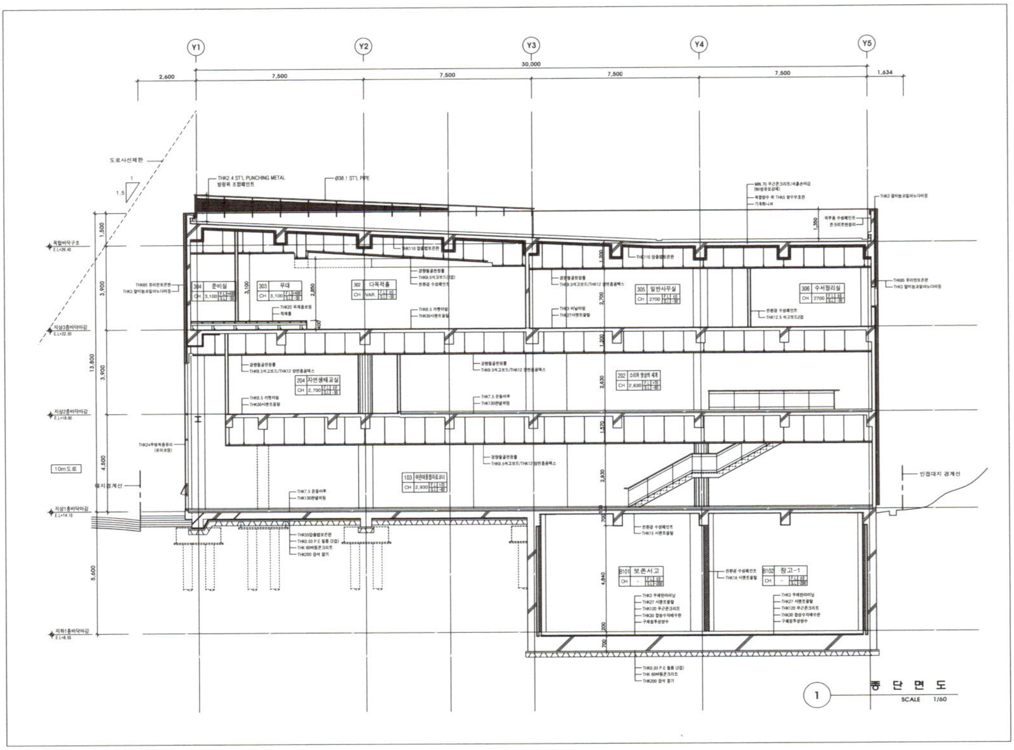

그림83_
건축단면도 사례

감선과의 경계를 기준으로 앞서 설명한 내부입면도(전개도)를 작성하는 방법으로 표현된다. 해당 공정의 시공자들이 필요한 정보에 집중해서 효율적으로 보여주기 위한 도면표현방법이라고 볼 수 있다. [실내건축 공정이 진행되는 동안 선 진행된 건축공정과의 충돌에 따른 해결이 필요한 경우가 발생할 때는 계획과정 내에서 충분히 검증하고 시공에 반영할 수 있도록 도면을 작성할 필요가 있다]

이러한 목적으로 볼 때 인테리어도면에서 건축시공에 필요한 부분까지 표현된 단면도를 작성하는 경우는 거의 없다고 해도 무방하다. 다만, 건축과 협업하여 진행하는 프로젝트에서 실내건축이 해당 부위의 단면을 시공하는 경우이거나, 건축공간의 일부를 수정, 보완하여 실내건축에 반영하여 시공해야 하는 경우라면 이에 상응하는

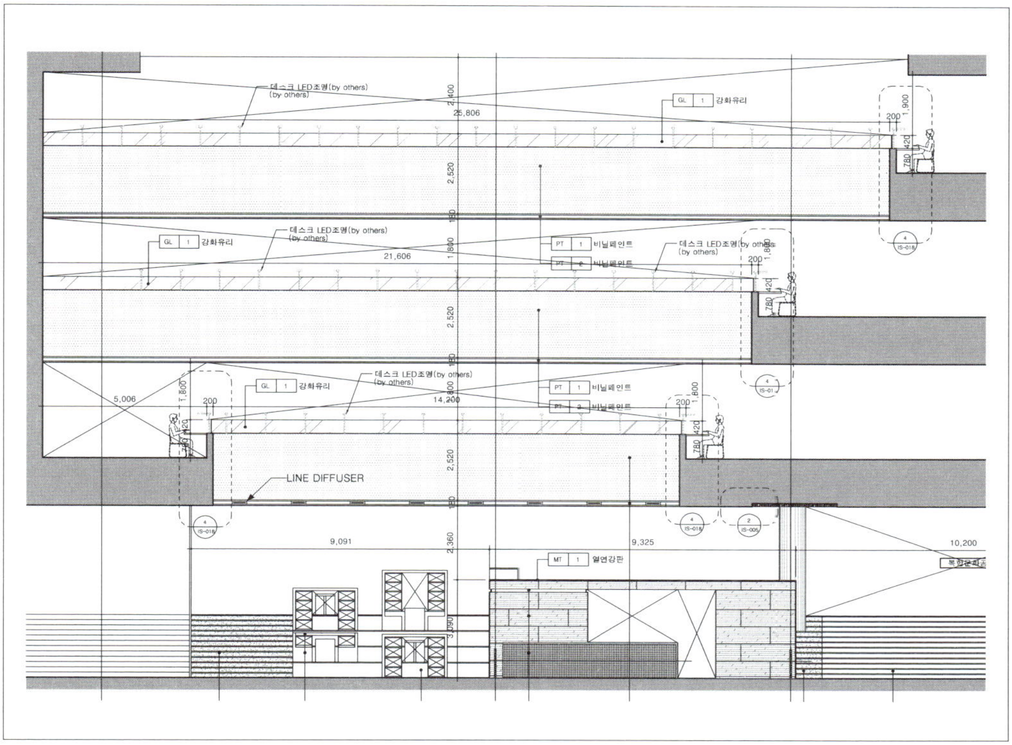

그림84_
입단면도 사례

단면도는 별도로 작성할 필요가 있다.(그림82 참조) [하지만 이 또한 실내건축 공정의 스케일 특성상 전체도면에 표현하는데 한계가 있어 별도의 상세도로 뽑아내 작성하는 방식이 일반적이다]

실내건축 시공과 관련해 기본으로 작성되는 단면도의 종류를 크게 나누어 보면 다음과 같다.

건물(일반) 단면도(Building Section)

건물 전체 또는 공사범위에 해당하는 전체공간을 수직으로 절단한 도면으로 바닥, 벽, 천장, 지붕 등의 기본적인 단면절단 부위 및 공간들이 표현된다. 이러한 건물단면도는 주로 건축에서 이루어지는 공정으로 위에서 언급한 것처럼 실내건축에서는 필요한 경우를 제외하고

는 별도로 작성하는 경우는 거의 없다고 봐도 무방하다. (그림83 참조)

내부 입/단면도(Section/Elevation of Interior Spaces)

앞서 언급한 것처럼 인테리어시공에 필요한 공간의 수직적 정보는 내부입면(전개)도와 필요부위를 확대한 단면상세도로 대부분 표현이 가능하지만, 내부 공간들 사이의 상관관계를 고려해 하나의 도면 안에 이러한 공간들을 한꺼번에 표현하거나 할애된 도면시트의 스케일에 맞춰 수평 또는 수직으로 인접한 공간들을 한 번에 작성하는 경우에는 건축단면도처럼 잘려진 필요 단면부위를 함께 표현하기도 한다.(그림84 참조)

여기서 건축에서 선 시공된 기존 바닥판이나 벽체의 구조, 건축물의 기초 등 건축시공에 관련된 단면부위까지 자세히 표현할 필요는 없으나 신규벽체조성, 기존벽체의 추가단열 및 마감, 바닥레벨의 변화, 벽에 부착되는 가구나 집기, 천장디자인 등 기존 건축시공부위와 맞물려 인테리어시공이 혼재되어 있을 경우의 단면 부위는 스케일에 맞게 작성하는 것이 바람직하다. 해당 스케일로 표현에 한계가 있을 경우 특정부위를 확대해 상세도로 별도 작성하게 된다.

단면 상세도(Detail Sections)

벽체, 바닥, 천장, 계단, 창호, 가구, 난간 등 일반적인 축척의 도면으로는 상세한 시공정보를 담기가 불가능하다고 판단되는 경우, 1/20~1/5정도의 스케일로 확대해 절단한 상세도를 별도로 작성하게 된다.

개략적으로 종류를 살펴보면 다음과 같다.

1. 벽체 단면상세도
2. 바닥 단면상세도

3. 천장 단면상세도
4. 계단 단면상세도
5. 가구 및 집기 단면상세도
6. 기타 필요한 각종 단면상세도(기둥, 난간, 조명, 창호, 몰딩 등)

분류상 절단한 부위를 표현한 도면이므로 원리로 보면 단면도에 속한다고 볼 수 있으나 큰 범주에서 보면 상세드 안에 다시 상세 평면도, 상세 단면도, 상세 입면도 등을 묶어 정리되는 것이 일반적이므로 이에 대한 자세한 내용은 5장에서 자세히 다루기로 하자.

3. 기타 설비 도면에 대한 이해

공간 내 설비에 관련된 도면은 인테리어 디자이너 외에 별도의 전문성을 지닌 설비전문가들에 의해 작성되어지는 도면이므로 별도의 외주작업을 통해 작업이 이루어지게 된다. 이러한 협력 과정에서 인테리어 디자이너는 공간의 디자인, 기능, 현장의 상황, 클라이언트의 요구사항 등을 설비전문가에게 정확히 전달해야 하며 작성된 설비도면을 토대로 서로간의 협의 과정을 거치는 중재자의 역할을 담당하게 된다. [전기, 소방, 기계 관련 설비분야는 학문적으로든 기술적으로든 각각의 전문성을 요구하는 독립된 분야이므로 인테리어 디자이너가 이러한 각종 설비관련 지식이나 도면을 정확히 이해하고 해독?하는데는 한계가 있으므로 설계과정이나 현장시공 과정에서 충분한 협의와 확인과정을 거쳐 적용하는 것이 바람직하다]

이 장에서 설비 관련 지식의 방대한 내용을 모두 다루는 데는 한계가 있으며 인테리어 분야에서는 그에 대한 전문성이 부족한 것이 현실이므로 개괄적인 이해를 돕는 정도로 설비관련 도면들을 크게 분류해 보면 다음과 같다.

전기, 통신설비 도면

전기도면은 전력과 관계된 일체의 설비장치에 대한 도면으로 전등설비에서 전열설비, 전력설비, 통신 및 방송설비 등과 이들을 결속시키기 위한 배관과 배선에 대한 내용을 담고 있으며 필요한 경우, 피난에 관련된 소방전기 관련 내용이 포함되기도 한다.(그림85 참조)

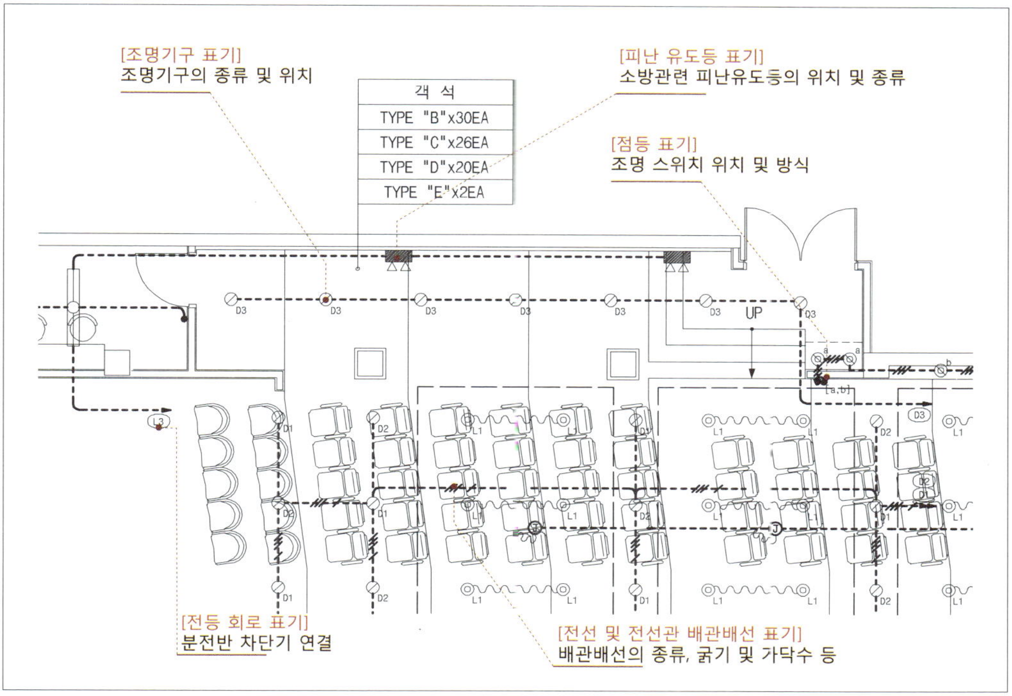

그림85_
조명(전등)설비도면 부분 사례

큰 규모의 프로젝트에 비해 상대적으로 복잡하지 않은 주거공간이나 단위공간과 같은 작은 프로젝트들은 위 내용들을 모두 담을 필요가 없으므로 간략하게 조명과 전력, 배선 등을 한 도면에 표현하기도 하며, 프로젝트의 구모가 커지고 필요한 설비들이 늘어날 때는 각각의 특성별로 여러 장의 도면에 나누어 표현하게 된다.

시설 별로 요구조건에 따라 차이가 나긴 하지만 크게 분류해 보면 다음의 도면들로 정리해 볼 수 있다.

- 전기설비도면
  - 전력 및 전열설비 도면
  - 조명설비 도면
  - 조명기구 상세도면

- 통신설비도면
  - 방송설비 도면
  - CCTV(Closed Circuit Television)도면
  - CATV(Community Antenna Television)설비 도면

기계설비 도면

위에서 언급한 전기설비를 인체의 혈관에 비유한다면 기계설비는 인체의 심장, 폐, 소화기관 등의 장기(臟器)로 비유해 볼 수 있다. 이렇게 보면 공간이 숨을 쉬고 일정온도를 유지하기 위해서는 공조(Air Circulating)와 냉난방 설비, 물을 공급하고 배수하기 위한 상·하수 설비와 위생설비, 각종 제어설비 등을 필요로 한다.(그림86 참조)

특히, 다중이 이용하는 대규모 공간에서는 이러한 설비에 대한 체계적인 시뮬레이션과 분석을 통한 전문적인 작업이 요구된다. 이러한 기계 설비를 위한 도면 역시 인테리어 디자이너는 전문성이 부족하므로 이 분야의 전문가에게 별도로 작업을 의뢰해 협업을 통해 도면을 납품받는 형식을 취하게 된다.

공간의 기능에 필요한 기계설비 도면을 개략적으로 분류해 보면 다음과 같다.

- 공조설비도면
  - 공조배관 평면도
  - 샤프트 상세도
  - 냉난방 관련도면
  - 각종 공조장비관련 도면
- 배관설비도면
  - 상·하수 및 위생배관 관련 도면

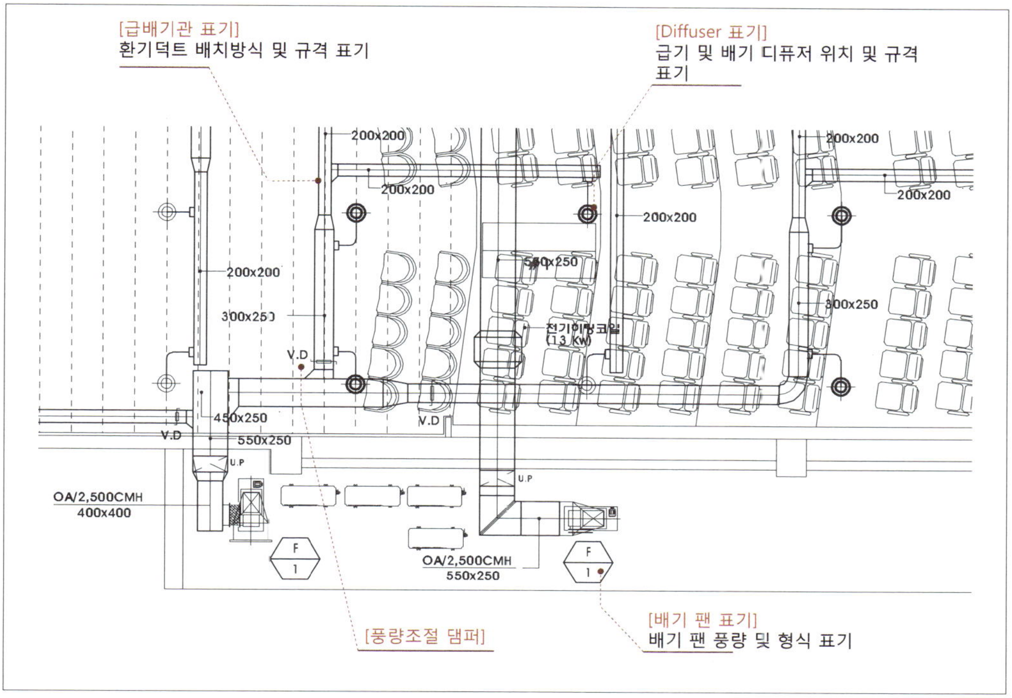

그림86_
공조배관 평면도 부분 사례

소방설비 도면

건축물의 소방 설비는 건축시공과정에서 법적 기준에 충족되도록 필요설비가 이미 설치되어 있으므로 실내건축에서는 기 설치된 설비와 피난 동선, 방화구역 등을 유지하며 설계되고 시공하는 것이 일반적이다. 다만 기존 공간의 용도와 면적, 기능을 변경하는 경우에 기존 소방 설비가 기준을 충족하지 못하는 경우이거나 기존 건축물의 소방 설비가 새로운 법적 기준에 미치지 못하는 경우에는 실내건축에서 별도로 이에 대응할 수 있는 별도의 소방 설비 관련 설계를 필요로 하게 된다. 이는 개구부의 개소와 위치, 적용되는 마감재료, 피난계획, 소화전, 감지기, 스프링클러 등 공간의 디자인에 일정부분 영향을 미칠 수도 있으므로 세심한 주의가 필요한 부분이며, 소방 설비에 대한 전문 자격을 갖춘 설계자를 통해 작성하고 인테리어도면에 적

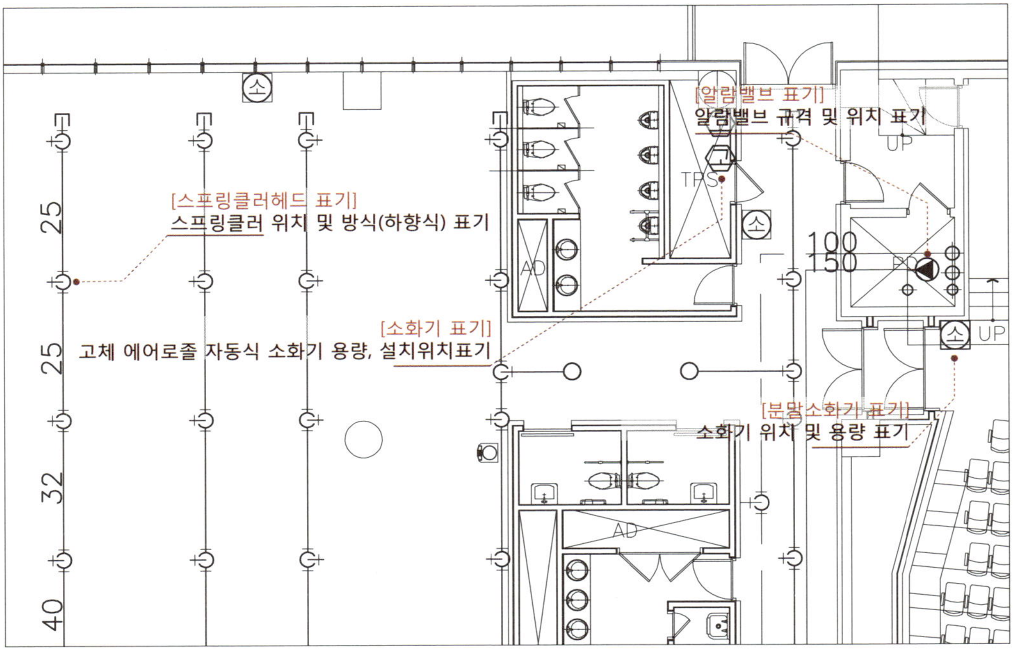

그림87_
소화배관 평면도 부분 사례

용하는 과정을 거쳐야 한다.(그림87 참조)

소방 설비에 관련된 도면을 개략적으로 분류해 보면 다음과 같다.

- 기계 소방 설비도면
  - 소화배관 계통도
  - 소화배관 평면도
  - 소화설비 상세도
- 전기 소방 설비도면
  - 화재탐지설비 계통도
  - 화재탐지설비 평면도
  - 유도등 평면도
  - 소방설비 상세도

상세도에 대한 이해

V.

1. 상세도 들여다보기
2. 부위별 상세도 이해하기

마지막으로 설명하는 상세도는 이 장 안에서 모든 것을 설명하기 불가능할 정도로 방대하다. 디자이너의 의도나 요구되는 완성도, 현장의 상황, 필요설비, 시공자의 기술력과 노하우, 시대변화에 따르는 새로운 신소재의 개발 및 적용방법에 따라 무한증식과 변화, 진화가 가능한 도면이기 때문이다.

시공에 필요한 상세도 없이 지금까지 설명한 기본적인 도면들만 가지고도 시공이 이루어지는 현장이 실제로도 적지 않으며, 이러한 경우 대부분의 시공완성도와 마감방법은 현장의 설계관리책임자와 시공기술자 간의 '즉문즉답' 또는 설계사무소의 피드백을 거친 협의과정을 거쳐 진행되는 경우가 일반적이다. 비교적 규모가 작고 공정이 일반적인 작업범위를 넘지 않는 간단한 시공 현장이라면 이런 방식으로 공정을 진행할 수도 있겠지만 [시공방법도 시공자의 노하우와 실력, 주어진 현장의 여건에 따라 제각각 다를 수 있으니 모로 가도 서울만 가면 된다는 식이다. 이 경우 설계의도와 다른 결과물이 도출될 수도 있으며 체계적이지 못한 현장진행으로 인해 소모적인 '재시공'으로 이어질 수도 있다. 이는 설계자와 시공자간, 또는 클라이언트와 서로 책임을 회피하게 되는 분쟁소지의 빌미가 될 수도 있다] 설계자의 의도나 클라이언트의 요구사항이 명확히 전달되어 정해진 방식으로 공사가 이루어져야 하는 시공 현장이라면 정확한 시공을 위해 상세도는 필수사항이다. 이는 시공과 관련해 발생할 수 있는 책임유무를 명확히 할 수 있고 공간의 디자인 완성도를 끌어올리는 '화룡점정(畵龍點睛)'이 되기도 한다.

특별한 마감 재료 적용에 대한 시공방법이나 새로운 디자인의 완성도를 끌어올리기 위해 작성하는 상세도는 해당 공간을 디자인한 디자이너의 고유한 해결책으로 남길 수밖에 없으며, 여기에 소개하는 상세도에 대한 간략한 분류와 도면들은 실내건축의 일반적인 범주에서 적용되는 시공 상세도 사례 정도로 이해하고 이에 대한 응용이나 새로운 디테일은 지속적으로 기술의 발전과 함께 디자이너가 개발해야 할 숙제로 봐야 할 것이다.

1. 상세도 들여다보기

상세도의 목적

개론적인 이야기부터 해보자.

일반적으로 분야를 막론하고 디자이너가 자신의 디자인을 성공적으로 실현하기 위해서는 공간전체를 보는 '큰 눈'과 돋보기로 뜯어보는 '작은 눈'을 동시에 가져야 한다. [숲으로 비유하면 숲 전체의 형태와 크기도 가늠해야 하지만 나무 한 가지에 달린 잎사귀 문양까지도 같이 생각해야 하는 이치와 같다] 디자이너는 이 두 가지 시각을 양 손에 쥐고 디자인 과정 전반을 컨트롤해 나가야 하며 이를 현실화(시공)하기 위한 구체적 실행방안 또한 자세하게 설명되어져야지만 결과물의 완성도를 높일 수 있다. 돋브기를 버린 채로 크로키나 스케치만 던져주게 되면 그 사이의 보이지 않는 생략된 여백은 제작자(시공자)의 상상력으로 메울 수밖에 없게 되고 그 결과에 대한 책임은 고스란히 디자이너가 떠맡아야 될 수도 있기 때문이다.

상세도의 목적은 이 때 필요한 숨어있는 디테일의 정밀묘사로 비유해 볼 수 있다.

일반적으로 실내건축의 상세도는 현장에서 특정부위의 시공을 어떻게 해야 하는지를 설명하기 위한 목적으로 작성한다. 하지만 대부분의 표준화된 시공프로세스가 정해져 있는 경우라면 디자이너의 입장에서 굳이 표준상세도를 작성하는데 반복된 에너지 낭비를 할 필요가 있을까? 굳이 그럴 필요까지 없다면 디자이너의 입장에서 상세도를 작성하는 보다 근본적인 관점은 무엇이 되어야 할까?

실내건축은 건축이나 토목에 비해 규모와 성격으로 볼 때 디자인 요소들이 아주 세세한 구석까지 표현되어야 하고 이런 작은 요소와 부분들의 합이 공간의 최종 품질에 큰 영향을 미치는 작업이다. 그래서 아주 작은 부분이라도 의도와 다르게 시공되는 경우가 발생하면 디자인에 치명적인 결함이 되기도 한다. 이러한 작은 부분을 현장에서 놓치지 않고 '디자인 의도를 최대한 자세히 설명할 목적'으로 작성하는 것이 상세도의 근본 목적이다.

"God is in the details."

근대건축의 거장 중 한명인 미스 반 데어 로어(Mies van der Rohe)는 위와 같은 문장으로 디테일의 중요성을 강조했다. 상대적으로 건축보다 더 미시적인 부분까지 처리해야 하는 분야가 실내건축이라고 보면 아무리 강조해도 지나침이 없을 정도로 중요한 도면이 상세도이다.

상세도가 필요한 곳

공간은 기본적으로 바닥, 벽, 천장, 개구부, 계단, 가구, 집기 등을 통해 완전한 모습이 갖추어진다. 그러므로 공간을 구성하는 요소별로 상세도를 작성하고 도면집에 분류해 정리하는 방법이 일반적이다. 순서는 바뀔 수 있으나 요소별로 상세도를 정리해보면 아래와 같다.

- 바닥 상세도(Floor)
- 벽체 상세도(Wall)
- 천장 상세도(Ceiling)
- 창호 상세도(Door & Window)
- 계단 및 난간상세도(Stair & Handrail)
- 가구 및 집기상세도(Furniture & Equipment)
- 기타 상세도

위의 정리는 공간을 구성하는데 기본적으로 갖추어야 하는 요소들의 편의상 분류이며 지금까지 설명한 기본적인 축척 이하의 도면만으로 어떻게 시공해야 하는지에 대한 파악이 어려운, 상세한 정보가 필요한 곳은 모두 상세도가 필요하다고 보면 된다.

2. 부위별 상세도 이해하기

바닥 상세도

인테리어 시공공정에서 바닥 마감공사는 건축에서 바닥 구조나 기본마감이 마무리된 바탕 위에 시공하는 경우와, 새로이 층이나 레벨을 형성하기 위해 바닥 구조를 신설하는 경우로 크게 나누어 볼 수 있다. 이는 다시 마감재의 종류, 바닥마감의 기능, 난방, 배수, 방수 등의 필요성에 따라 세분화된다. 또한 바닥과 바닥 사이의 재료분리방법, 바닥 단 차이에 따른 마무리처리, 바닥과 벽이 만나는 부위의 몰딩처리 방법까지 도면에서 상세히 다루어져 있어야 현장에서 임의대로 시공하는 실수를 줄이고 최종 디자인의 완성도를 끌어올릴 수 있으므로 바닥에 관련한 상세도를 작성할 시에 바닥과 관련된 디자인 의도가 있는 부위는 모두 표현해 주는 것이 바람직하다.

흔히 현장에서 시공되어는 바닥마감 상세도를 마감재 별로 나누어 알아보자.

마감재 별 바닥 상세도

A. 기존 건축 슬래브 위 PVC 타일(비닐타일) 시공

업무 공간, 판매 공간, 학교 등 비교적 기능에 충실한 인테리어 시공현장에서 주로 사용되는 염화비닐 수지를 원료로 한 바닥 마감재로 다양한 색상, 패턴, 질감으로 선택의 폭이 다양하며, 기존 바닥 마감 상태에 따라 바탕공정이 추가, 생략될 수 있다. 내구성이 뛰어난 고가의 제품이 생산되기도 하나 일반적으로는 비용 면에서 비교적 경제적으로 시공이 가능한 바닥마감재 사례라고 볼 수 있다.

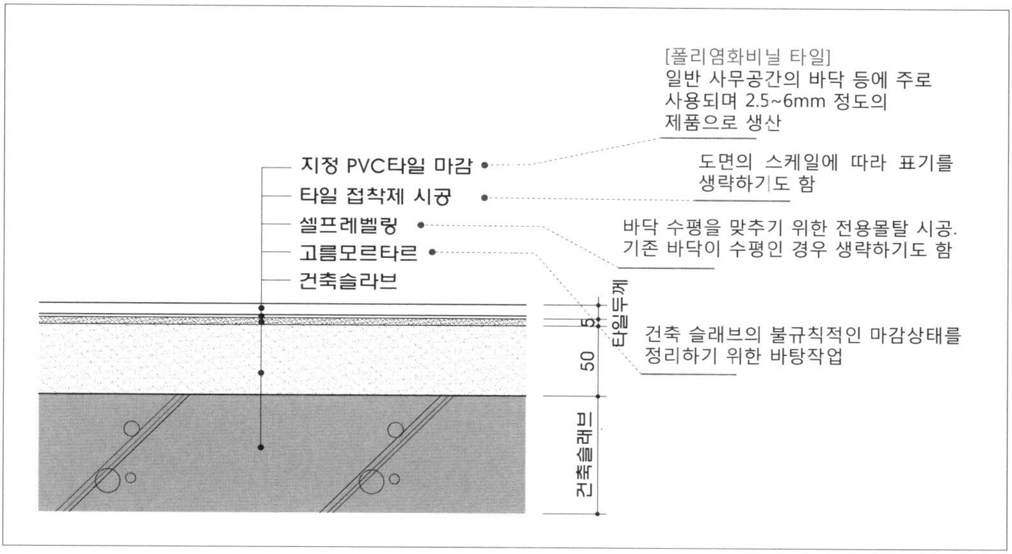

그림88_
PVC 타일 시공 상세도 사례

B. 기존 건축 슬래브 위 타일 시공

타일은 위에서 설명한 수지계열의 PVC타일을 포함해 점토를 구워 생산하는 자기질타일과 도기질타일, 석재를 가공한 석재타일, 세라믹 타일 등 조각의 형태로 생산되고 시공되는 모든 마감재로 정의하는 것이 바람직하나, 인테리어 공사현장에서 흔히 타일이라고 지칭할 때는 PVC타일을 제외한 나머지 종류들을 PVC타일과 구분해 타일이라고 통용해 부르고 있다.

아래의 사례는 방수층을 필요로 하는 공간의 타일시공 상세도면으로 현장의 상황에 따라 시공방법의 차이가 있을 수 있다.

C. 기존 건축 슬래브 위 석재 시공

인테리어 바닥공사에 주로 사용되는 석재는 화강석, 대리석 등이 있으며, 다른 바닥재에 비해 상대적으로 재료의 단가나 시공이 까다로워 공간의 성격과 가치를 충분히 고려해 적용하는 마감재에 속한다. 특히 바닥의 강도를 유지하기 위해 사용되는 석판의 두께가 보통

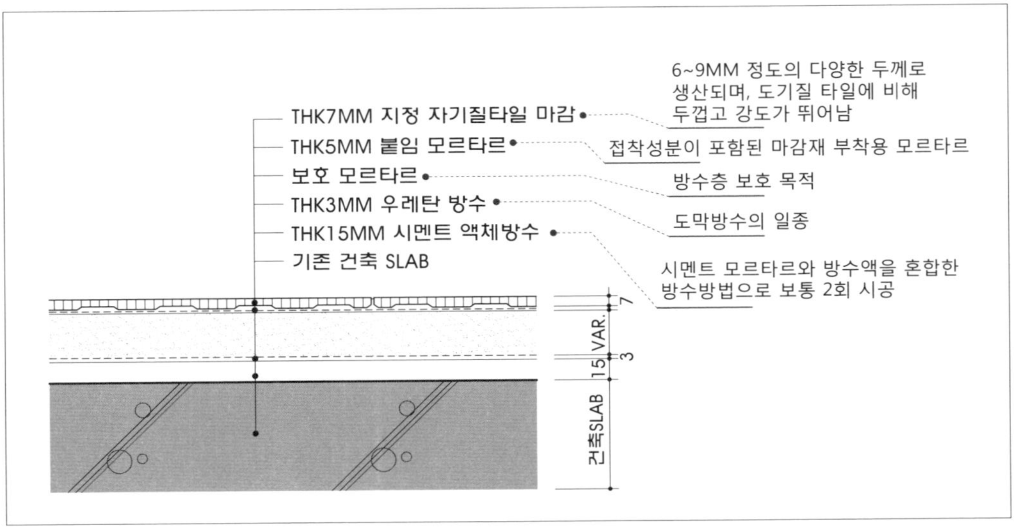

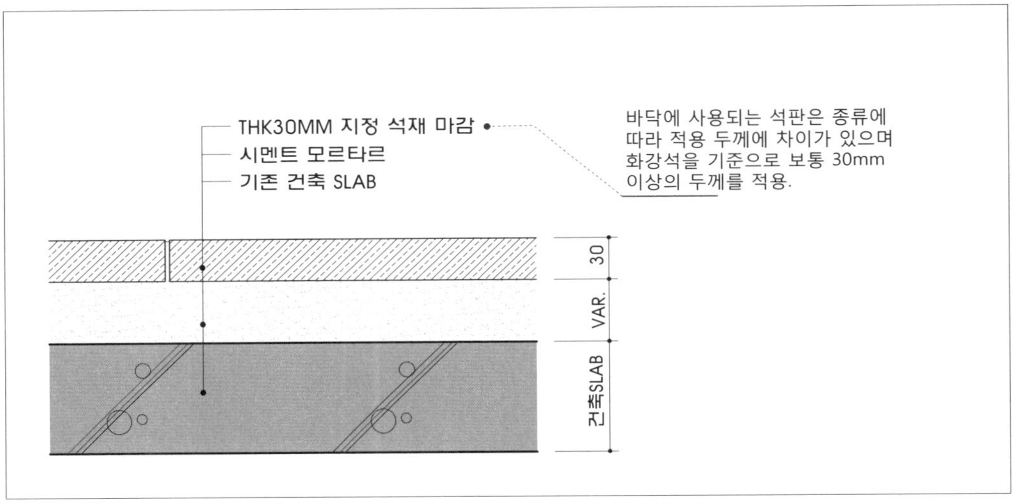

그림89_ 위
자기질 타일 시공 상세도 사례
그림90_ 아래
석재 바닥 습식시공 상세도 사례

30mm, 대리석을 기준으로 30~40mm 정도가 되다 보니 바탕작업(시멘트 모르타르)의 두께까지 합산한 바닥의 마감높이를 감안하여 연결되는 공간들 사이의 단 차이나 공간의 전체높이를 계산할 필요가 있다.

다른 바닥마감재들이 대부분 반제품화되어 나오는데 비해 석재는 주문방식에 따라 마감면을 다양하게 처리할 수 있어 기능이나 시각적인 효과를 함께 고려할 수 있는 장점을 지니고 있다.

석재를 이용한 벽체공사는 건식, 반건식, 습식 등의 다양한 시공방법을 적용할 수 있는 반면, 바닥공사에서는 바닥의 배선이나 설비 등 특별한 기능으로 인해 일정 두께의 비어있는 공간을 요하는 경우를 제외하면 대부분 습식시공방법을 적용하므로 작업시간과 양생에 따른 공사기간을 파악하고 설계해야 한다.

D. 기존 건축 슬래브 위 마루 시공

바닥마감에 사용되는 마루를 단순하게 나누면 '순수한 나무인가 아닌가?'로 볼 수 있다.

산업용 제품을 생산할 수 없었던 조선시대가 아닌 이상 일반적인 내부공간에 100% 순수원목을 재단해 바닥을 마감한 공간을 찾아보기 쉽지 않은 시대가 되었다. 심미적 이유나 공간의 기능으로 인한 필요성이 없다면 원재료 비용이나 재료를 다루는 난이도, 시공의 까다로움, 유지관리 등을 고려할 때 그다지 효율적인 방법은 아니기 때문이다.

이러한 이유들로 인해 재료의 비용은 낮추되 시공은 편리하고 나무의 천연질감은 느낄 수 있는 새로운 기술들이 지속적으로 개발되었다. 원목은 비싸므로 나무는 아니지만 나무처럼 보이는 제품(강화마루, 강마루), (그림91, 92 참조) 또는 원목을 경제적으로 사용하기 위해 원목의 일부를 가공해 좀 더 효율적이고 합리적으로 나무를 사용하는 제품(합판마루, 원목마루) 등이 시대의 기술력과 맞물려 지속적으로 양산되고, 이는 비용이나 시공에 있어 원목보다 유리한 점이 많아 현재의 대다수 내부공간에는 가공된 마루제품들이 일반적으로 사용되고 있다. [물론 체육관이나 강당처럼 공간의 사용목적에 따라 순수 원목만으로 재단된 마루를 시공하는 방법이 합리적인 경우도 있다]

시장에서 제품으로 생산되는 마루의 종류를 몇 가지로 나누어 보면 재료의 물성에 따라 가격, 시공방법, 특징 등에 차이가 있으며 일반적으로 통용되는 마루 제품의 종류별 특징을 살펴보면 아래와 같다.(표24 참조)

그림91_ 왼쪽 강화마루
그림92_ 오른쪽 합판마루

명칭	제조방식	시공	특징
강화마루	H.D.F(High Density Fiberboard) 위 고강도 무늬목 필름(L.P.M* 또는 H.P.L*)을 입힌 마루 - 저가	- 바탕면 위 방수시트 부착 후 끼워맞춤 방식으로 시공 - 공기가 짧고 시공이 간편함 - 방수 고려 필요	- 마감면 강도 높음 - 오염처리가 용이함 - 열전도율이 떨어짐 - 층간소음 및 보행감 떨어짐 - 습기에 취약(수축,팽창) - 걸레받이가 두꺼움
강마루	내수합판 위 고강도 무늬목 필름(L.P.M* 또는 H.P.L*)을 입힌 마루 - 중가	- 바탕면 위 접착 시공 - 접착 후 경화되기까지 시간 필요	- 마감면 강도 높음 - 열전도율 높음 - 보행감 양호 - 수축변형이 적음 - 철거비용 높음
합판마루	내수합판 위 고강도 천연 무늬목을 입힌 필름 - 중/고가	- 바탕면 위 접착 시공 - 접착 후 경화되기까지 시간 필요	- 열전도율 우수 - 표면 강도 떨어짐 - 유지, 관리 필요(왁싱, 오염제거) - 천연원목 질감 - 보행감 우수 - 철거비용 높음
원목마루	합판 위 원목층(3MM이상)이 부착된 마루 - 고가	- 바탕면 위 접착 시공 - 천연원목 층의 강도를 고려해 시공에 대한 세심한 주의 필요 - 접착 후 경화되기까지 시간 필요	- 열전도율 우수 - 표면강도 떨어짐 - 유지, 관리 주의(왁싱, 오염제거) - 보행감 우수 - 천연원목 질감 - 에이징 효과

*L.P.M : Low Pressure Melamine, *H.P.L : High Pressure Laminate

표24_ 마루 제품별 특징
제품이 일반 명사화되어 시장에 통용되는 명칭으로 학문적 분류에 의한 명칭으로 볼 수 없으며 온돌마루와 합판마루, 원목마루와 우드플로어링 등 시장에서도 다소 호칭에 혼돈의 여지가 있다.

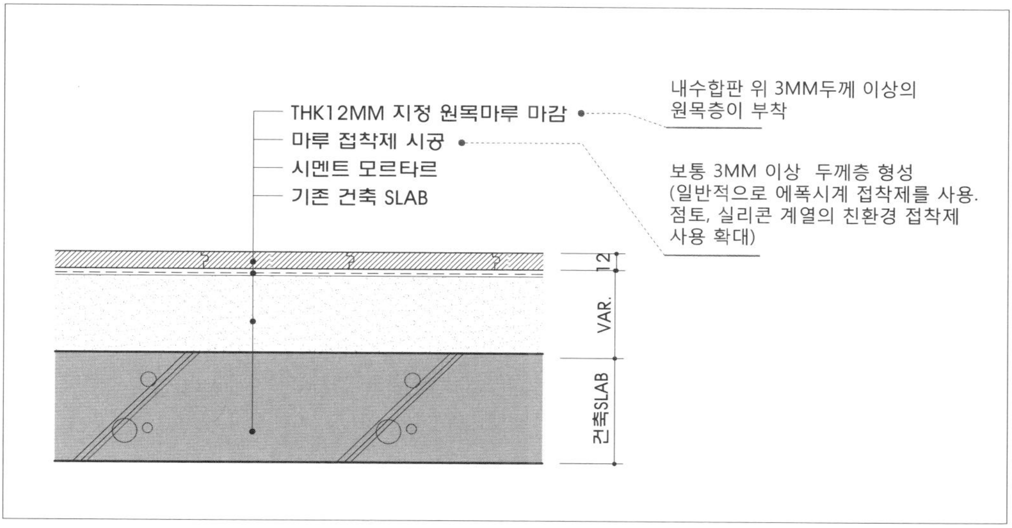

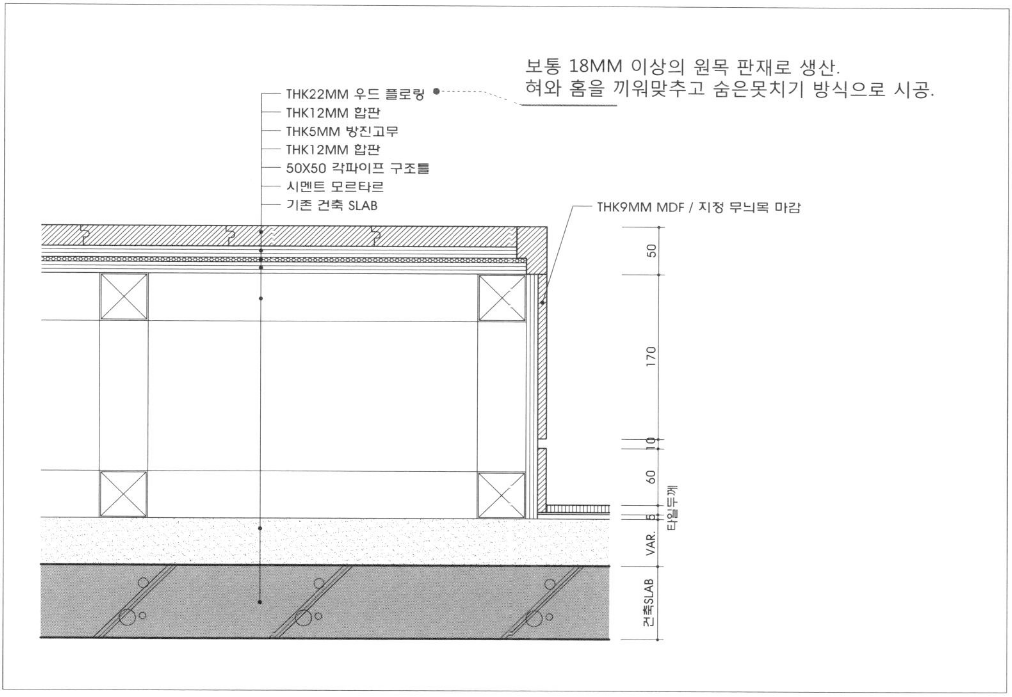

그림93_ 위
바탕면 위 원목마루 접착시공
상세도 사례
그림94_ 아래
구조틀 위 우드플로링 시공 상세도
사례

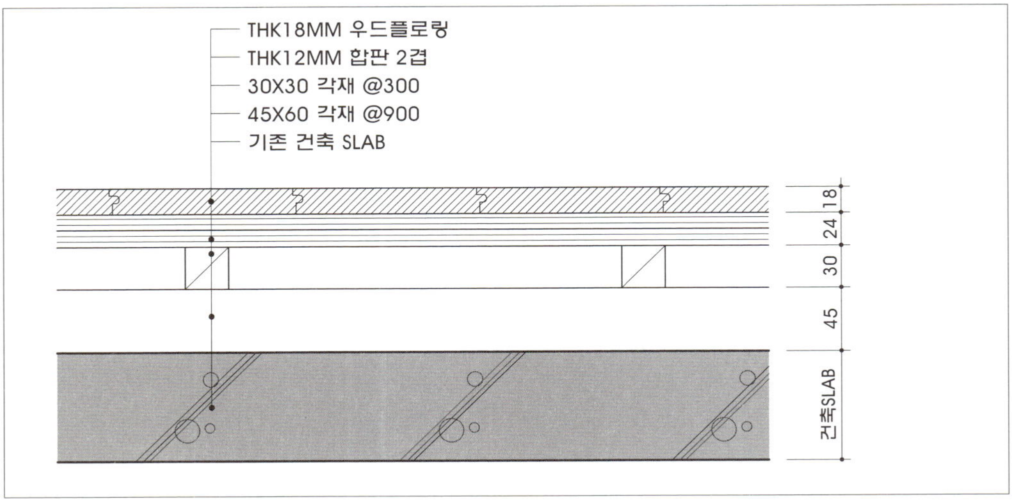

그림95_ 위
구조틀 위 우드플로링 시공 상세도 사례

그림96_ 오른쪽
멀바우, 오크 원목마루 사례

그림97_ 아래
온수 난방 위 온돌마루 시공 상세도 사례

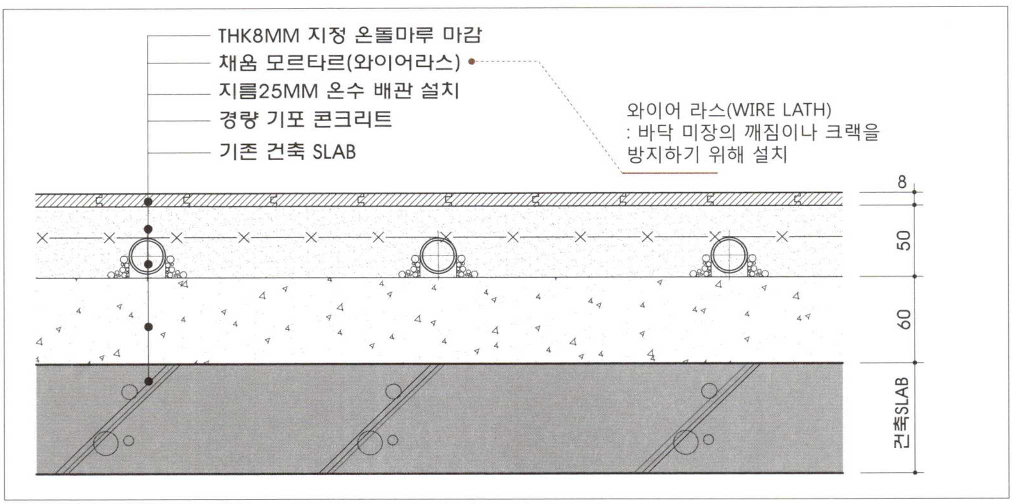

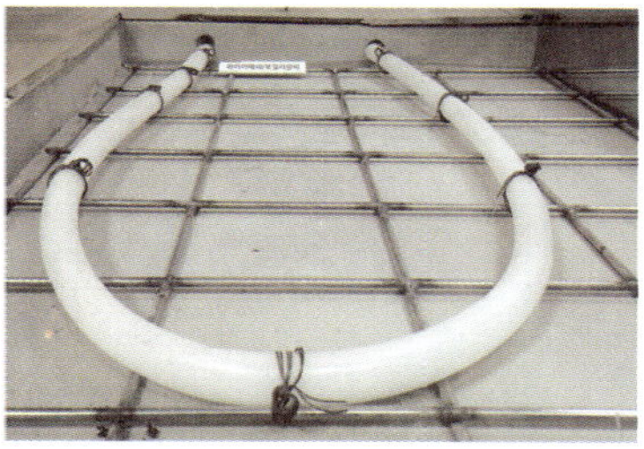

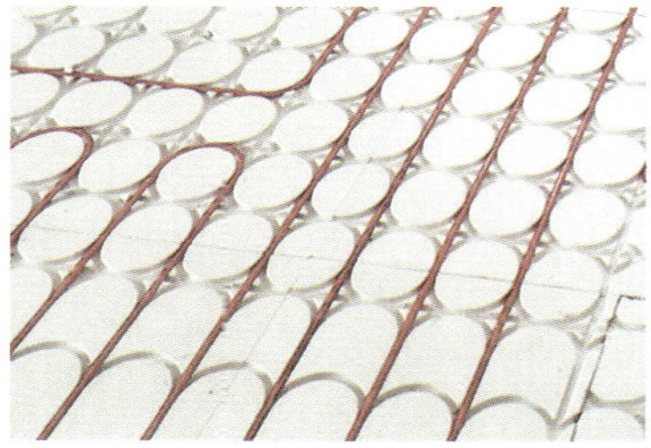

그림98_ 바닥 온수파이프 설치 사례(왼쪽), 건식 바닥난방 시스템 사례(오른쪽)

E. 기존 건축 슬래브 위 카펫(Carpet) 마감

카펫은 생산되는 형태와 시공방법에 따라 크게 롤카펫과 타일카펫으로 나뉜다. 롤카펫(Roll Carpet)은 단어에서 짐작할 수 있는 것처럼 원형으로 말린 일정폭을 지닌 제품으로 장판처럼 펴서 전용 접착제를 도포하여 마감하는 제품이며, 타일카펫은 일반적인 PVC타일처럼 일정 크기의 조각 형태로 카펫 층을 형성한 제품으로 롤카펫에 비해 상대적으로 보행감은 떨어지나 조각 별로 교체가 용이해 유지보수가 편리한 장점이 있다. 롤카펫은 흡음효과를 필요로 하는 극장, 세련된 분위기와 보행감을 고려한 호텔이나 연회장 등에 주로 사용되며 타일카펫은 회의실, 로비 등의 업무공간에 많이 사용된다. 바닥 난방이 일반화되어 있지 않은 유럽의 경우, 주택내부에도 카펫의 우수한 보온성을 고려해 바닥마감재로 많이 사용되고 있다.

F. 에폭시(Epoxy) 바닥마감

내마모성, 내약품성, 바닥의 청결함 등이 필요한 바닥마감에 주로 사용하는 마감방법으로 보통 지하주차장, 실험실, 클린룸, 공장 등의 바닥에 적용되는 경우가 일반적이며 현재는 카페, 레스토랑 등 상업공간의 특별한 분위기 연출을 위해 의도적으로 사용하기도 한다.

시공방법에 따라 에폭시코팅과 에폭시라이닝으로 나누어 부르는 경우가 일반적이며 공정과 최종 피막의 두께의 차이가 있다.

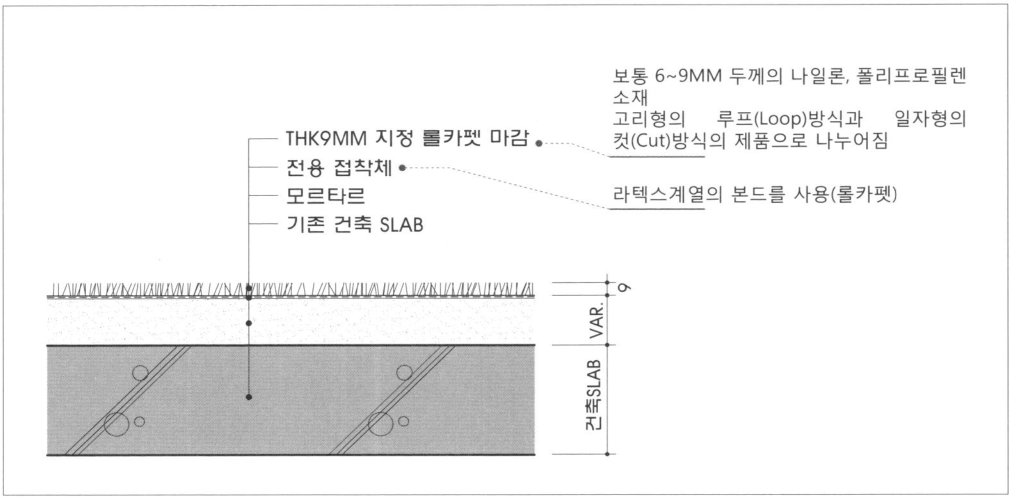

그림99_ 위
롤카펫 시공 상세도 사례

그림99-1_ 오른쪽
(왼쪽) Loop 방식, (오른쪽) Cut 방식

그림100_ 아래
카펫타일(무대바닥) 시공 상세도 사례

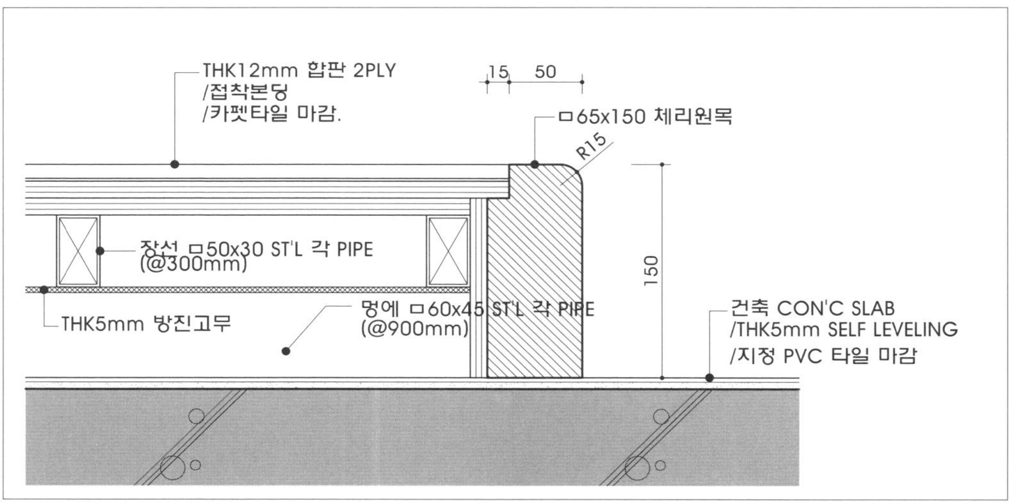

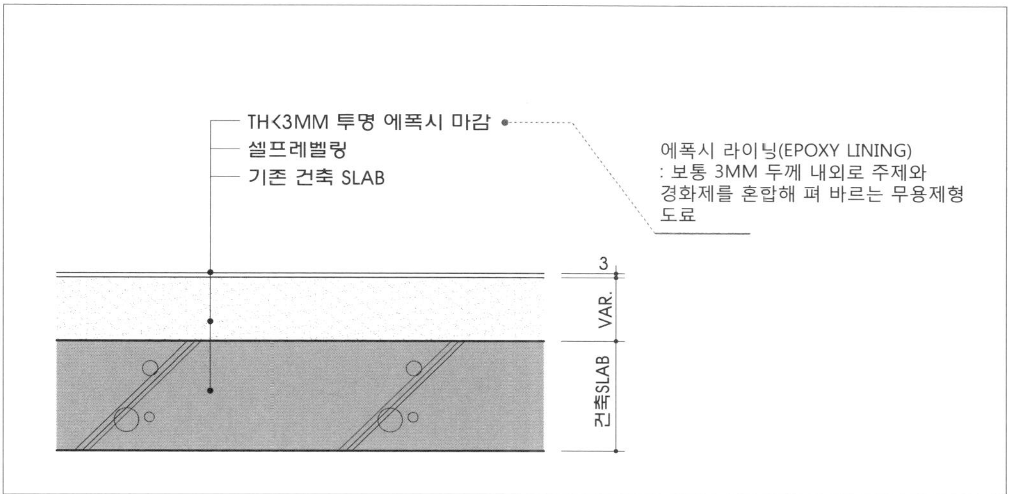

그림101_ 투명 에폭시 바닥마감
상세도 사례

생산되는 제품이나 현장의 상황, 작업자의 노하우에 따라 부분적인 차이는 있으나 일반적으로 에폭시를 이용한 바닥공사 과정을 간략히 살펴보면,

1. 바닥 샌딩, 레이턴스(콘크리트 양생 후 발생할 수 있는 이물질) 제거
2. 바닥용 프라이머 도포: 수평몰탈의 접착력을 높이고 들뜸을 방지
3. 셀프레벨링: 수평몰탈을 이용한 바탕면 작업
4. 에폭시 프라이머: 하도 작업(보통 2회 이상)
5. 에폭시 라이닝(무용제無溶劑) - 두께 2~5MM(3MM권장) 중도 작업
6. 에폭시 코팅 - 최종 코팅을 위한 상도 작업

* 시공방법이나 제품에 따라 공정이나 마감두께에 차이가 있을 수 있음.

** 셀프레벨링을 위한 2,3번의 공정은 기존 바닥을 이용할 시 생략되기도 함.

위의 공정에서 라이닝 공정 없이 얇은 박막(0.2~0.3MM)의 코팅만으로 마무리하기도 하나 라이닝작업이 된 마감상태에 비해 마감면의 품질이나 내구성이 떨어질 수 있다.

G. 액세스 플로어(Access Floor) 마감

업무환경이 급속도로 자동화되는 과정에서 필요에 의해 만들어진 바닥 시스템으로 기존 바닥에서 일정높이를 띄워 새로운 바닥을 형성함으로써 그 사이에 PC, 프린터, 팩스기기 등 각종 전산화 장비들의 배선설계를 보다 효율적으로 처리할 수 있다. 이러한 바닥 시스템은 흔히 먼저 개발된 액세스 플로어와 나중에 개발된 OA(Office Automation) 플로어로 나눌 수 있는데 공간의 성격에 따라 적합한 방식을 선택할 수 있다. 다양한 제품군들이 지속적으로 개발되고 있어 명확히 장단점을 설명하기 쉽지는 않으나 일반적인 구분으로 그 특징을 살펴보면 아래와 같다.(표25 참조)

	Access Floor	OA Floor
용도	- 사무공간, 전산실, 서버실 등의 전산화 장비 등이 설치되는 공간 - 장비의 배선직경이 굵고 고하중의 장비가 적용되는 공간	- 일반적인 오피스 등의 업무공간 - 일반적인 사무자동화 기기 설치공간
마감	- 전도성타일 - 시스템과 일체화	- PVC타일, 카펫타일 등 - 시스템 설치 후 별도시공
높이	보통 100㎜ 이상	보통 50㎜~100㎜
규격	- 610×610(미국형 피트치수) - 600×600(유럽형 미터치수)	- 500×500

표25_
액세스플로어와 OA플로어의 일반적인 특징

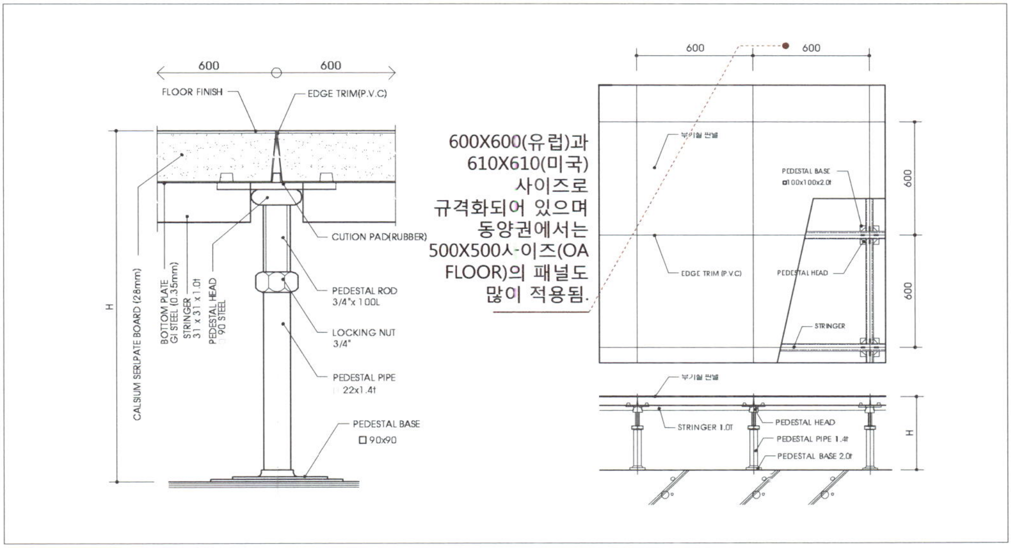

그림102_ 위
엑세스플로어 상세도 사례

그림103_ 오른쪽
엑세스 플로어(Access Floor)(왼쪽),
OA플로어(오른쪽) 사례

H. 바닥마감 재료분리대

공간의 경계, 단 차이, 개구부 경계, 영역의 구분 등 기능과 디자인에 따라 바닥의 마감재가 나누어지는 경우에 이질적인 재료가 만나는 부위의 시공 결함을 방지하거나 마감의 완성도를 높이기 위해 재료 분리대를 설치하게 된다.

재료분리대는 기성제품으로 나오는 몰딩은 PVC 재료분리대부터 여러 종류 금속의 판재, 각재, 판재의 절곡 등을 통해 마감재의 특성과 두께를 커버할 수 있도록 제작되며 재료분리대의 종류에 따라 보강하는 방법 또한 다양하다.

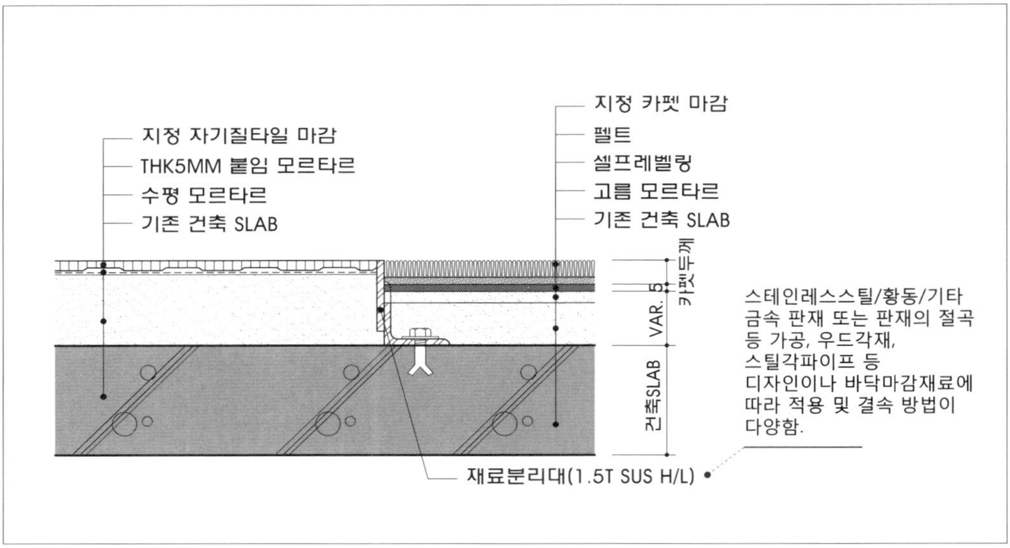

그림104_ 스테인리스 스틸 재료분리대 상세도 사례

벽체 상세도

인테리어 시공공정에서 벽체 마감공사는 크게 두 가지로 볼 수 있다.

첫째는 기존 건축물의 벽체(일반적으로 콘크리트벽체와 조적벽체)가 조성된 바탕 위에서 원하는 디자인의 마감을 얻기 위해 덧붙이는 방식이다. 앞서 언급한 것처럼 건축 공사에서 마감재를 적용하기 전 상태의 벽체는 상당히 거칠며, 평활도, 기울기 등의 오차는 눈으로 보는 것보다 놀랄 만큼 큰 경우도 있다. 건축의 골조가 만들어지고 별도의 마감재가 적용되어 있지 않은 상태에서 인테리어 공정이 투입되면 이러한 오차들을 부분적으로 보완해 가며 마감재를 적용해야 하고 만약 마감재가 적용되어 있는 상태라 할지라도 새로운 디자인의 내부공간을 조성하는 목적을 달성하기 위해서는 기존 마감재를 철거하고 새로이 마감공사를 진행하게 된다.

둘째는 기존에 벽체가 조성되어 있지 않은 공간을 원하는 기능에 부합하도록 새로운 벽체를 조성해야 하는 경우이다. 이 경우는 조성되는 벽체의 단열, 방음, 방수, 방염, 적용하고자 하는 마감재 등을 고려하여 구조틀의 종류를 결정하여 독립적으로 벽체를 세우고 마감공사를 진행하게 된다.

위의 두 가지 분류방식에 따라 현장에서 시공되어지는 벽체 상세도 사례를 예로 들어보자.

기존 벽체 위 마감 상세도

A. 기존벽체 위 석고보드/ 페인트마감

실내공간에서 가장 흔히 적용되는 벽체마감방법 중 하나로 건축골조의 균질하지 못한 마감상태를 가리는 시각적 효과와 기존 벽체와 석고보드 사이공간에 추가되는 각종 배선을 삽입할 수 있는 여유 공간이 되며 필요시 단열재를 충진 함으로써 공간의 단열효과를 높일 수 있는 기능적 효과도 함께 얻을 수 있다. 다만, 하지작업을 할 경우 최종마감까지 대략 50~100MM까지 마감두께를 필요로 하기 때문에 실 면적에 대한 손실이 발생한다. 이를 보완하기 위해 스터드나 목재틀을 적용하지 않고 접착제를 이용해 석고보드를 기존벽체에 바로 접착하여 시공하는 경우도 있으나 벽면의 평활도를 고르게 잡아내기 쉽지 않고 추후 하자발생의 원인이 되기도 한다.

구조틀 위에 작업할 시에도 하자를 최소화하기 위해 석고보드는 엇갈림으로 두 겹 붙이기가 원칙이며 석고보드의 접합부는 조인트 테이프(Drywall Joint Tape)(그림105 참조) 부착 후 퍼팅(그림106 참조), 샌딩, 도색의 순으로 진행된다.

- 현장에서의 석고보드 부착 방법

1. 경량 스터드 위 석고보드 나사못 시공: 가장 일반적인 경량벽체 시공방법으로 일정두께의 스터드(Stud)와 상하부 런너(Runner로 뼈대를 세우고 그 위에 석고보드를 부착하는 방법(그림107-1참조)

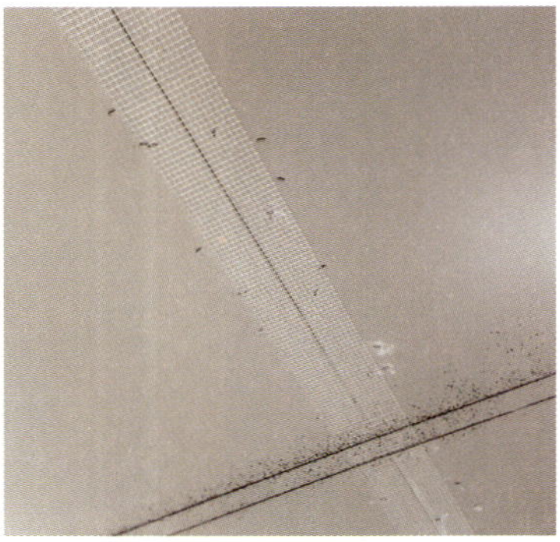

그림105_ 왼쪽 조인트테이프
그림106_ 오른쪽 줄퍼티/올퍼티

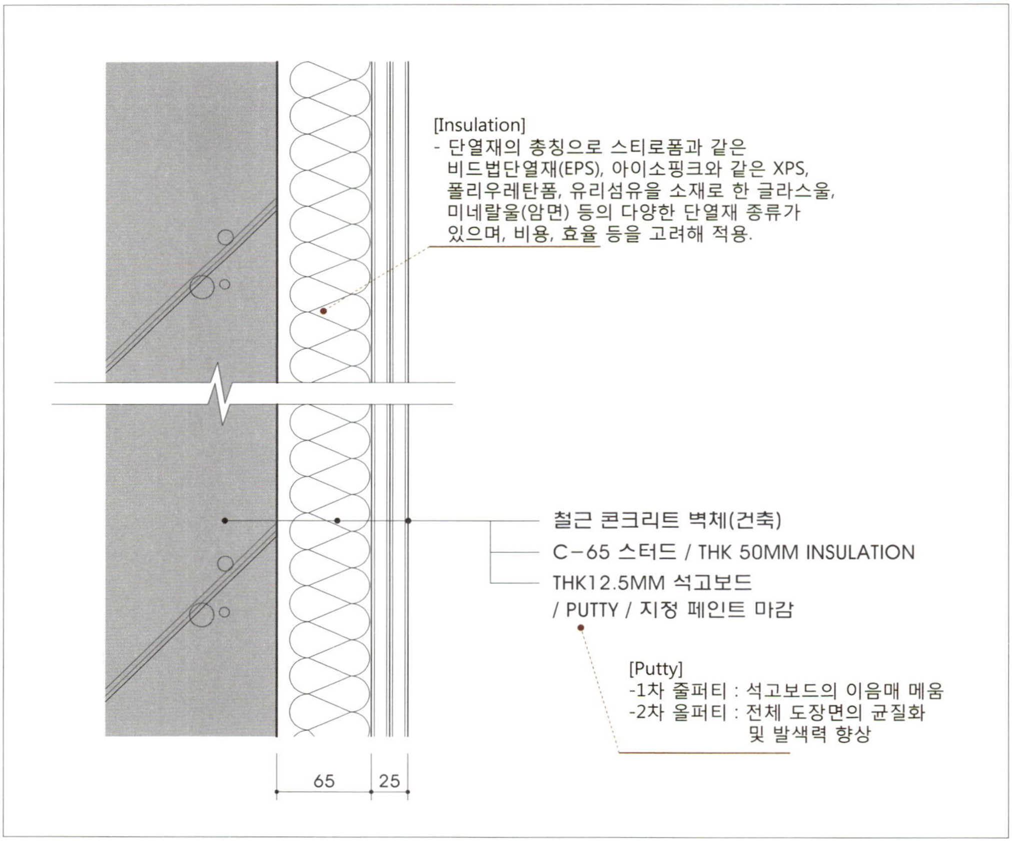

그림107_ 석고보드 위 페인트마감 상세도 사례

그림107-1

그림107-2

그림107-3

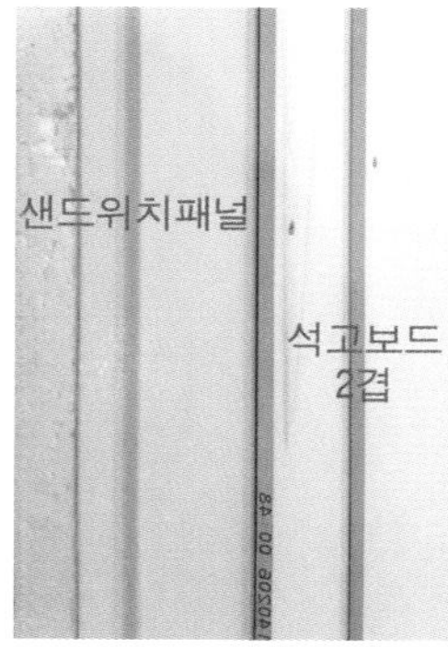

그림107-4

2. 목재 구조틀 위 석고보드 타카핀 시공: 목구조 공사로 벽체 마감을 하는 경우 25~30mm 각재로 틀을 짜고 그 위에 부착하는 방법(그림107-2참조)
3. 조적벽체 위 석고보드 본드 시공: 조적벽체가 조성되어 있는 상태에서 마감두께를 고려해 본드로 석고보드를 부착하는 방법(그림107-3참조)
4. 기성패널 위 석고보드 나사못 시공: 샌드위치 패널 등의 기성 금속패널 위에 바로 석고보드를 나사못으로 부착하는 방법(그림107-4참조)

B. 콘크리트벽체 위 석재 건식시공

내부 공간의 벽체 마감에 석재를 적용하게 되면 가장 고민되는 부분은 마감재의 설치두께로 인해 실 면적이 일부 줄어든다는 점이다. 석재 자체의 적용두께도 최소 20T 이상이지만 석재를 벽면에 부착하기 위한 하드웨어의 폭도 보통 50MM 이상을 차지하므로 대략 70~100MM 정도의 벽면이 돌출된다고 보면, 실 면적에 강한 애착을 지닌 우리나라 사람들 정서로 볼 때 쉽지 않은 마감재 중 하나라고 볼 수 있다.

이러한 마감두께를 최소화하기 위해 습식시공 또는 접착시공 등의 방법도 많이 사용되긴 하나 석재 자체의 하중으로 인해 하자에 대해 어느 정도 부담을 안고 시공해야 한다. 그래서 호텔의 로비, 리셉션 홀 등 상대적으로 공간의 여유가 충분한 곳에 주로 적용된다.(그림108 참조)

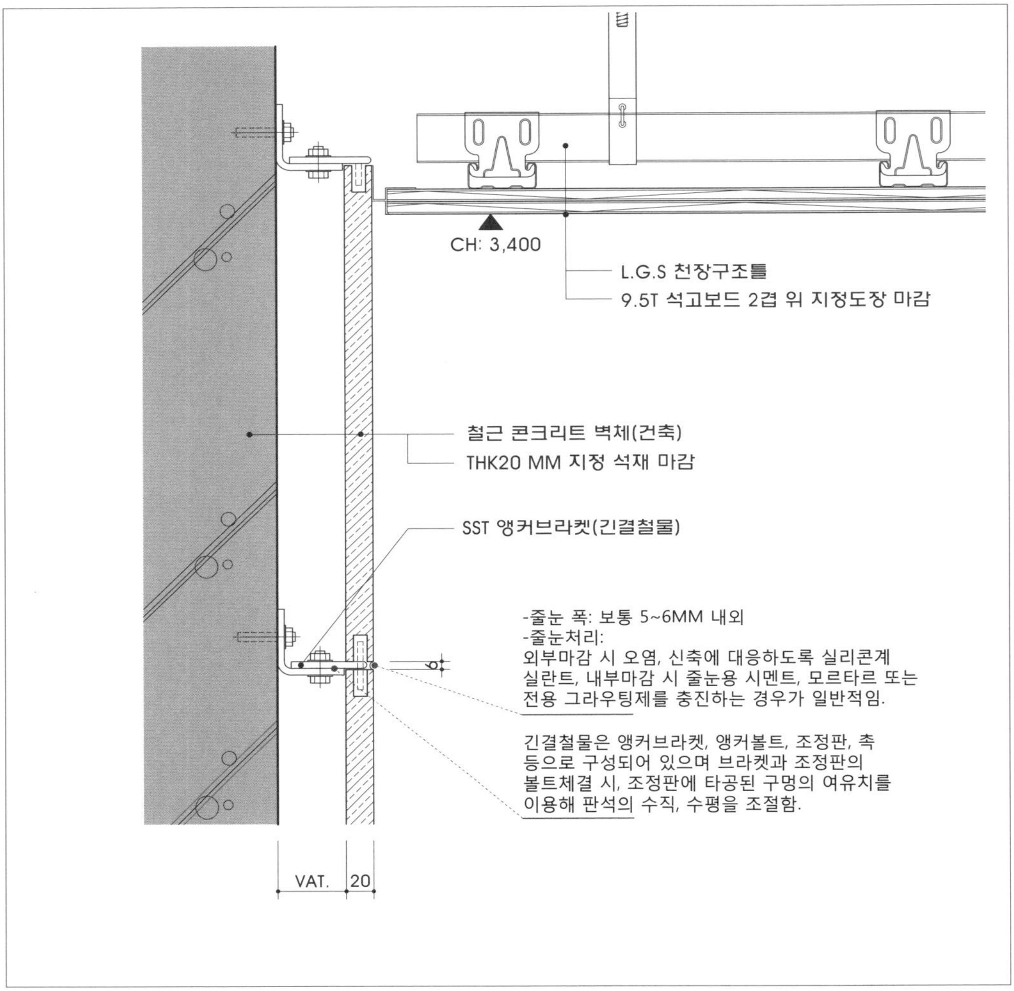

그림108_ 콘크리트 벽체 내부 석재 건식시공 상세도 사례

그림109_ 오른쪽
스테인레스스틸 앵커브라켓(Anchor Bracket) 상세(왼쪽), 석재 습식 시공 사례(오른쪽)

그림110_ 아래
콘크리트 벽체 내부 석재 본드시공 상세도 사례

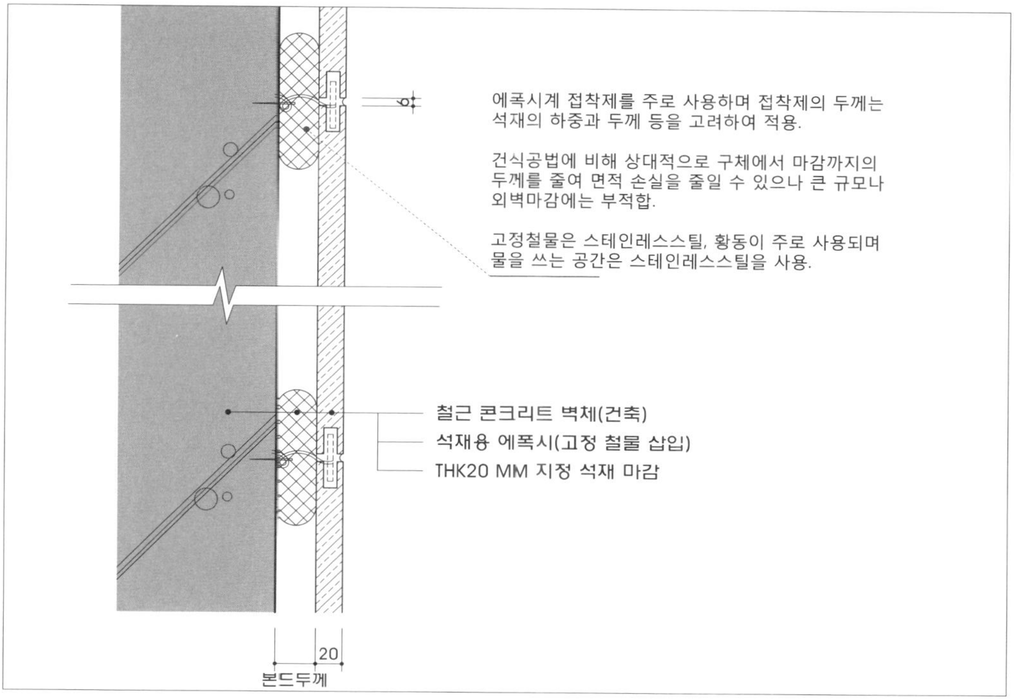

C. 콘크리트벽체 위 석재 본드시공

건축공사에서 벽면에 부착하는 판석재를 습식으로 시공할 경우, 전용 모르타르에 연결철물들을 삽입하여 고정하고 모르타르의 접착력으로 석재를 부착하는 방법이 표준 시공방법이라고 보면 인테리어 공사에서의 벽면석재마감은 양생으로 인한 공기지연 등의 문제로 건식 또는 본드시공 방법을 적용하는 경우가 많다.(그림110 참조)

D. 기존벽체 위 타일 마감

일반적으로 인테리어 도면에서 타일은 자기질, 도기질, 석기질, 세라믹 등의 타일 등을 지칭하는 용어로 사용된다. 바닥(자기질, 석기질)과 벽(자기질, 도기질, 석기질)에 따라 타일의 강도를 고려하여 적용하여야 하며 시공방법 또한 현장의 상황에 적합하게 선택하여야 추후 발생할 수 있는 들뜸, 탈락, 균역 등의 하자를 최소화할 수 있다.

오염이나 물에 대한 내구성이 뛰어나 화장실, 수영장, 주방 등에 많이 사용되고 있으며 장식적 효과로 거실과 침실 등에 포인트 역할을 하기도 한다.

시공방법으로는 크게 떠붙임공법, 압착붙임공법(그림111 참조), 개량압착붙임공법, 밀착공법(동시줄눈붙임공법), 접착공법 등이 있다.(표26 참조)

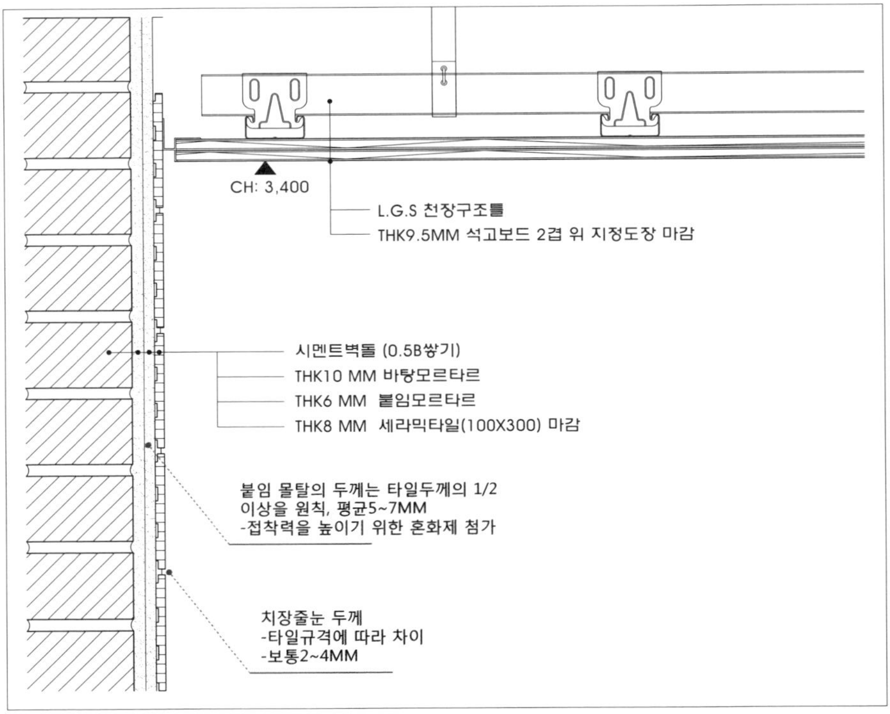

그림111_ 조적 벽체 위 타일 마감 상세도 사례(압착붙임공법)

종류	특징	도해
떠붙임공법 (외/내장)	- 타일뒷면에 몰탈을 떠붙여 구체에 눌러 붙이는 방법으로 시공 - 몰탈두께: 12~24MM - 바탕면이 불규칙적일 때 평탄화 가능 - 공기가 상대적으로 느림 - 접착강도 높으며 편차 적음 - 외부에 적용 시 타일 모서리 공극으로 인한 백화현상 우려 - 숙련된 시공기술 필요	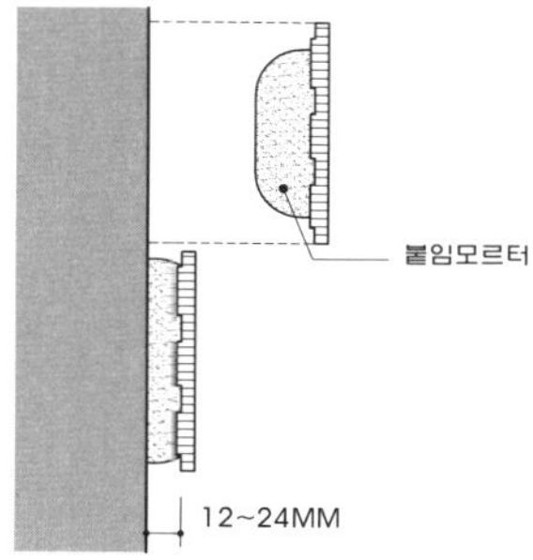
압착붙임공법 (외/내장)	- 기존 구체가 평탄할 경우(바탕몰탈) 적용 - 5~7MM정도 두께의 붙임몰탈 시공 후 타일을 눌러 붙여 시공 - 시공능률이 상대적으로 높음 - 줄눈을 깨끗하게 마무리할 수 있음 - 타일 모서리 공극이 없어 백화우려 없음 - 접착강도 편차 발생 소지 있음	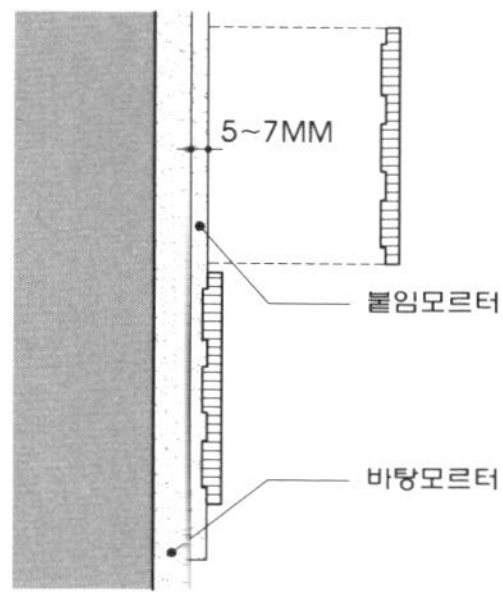
개량압착 붙임공법 (외/내장)	- 압착공법을 보완한 방법으로 구체와 타일뒷면 모두 붙임몰탈을 바르고 두드려 붙이는 방법 - 몰탈두께: 3~6MM - 접착강도 우수 - 작업숙련도를 요하며 작업능률이 상대적으로 떨어짐 - 백화를 줄일 수 있음	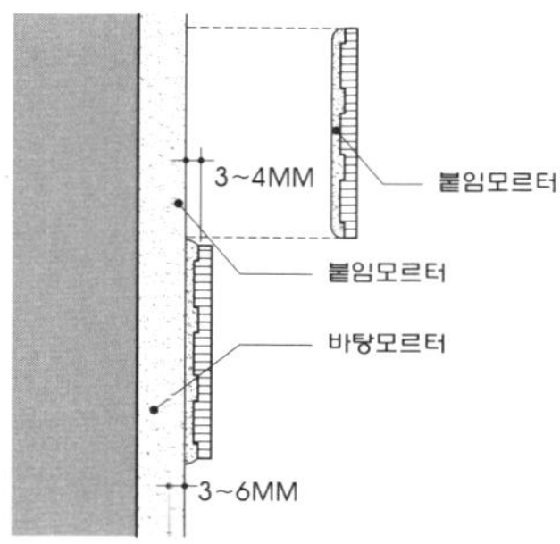
밀착공법 (외장)	- 구체에 붙임몰탈을 바르고 충격공구를 이용해 두드려 접착하는 방법 - 몰탈두께: 5~8MM - 접착강도 높으며 편차 적음 - 공극을 줄여 백화현상을 낮춤 - 공구 사용 시 타일이 어긋날 수 있어 숙련된 시공기술 필요 - 줄눈이 타일두께의 2/3이상 올라오도록 시공	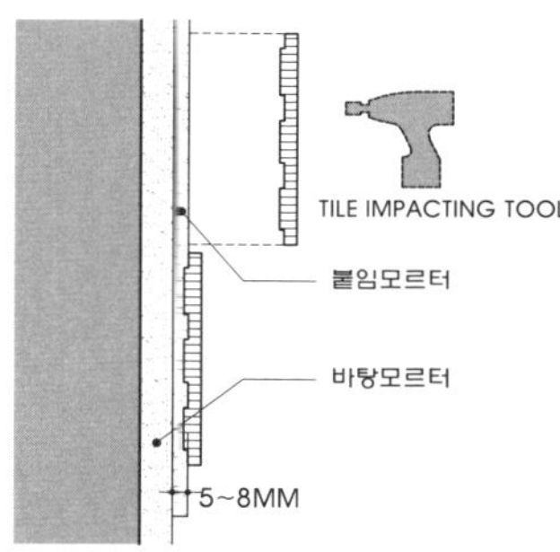

표26_ 타일시공방법의 종류

그림112_
조적 벽체 위 타일마감 사례

E. 기존벽체 위 무늬목(WOOD VENEER) 마감

인테리어에서 원목은 수종에 따라 차이가 있긴 하지만 일반적으로 고가의 자재로 분류된다. 이러한 고가의 원목을 원하는 만큼 내부의 마감재로 사용하는 데는 한계가 있으며 수종 및 습도, 가공방법에 따라 발생할 수 있는 변형에 대한 대응이 쉽지 않다. 이러한 문제를 보완할 방법으로 원목을 0.2MM 정도의 두께로 얇게 켜서 종이처럼 만들어 펴 바를 수 있게 가공한 제품을 이용하는데 이를 무늬목이라 부른다. 일반적으로 인테리어 내부에 흔히 사용되는 석고보드, 합판 등의 판재에 접착제를 도포하고 열을 가해 펴 바르는데 노련한 시공 기술자의 손길을 필요로 한다. 뒤에 언급될 화학제품인 우드필름 등의 발전으로 '무늬목'의 사용빈도와 이를 다룰 수 있는 기술자는 점점 줄어들고 있는 추세이다.

단풍나무(Maple), 체리나무(Cherry), 참나무(Oak), 티크(Teak) 등 다양한 원목을 가공하여 생산하며 시공 후 우드스테인(Wood Stain), 래커(Lacker), 바니쉬(Varnish) 등의 피막을 입혀 무늬목 표면을 보호하고 광택이나 착색효과로 다양한 느낌을 연출할 수 있다.

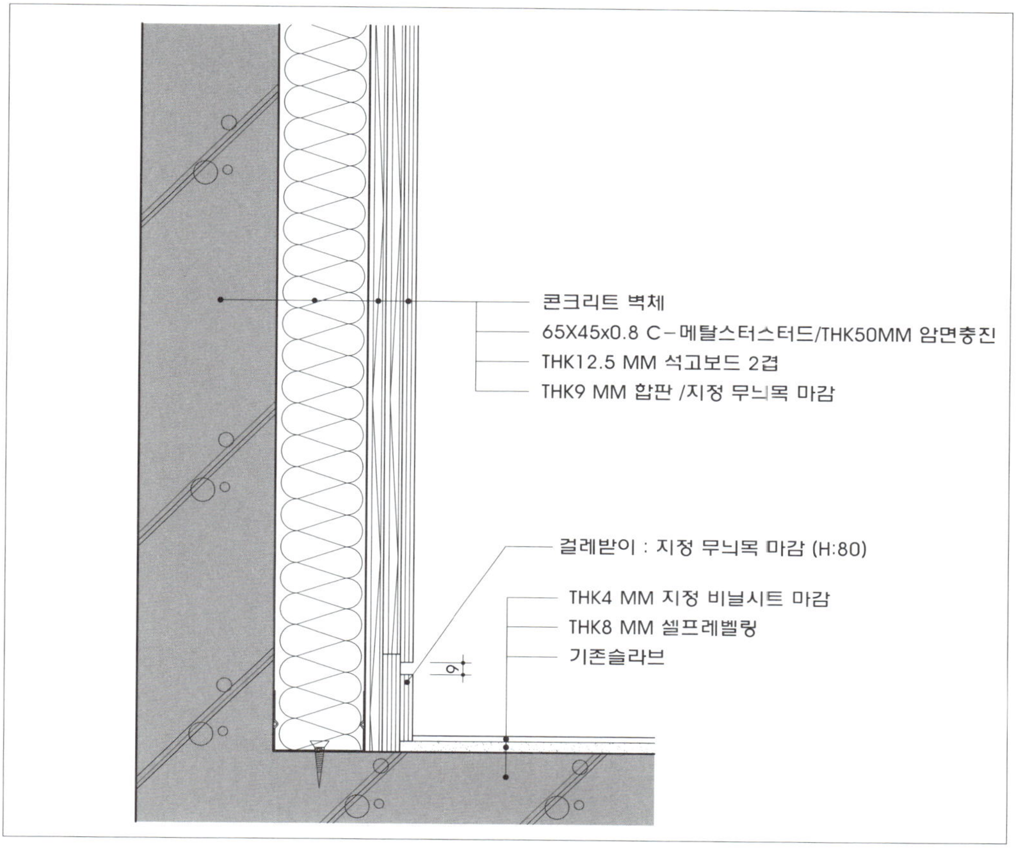

그림113_
합판 위 무늬목 마감 상세도 사례

그림114_
무늬목(Wood Veneer) 샘플(왼쪽),
시공사례(오른쪽)

원목을 가공하여 생산하는 제품이라 사이즈가 제한적이며 재료의 균질성도 떨어지는 단점이 있다.

F. 기존 벽체 위 우드필름(WOOD FILM) 마감

화학기술을 이용해 얇은 막의 형태로 만든 합성수지 기반의 제품을 흔히 '필름(Film)' 또는 시트(Sheet)라고 부른다. 실내건축 분야에서 통용되는 인테리어필름 또는 인테리어시트는 0.2MM 내외의 두께, 폭 1220MM, 길이 50M 정도의 롤 단위로 생산된 제품으로 한쪽에 접착 면을 두어 시공의 편이성을 높인 제품을 말한다.

시대는 진화하면 진화할수록 보다 작업하기 쉽고 편한 방법을 찾는 쪽으로 발전하게 되어 있다. 아날로그가 디지털로 대체되는 방식과 같은 이치다. 이는 자연물에서도 똑같이 적용되는데 나무의 자연적인 느낌은 구현하고 싶으나 자원을 구하는데 한정적이며 상대적으로 고가이고 표현하고자 하는 느낌을 쉽고 빠르게 실현할 수 없다는 한계를 대체하기 위해 이러한 필름 위에 나무의 색감과 질감을 표현한 제품을 우드필름 또는 무늬목 필름이라 부른다. 기술력의 비약적인 발전으로 과거에 비해 육안으로 구분이 힘들 만큼 나무의 질감을 표현해 낸 다양한 우드필름이 생산되고 있다. [아무리 유사하다 하더라도 무늬목과 우드필름이 시공된 결과물을 상대 비교해 보면 차이는 있다. 그래서 고비용을 지불하더라도 격식이나 품위를 갖추는 공간에는 아직도 무늬목을 고집한다] 비단 나무의 느낌뿐만 아니라 금속, 석재와 같은 원재료의 특징을 유사하게 만든 제품과 솔리드칼라, 칼라패턴, 문양 등을 입히거나 특정 이미지를 프린트한 실사출력시트 등 표현방법의 다양성과 시공의 편이성으로 인해 인테리어현장의 다양한 디자인 마감재로 사용되고 있다.

오염제거가 수월하고 방염처리가 가능하며 기존 표면의 굴곡이 큰 부위라도 다른 마감재에 비하면 붙이기가 수월해 작업성 또한 뛰

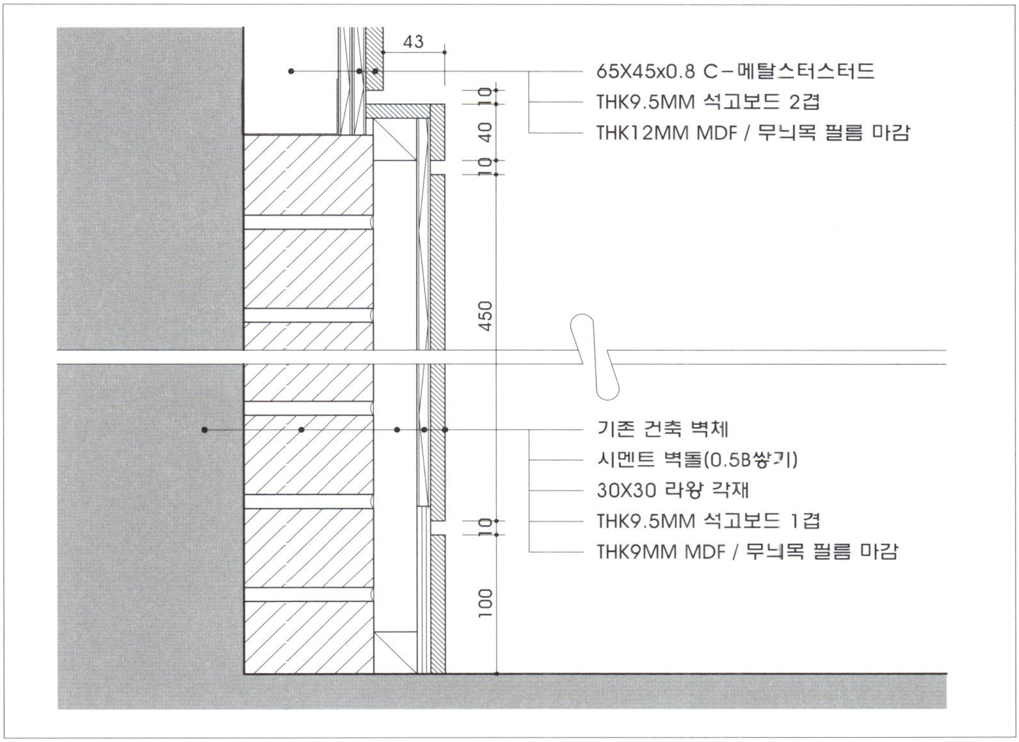

그림115_ 위
MDF 위 우드필름 마감 상세도 사례
그림116_ 오른쪽
우드필름 마감 시공 사례

어나다. 도면(그림115 참조)와 같이 보통 MDF나 합판 위에 부착하는 경우가 일반적이며 필요에 따라 금속, 유리 등 접착을 방해하지 않는 표면이라면 대부분 시공이 가능한 장점이 있다.

신규 벽체 조성 후 마감 상세도

실내건축에서 새로 조성되는 벽체는 크게 습식벽체와 건식벽체로 나뉜다. 이는 실의 용도와 가장 밀접한 관련이 있는데 화장실, 주방, 욕실 등 습식공사가 필요한 곳이나 차음, 단열 등을 고려해야 하는 공간 등은 벽돌이나 블록 등을 이용한 습식벽체로 조성되고 그 외의 기능이나 시각에 따른 공간구획은 건식벽체로 조성되는 경우가 주를 이룬다. 이 때 벽체를 조성하기 위한 구조틀은 나무를 이용한 목구조틀(Wood Stud) (그림117 참조)이나 스틸을 이용한 L.G.S(Light Gauge Steel Structure), 즉 경량철골 구조틀(그림118 참조)을 적용하는 경우가 일반적이다. [국내 인테리어 시공현장에서 스틸구조의 벽체틀을 스터드, 천장틀을 L.G.S라고 편의상 나누어 부르고 있으나 이는 관습적인 표현이며 경량철골로 뼈대를 구성하는 모든 시스템이 L.G.S에 속한다] 경량벽체가 구조특성상 내력벽체만큼의 내구성이나, 단열, 차음 등의 성능을 지니고 있지는 못하지만 조적벽체나 콘크리트벽체에 비해 건축물의 하중 부담을 줄이고 시공의 편의성과 공기를 단축시킬 수 있다는 점에서 대부

그림117_ 왼쪽 우드스터드 구조
그림118_ 오른쪽 메탈스터드 구조

분의 인테리어 벽체는 스틸 스터드 구조에 석고보드를 부착하는 방식의 건식벽체(Dry Wall)로 조성된다.

스터드를 이용한 건식벽체는 기본적으로 바닥과 천장에 스터드를 고정하기 위한 런너(Runner)와 수직 고정을 위한 스터드(Stud), 스터드의 높이가 높아질 때 휨 방지를 위한 수평방향의 보강 채널(Channel)이나 대각선 방향의 브레이스(Brace)를 일정간격으로 설치해 벽체의 뼈대를 구성하고 마감을 위해 석고보드 등을 부착한 뒤 그 위에 마감재를 입히는 방식이 현장에서 흔히 볼 수 있는 시공방법이다. 경량벽체의 틀을 조성하기 위해 사용되는 스터드는 ㄷ자 모양의 C-STUD가 가장 일반적이며 이 외에 부분적인 하중을 견디거나 필요한 벽의 두께를 확보하기 위해 두 겹의 스터드를 사용하거나 다른 형태의 스터드가 사용되기도 한다.(202p, 그림119 참조)

A. 건식 벽체 위 타일 마감

습식벽체의 경우 붙임모르타르를 이용해 타일을 접착하는 방법이 일반적인데 비해, 금속 스터드 등을 이용한 경량벽체위에 타일을 마감하는 경우는 합판 등의 타일부착이 용이한 자재를 타일의 접착바탕면으로 두고 전용 접착제를 사용해 부착하는 방법을 많이 사용한다. 예시도면(203p, 그림120 참조)과 같이 물을 사용하는 공간에 타일을 마감할 때는 하자를 최소화하기 위해 조적조나 콘크리트 벽체 위에 방수공사를 하고 마감을 하는 것이 유리하나 상황에 따라 건식으로 벽체를 신설하는 경우라면 방수석고보드, 내수합판 등 물에 대응력이 있는 자재를 사용하고 일정높이(1,200~1,500MM)까지 방수를 한 뒤, 타일을 부착하게 된다.

- 방수공사의 종류

1. 시멘트 액체방수: 기존 바탕 면 위에 방수성능을 지닌 방수액과

STEEL STUD 구조

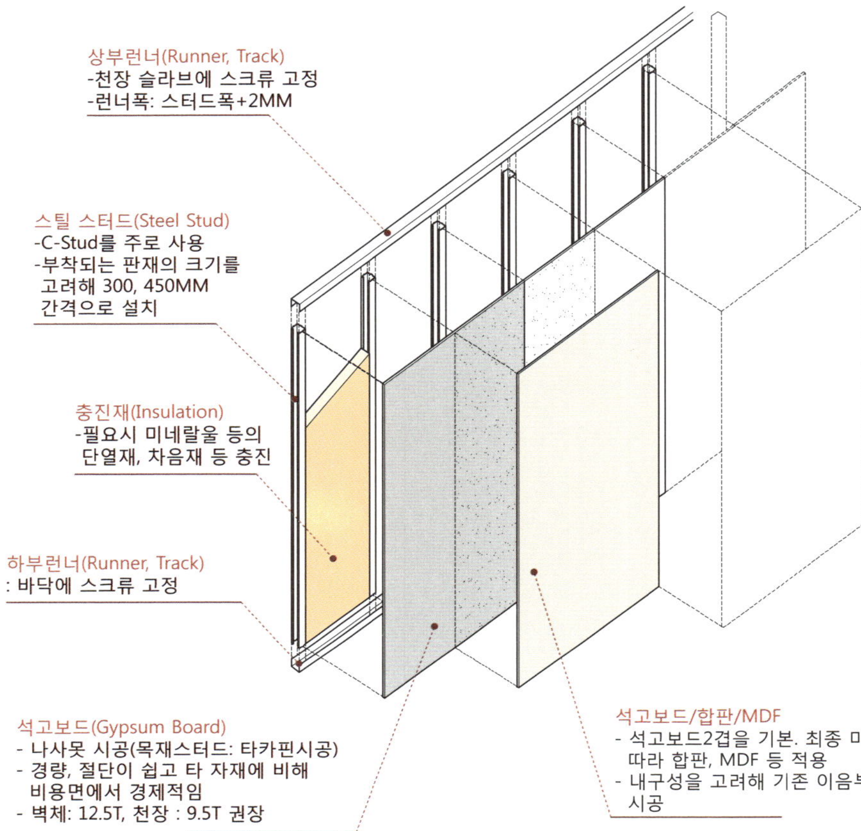

C-STUD 규격

KS제품 기준

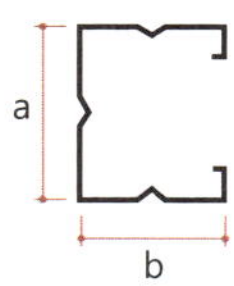

단위 : MM

폭(a)	50	65	75	90	100
날개(b)			45		
길이			주문제작		

C-RUNNER 규격

KS제품 기준

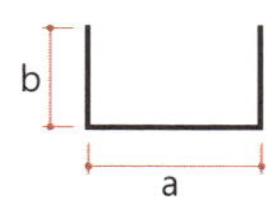

단위 : MM

폭(a)	52	67	77	92	102
날개(b)			40		
길이			3000		

그림119_
C-STUD 경량벽체 구조 및 규격

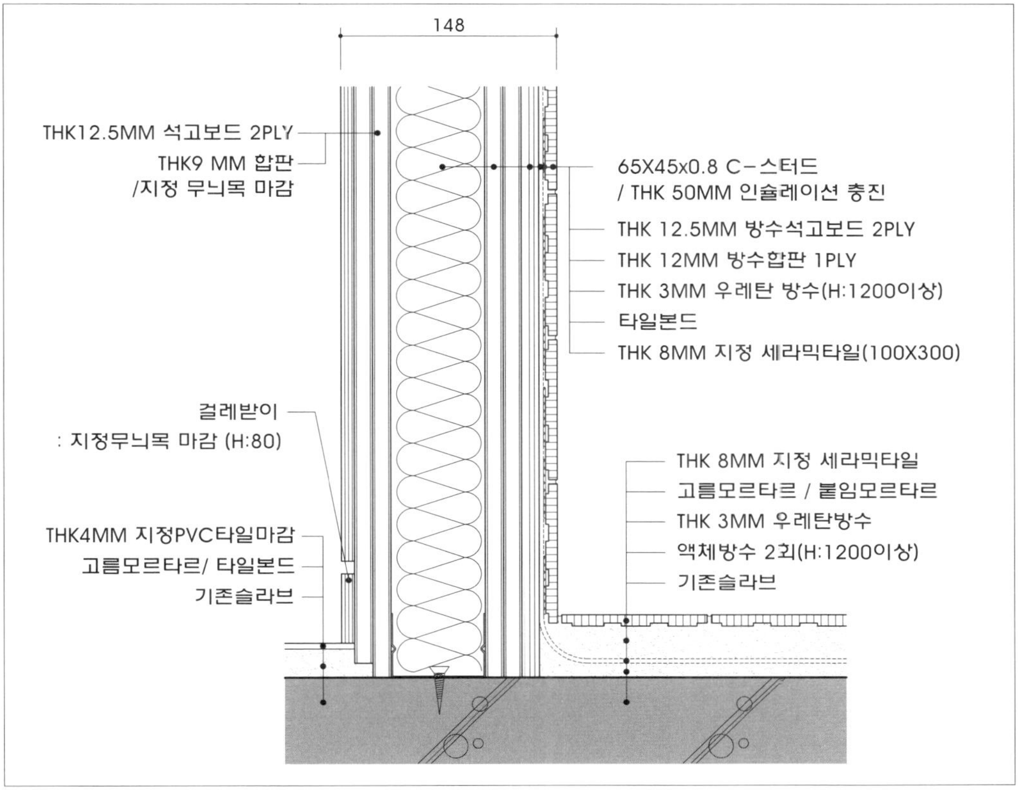

그림120_
건식벽체 방수작업 위 타일마감 상세도 사례

방수시멘트페이스트, 방수모르타르, 물 등을 배합, 도포하여 방수

2. 도막방수: 우레탄, 아크릴, 아스팔트 등 물의 침투를 막을 수 있는 용액을 발라 도막을 형성하여 방수. 보통 액체방수 위에 시공한다.
3. 시트방수: 합성고무, 합성수지에 안료를 혼합한 시트의 형태로 제조한 방수기능을 지닌 제품을 바탕 면에 접착하여 방수
4. 발수공사: 일반적인 방수공사와 달리 물의 흡수를 막을 목적으로 제조된 유기질 용액을 장비를 이용해 분사하여 표면에 얇은 막을 형성, 발수성을 갖도록 하는 공사

그림121_ 오른쪽
벽면 패브릭 마감 사례

그림122_ 아래
경량벽체 위 패브릭마감 상세도 사례

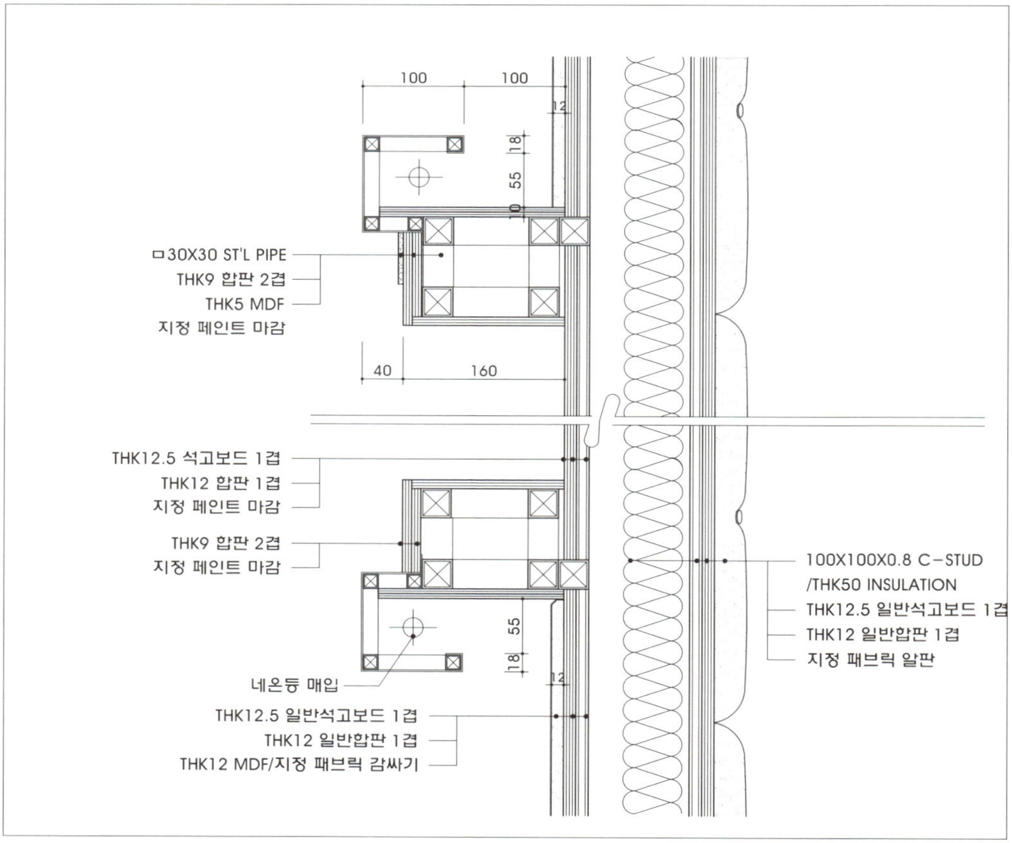

B. 건식 벽체 위 패브릭 마감

원단을 이용해 벽면을 마감하는 방법은 마감재의 질감에서 얻을 수 있는 심리적인 따뜻함을 연출하기 위한 시각적 효과뿐만 아니라 음향관련 시설이나 소리의 울림에 민감하게 반응하는 강당, 콘서트홀 등에 일정 수준의 흡음효과를 얻기 위해 적용되는 경우가 많다.

디자인 의도에 따라 재단된 MDF 등에 접착제를 적당히 도포하고 원단을 감싸 배접하는 방식으로 제작된 결과물[보통 현장에서 '알판'이라고 부른다]을 벽체 바탕면에 부착하는 방식으로 시공한다.

도면(그림121, 122 참조) 예시와 같이 소파의 등받이처럼 쿠션효과가 있는 패브릭마감은 현장에서 제작하는데 무리수가 있으므로 가구를 전문적으로 제작하는 곳에 사전 발주하여 현장에서 부착하는 방식을 취한다.

C. 건식 벽체 위 석재 마감

일반적인 경량벽체의 골조가 메탈 스터드라는 점에서 비교적 가벼운 합판이나 MDF, 석고보드 위에 경량의 마감재를 부착했을 때의 하중을 지탱하는데 큰 두리는 없으나 석재와 같이 자중이 큰 마감재를 바로 부착하기에는 무리수가 따른다. 이 경우 스틸 각 파이프나 C형강 등을 이용해 추가로 구조보강을 하고 이렇게 보강된 구조체에 금속 하드웨어나 접착제를 사용하여 부착하게 된다. 석재는 다른 자재에 비해 자중이 크므로 앵커브라켓 등의 긴결철물을 이용해 고정하는 것이 가장 확실한 방법이긴 하나(그림123 참조) 최종 마감까지의 두께나 현장 여건 등을 고려해 에폭시 등의 석재 접착제를 사용하여 부착하는 방법(그림124 참조)도 많이 사용된다.

D. 건식 벽체 위 유리 마감

벽면의 최종 마감으로 사용되는 유리제품군들은 보통 합판 등의 접

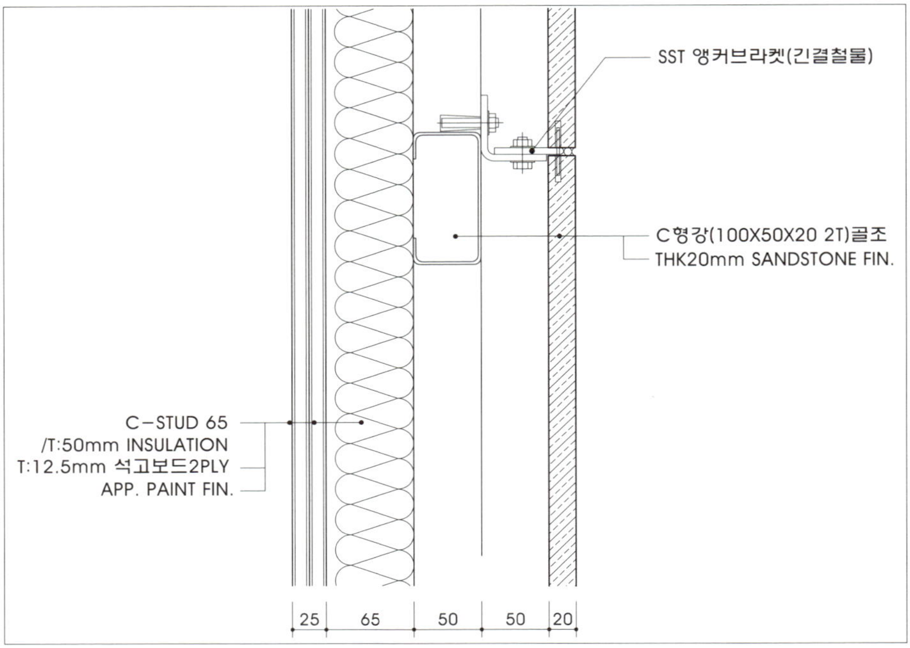

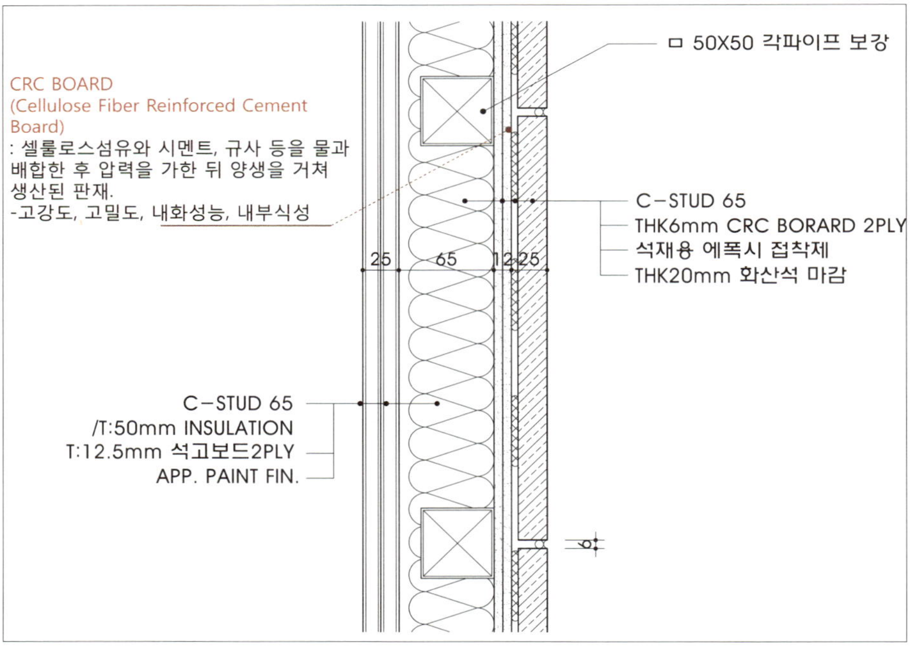

그림123_ 위
C형강 보강 후 앵커브라켓을 이용한 석재시공 상세도 사례

그림124_ 아래
스틸파이프 보강 후 석재 접착시공 상세도 사례

* **BPG(Back Painted Glass)**
두께 5MM 내외의 투명유리 뒷면에 특정 칼라로 도장된 장식유리. 흔히 시공현장에서 '컬러유리'라고 부르는데 자체에 색을 포함한 유리가 아니므로 이는 정확히 말하면 잘못된 표현이다. 색상을 입히는 방식뿐만 아니라 실사 출력된 시트나 특수재질을 입혀 다양한 효과를 연출할 수 있고 마감면의 오염을 쉽게 제거할 수 있어 활용 가능성이 다양하다.

착이 용이한 바탕면 위에 에폭시 본드 등을 사용해 부착한다. 오염에 강한 유리의 특성과 은경, 흑경, 동경, BPG(Back Painted Glass)*등 입체적인 톤을 표현할 수 있어 내부 마감재로 많이 사용된다.

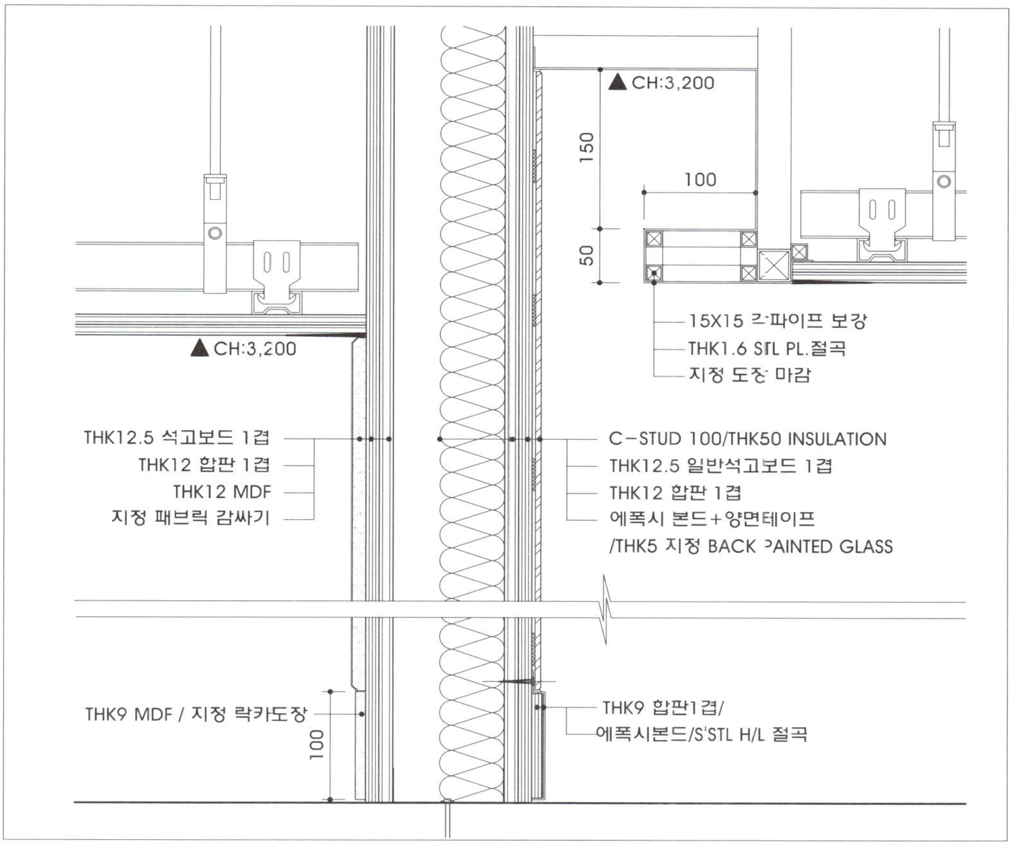

그림125_ 위
실사 출력을 이용한 유리 마감 사례

그림126_ 아래
합판 위 Back Painted Glass 마감 시공상세도 사례

E. 걸레받이 마감

걸레받이는 흔히 몰딩(moulding)이라고 부르는 공간이나 가구의 모서리처리 방법 중 바닥과 벽체가 만나는 일정높이 구간의 마감처리를 일컫는 말이다. 벽체와 바닥이 만나는 경계 처리는 공간 전체를 볼 때 크게 눈에 띄는 부분은 아니라고 생각할 수 있지만 실의 기능이나 분위기에 상당히 중요한 영향을 미친다. 바닥의 상태와 마감재 등에 따라 시공의 효율성과 추후 하자발생 가능성을 고려해 걸레받이의 선택도 달라져야 하고 이러한 작은 부분의 디테일이 결국 공간 전체의 디자인과 시공 완성도에 영향을 미칠 수 있기 때문이다. 예를 들어 바닥 마감재가 마루라면 걸레받이 또한 마루의 종류와 신축 등 재료의 물성을 고려한 사이즈의 목재나 목재가공 걸레받이를 적용하고 위생이 중요시되는 공간은 스테인레스 스틸과 같은 부식에 강한 소재를 사용하여야 한다. 걸레받이는 여타의 몰딩보다 오염에 노출되기 쉬우므로 이를 제거하기 용이한 재료를 선정해야 하며 청소 등으로 인해 생길 수 있는 오염이나 마찰에 견딜 수 있도록 내구성도 충분히 고려된 마감처리가 필요하다. 인테리어 시공에서 일반적으로 적

오목	일면	돌출
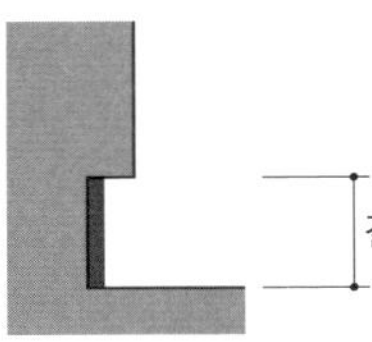	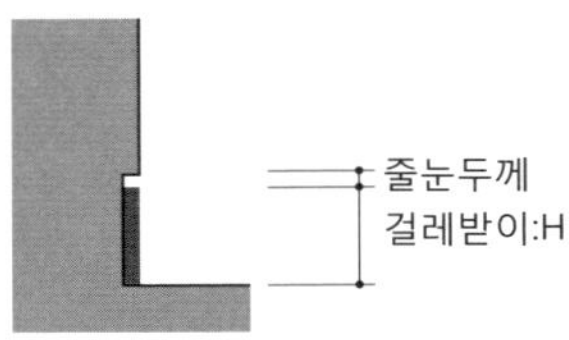	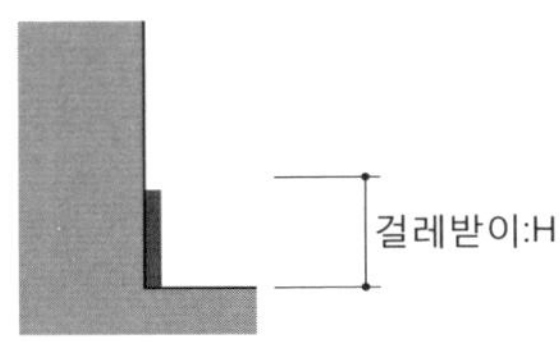
-비용이 비교적 많이 들고 시공이 까다로움 -벽체와 바닥이 분리되어 보이는 시각적 효과	-벽체마감 시 걸레받이 시공높이를 고려하여 시공 -벽체와 일면이 되어 시각적으로 정리된 느낌	-벽체 시공 후 덧붙여 마감 -시공이 비교적 간편하며 바닥마감재의 신축이 있을 시 주로 사용

표27_ 걸레받이 마감 방법

용하는 걸레받이의 재료는 석재, 나무, 타일, 필름, 페인트, 금속 등의 소재가 있으며 이를 원형 그대로 또는 가공해서 사용하게 된다.

공간디자인에 있어 걸레받이는 기능적인 역할 못지않게 형태와 마감방법에 따라 공간의 인상도 바꿀 수 있는 작지만 중요한 디테일이다. 사람의 눈썹으로 비유하면 눈썹의 두께와 색상이 그 사람의 전체 인상에 중요한 영향을 줄 수 있는 것처럼 걸레받이의 높이, 요철(표27 참조), 형태, 재료, 색상 등을 충분히 고민하고 적용하여야 공간의 완성도를 높일 수 있다.

*SUS H/L?

도면에 스테인리스스틸 판재를 적용하는 경우에 SUS, STS, SST 등의 알파벳 약어를 번갈아 사용하는데 이는 국가마다의 표준 규격표기방식의 차이에서 유래된 표현이다. SUS는 Steel Use Stainless의 일본 공업규격(JIS)의 약어 코

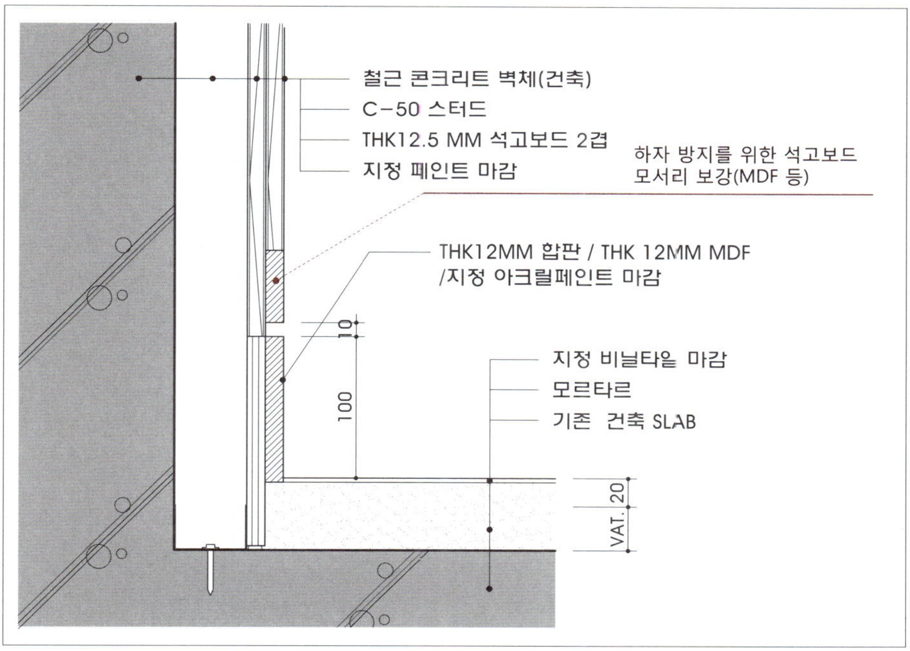

그림127_
걸레받이 시공상세도 사례
MDF 위 페인트 마감

드로 SUS304, SUS316 등 SUS뒤에 숫자를 붙여 생산된 제품의 물리적 특성을 나타낸다. 우리가 일반적으로 알고 있는 스테인리스스틸(S'STL)과 동일한 뜻으로 국내(KS)에서는 STS로 분류한다. 한글로 '스테인리스스틸'이라고 길게 표기하기보다 간략한 표기방식을 선택해 약어로 표현하는 것이 효율적이긴 하나 굳이 일본 표준규격을 국내 도면에 표기하는 것은 문제다. H/L은 Hair Line의 약어표기로 '/'없이 HL로 적는 것이 더 바람직해 보이나 오래전부터 통용되어 사용된 표기방식이라 옳고 그름을 떠나 관습적으로 사용되는 약어이다. 이 밖에도 아주 잘못 사용되고 있는 도면발음표기들이 있다. 예를 들어 '후로링(Flooring)' '잔넬(Channel)' 등 정체불명의 일본인들의 잘못된 영어발음이 그대로 국내에 전문용어인 것처럼 사용되는 관행은 실무자들 스스로가 부끄러워해야 할 부분이다.

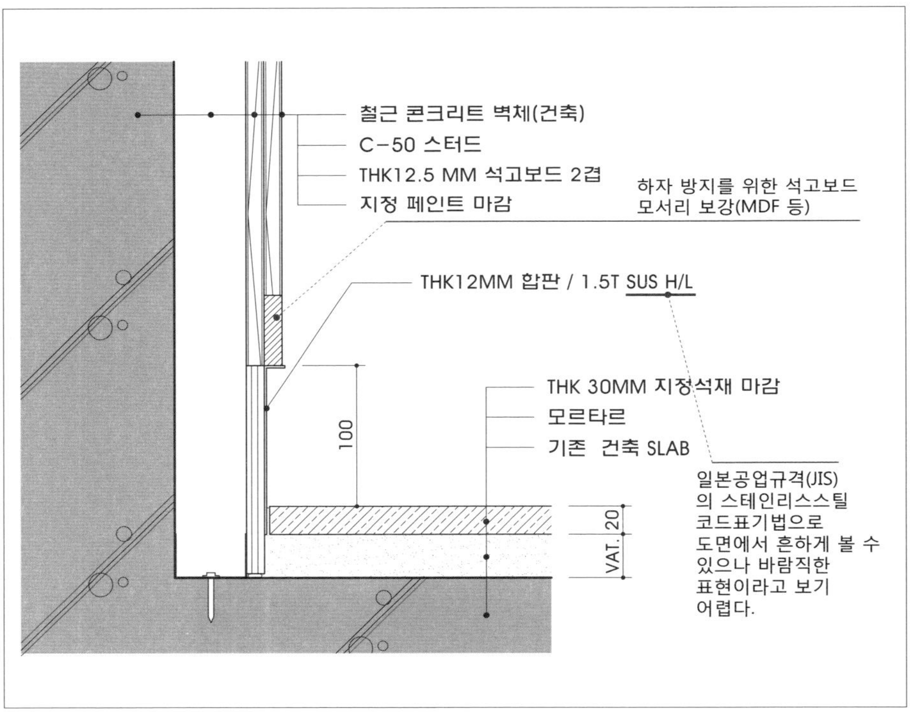

그림128_
걸레받이 시공상세도 사례
스테인레스 스틸 절곡

A. 석고보드 위 페인트 마감

내부 천장을 페인트로 마감하는 방법을 간단히 두 가지로 분류해 보면 다음과 같다.

첫째, 큰 작업 없이 천장의 건축 골조를 그대로 노출시킨 상태에서 도장하는 방법이다. 이는 콘크리트 골조의 거푸집 제거 상태 그대로 노출된 바탕면 위에 도장되므로 비교적 마감상태가 거칠고 별도 덮개역할을 하는 마감작업이 없어 공간에 필요한 배관이나 배선 트레이, 공조 샤프트들이 직접 노출될 수밖에 없다. 그럼에도 내부 분위기의 연출 목적에 부합하는 경우와 낮은 천장그를 높이기 위한 의도 등으로 적용되는 마감처리방법으로 디자인 트랜드에 따라 상업공간을 넘어 주거공간디자인에까지 적용되기도 한다.

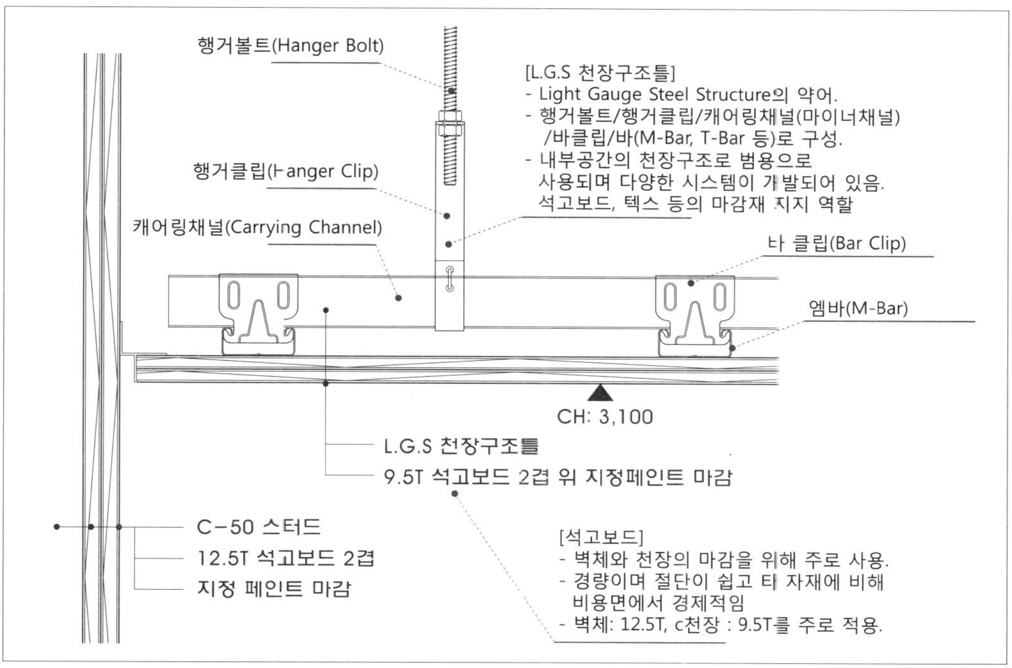

그림129_
석고보드 위 페인트 마감 상세도 사례

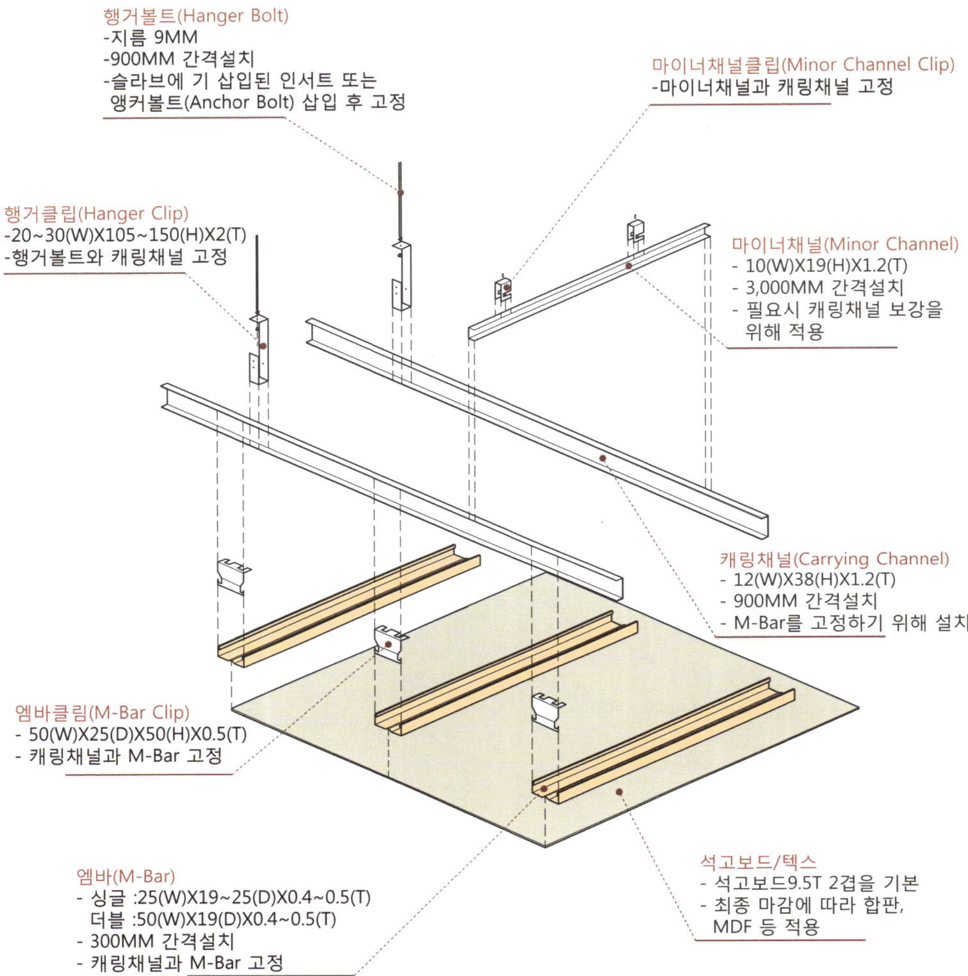

* 각 부재의 설치간격은 일반적인 치수이며, 현장상황과 마감재의 종류, 경계부의 처리에 따라 달라질 수 있음.

그림130_
경량철골구조 M-Bar System

보다 깔끔한 방법은 천장에 노출된 각종 배관을 숨기고 보 등으로 인한 요철과 거친 마감상태를 깔끔하게 정리하기 위해 석고보드나 합판, MDF 등을 덧대고 페인팅하는 방법이다. 이는 깔끔한 마감효과와 더불어 디자인 의도에 따라 다양한 연출이 가능하므로 상업공간 등의 인테리어공사에 일반적으로 적용하는 천장마감 방법이라고 보면 된다. 이 때 비교적 가벼운 천장마감재들을 고정/지지하는 방법으로 목구조틀이나 경량철골 구조틀(L.G.S Structure: Light Gauge Steel Structure)을 이용한다.(그림130 참조)

B. 텍스 마감

조립식 천장 마감재 중 가장 많이 사용되는 방식 중 하나로 다른 천장마감방식에 비해 경제적인 비용에 시공이 비교적 간편하고 내화,

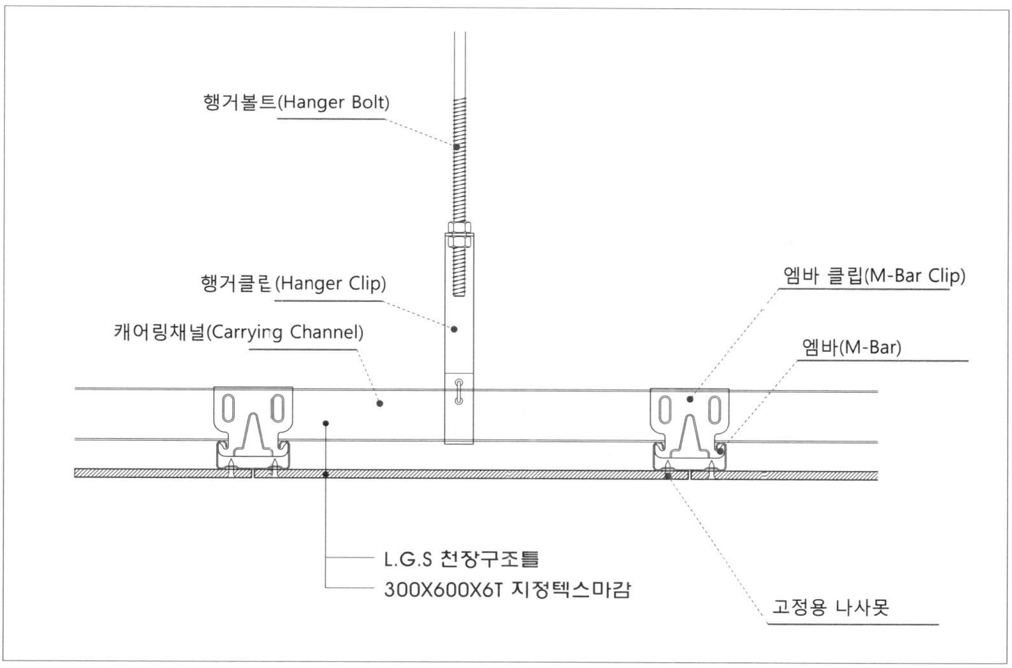

그림131_
M-Bar 구조 텍스 나사못 마감
상세도 사례

흡음 성능 등의 효과가 있어 사무실, 학교, 병원의 일반적인 업무 공간 천장마감에 주로 사용된다. 석고, 시멘트, 미네랄 울, 세라믹 원료 등을 이용하여 가공한 다양한 종류의 텍스가 개발·생산되고 있으며, 제품의 종류 및 고정방식에 따라 타카핀으로 고정하는 Tack Bar, 나사못으로 고정하는 M-Bar, 조립구조의 T-Bar, T&H-Bar 등 다양한 시스템이 개발되어 적용되고 있다.(그림131,132 참조)

그림132_
T-Bar 구조 텍스 마감 상세도 사례

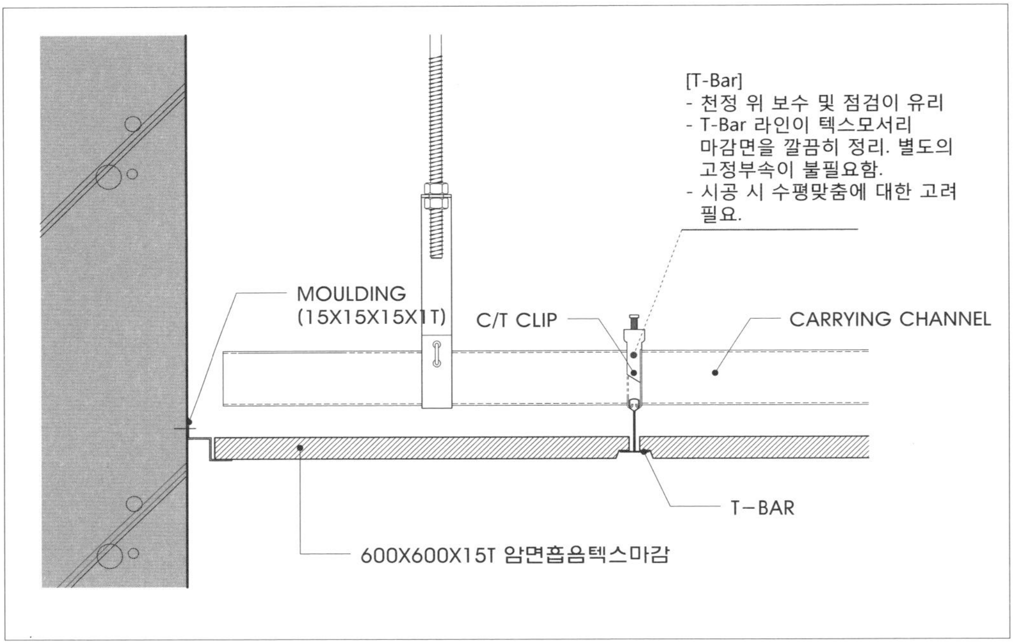

그림133_ 왼쪽 T-Bar 구조 정면
그림134_ 오른쪽 T-Bar 구조 측면

C. SMC패널(Sheet Moulding Compound Panel) 마감

폴리에스터 등의 열경화성 수지를 주 원료로 하여 원하는 형태로 성형한 규격 패널로 강도가 뛰어나고 내습성, 내식성, 난연성 등이 우수해 물을 많이 사용하는 욕실, 화장실, 수영장 등에 주로 사용되며, 견고한 외부용 패널 마감 시스템을 적용하여 풍압이나 외기의 변화에 대응할 수 있어 건물의 캐노피 하단 등에 많이 사용되고 있다. 클립

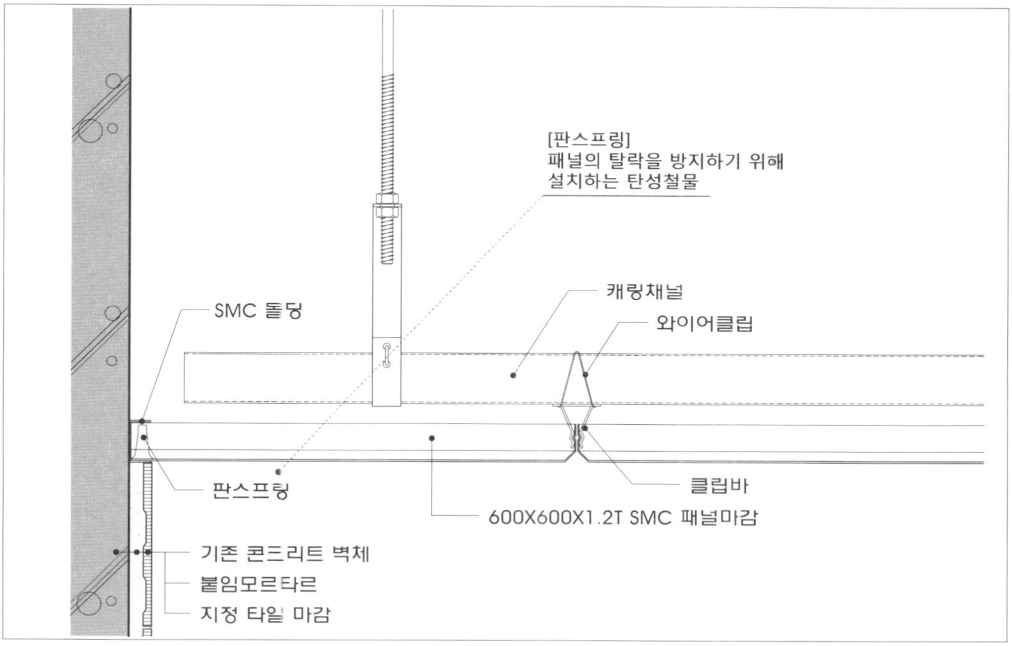

그림135_
SMC 패널 마감 상세도 사례

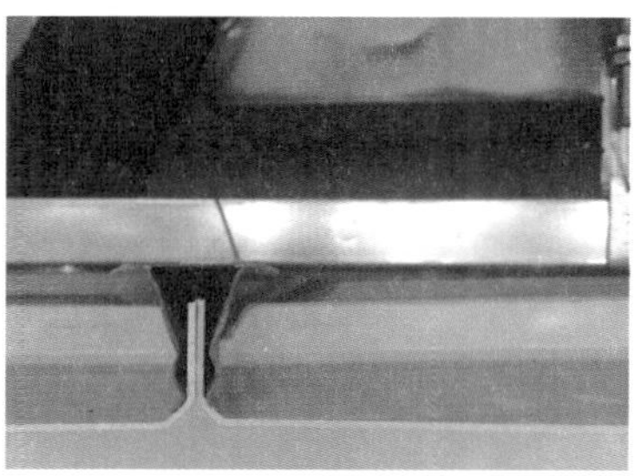

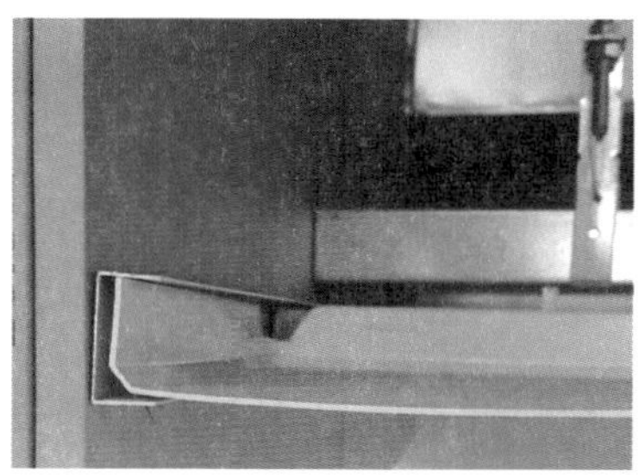

그림136_ 왼쪽
SMC패널 클립바(Clip-Bar)
그림137_ 오른쪽 코너 몰딩

바(Clip Bar)를 이용해 결착하는 방식이 가장 보편화되어 있으며, 제품에 따라 엠바(M-Bar), 티바(T-Bar) 구조의 결착방식도 사용된다. 텍스와 같은 마감공법보다 시공성이나 안정성이 우수하며 오염이 되거나 파손된 부위만 교체시공이 가능해 유지보수에도 뛰어난 장점을 가지고 있다. 보통 300×300, 300×600, 450×450, 600×600 등의 규격화된 사이즈로 생산된다.

D. 루버(Louver) 마감

일반적으로 루버는 얇은 판재나 바Bar 형태의 비교적 긴 두께 있는 평판을 일정 간격을 두고 나란히 배열한 형태를 일컫는 말이다. 기능적으로는 외부의 광량을 조절하거나 개구부 등에 통풍과 환기를 목적으로 설치되는 것이 일반적이나, 설치된 루버가 건물의 디자인에도

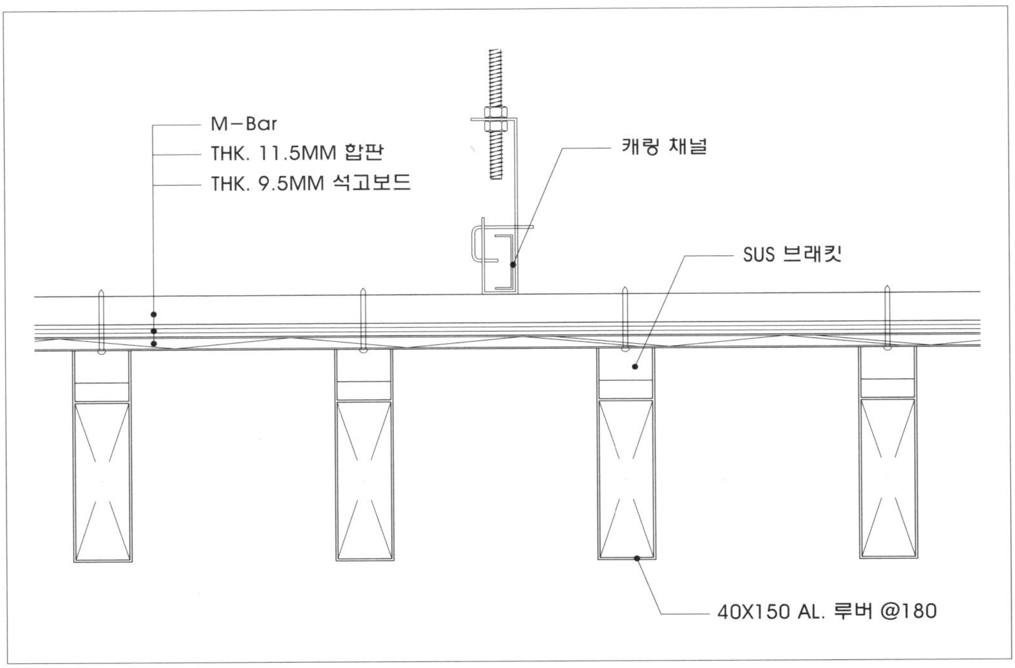

그림138_ 알루미늄 루버 마감 상세도 사례

그림139_ 금속루버 시공사례(왼쪽), 우드루버 시공사례(오른쪽)

영향을 미치는 경우가 많아 기능에 크게 관계없이 건물 내·외부의 디자인 요소로 적용하는 경우를 흔히 볼 수 있다. 실내공간에서는 주로 천장과 벽면에 디자인 요소로 적용되는 경우가 많은데 루버 사이에 조명을 삽입하는 경우 광원이 직접 노출되지 않고 루버사이로 비치는 은은한 간접조명의 효과를 볼 수도 있어 조명을 사용하는 천장의 디자인 효과를 높이는 방법으로 상업 공간 등에 많이 적용되는 마감방식 중 하나이다.

재료에 따라 분류하면 금속루버, 우드루버, 합성수지루버 등이 있고 판재의 형태로는 얇은 판재를 원형, 또는 가공한 쉘(Shell) 타입으로 제작하는 경우와 일정 두께를 가지는 바(Bar)타입으로 디자인되는 경우가 있으며 이를 격자나 일자, 사선 등으로 배열하여 다양한 효과를 연출한다.

E. 간접조명

간접조명은 조명의 광원이 직접 보이지 않고 빛이 천장이나 벽 등의 반사면에 부딪혀 은은하게 뿌려지는 효과를 느낄 수 있도록 설치한 조명방식이다. 벽을 타고 빛이 흘러내리는 듯한 효과로 Wall

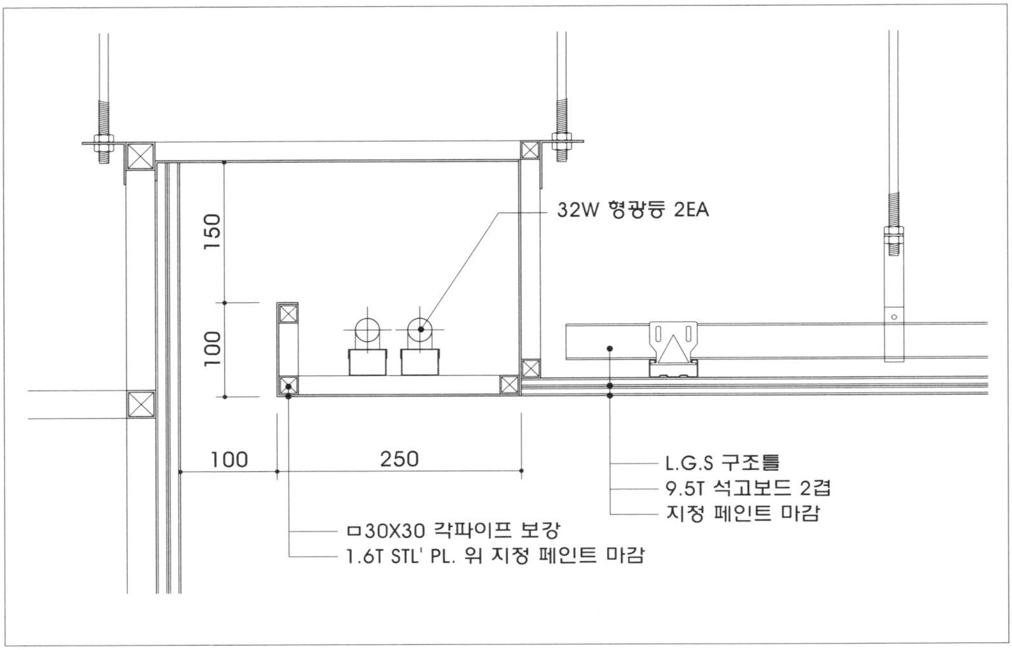

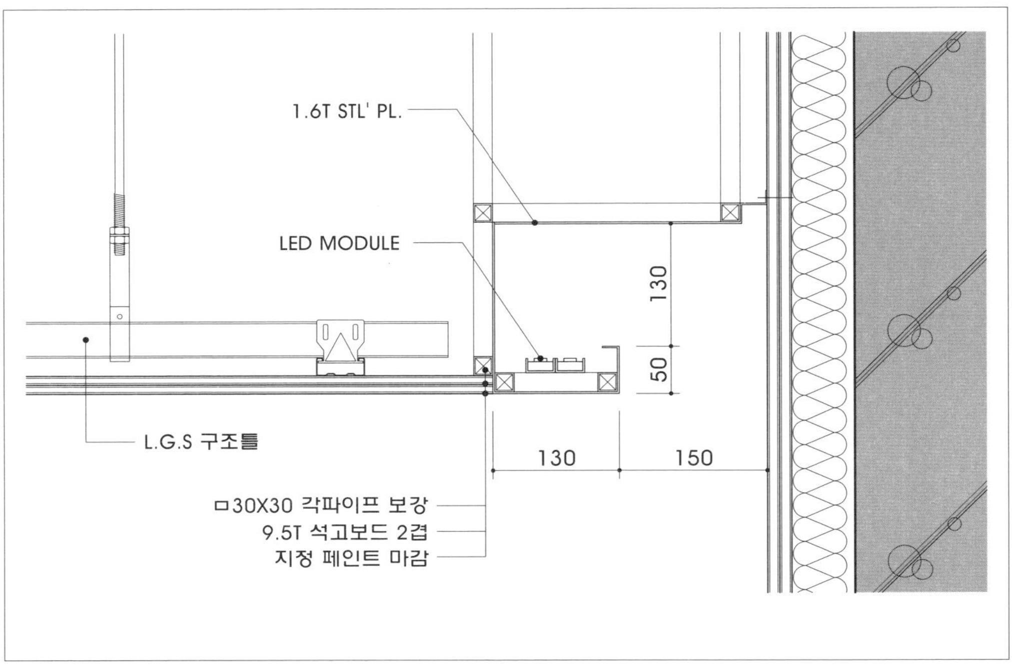

그림140_ 위 천장 형광등
간접조명(벽체반사) 상세도 사례

그림141_ 아래 천장 LED
간접조명(벽체반사) 상세도 사례

Washing이라고 표현하기도 한다. 상업 공간 등의 천장을 디자인할 때 흔히 적용하는 방법으로 직부등과 달리 편안한 분위기를 연출할 수 있으나 조도에 포함시키기에는 광량이 적어 분위기를 내는 용도라고 보면 된다.

과거에는 형광등을 2열로 배치해 [형광등을 1열로 배치할 경우 조명 단부의 빛이 끊어지므로 일정부분을 겹쳐 2열로 배치해 반사되는 빛의 연속을 유지하기 위해] 조명박스 내부에 얹어두는 방식으로 시공하는 방법이 일반적이었으나 T5, LED 등 새로운 조명의 개발로 기존 설치공간보다 더 작은 면적 안에 조명을 삽입할 수 있게 진화하고 있다.

기본적으로 많이 적용되는 간접조명은 도면(그림140 참조)과 같이 조명을 설치할 수 있는 일정높이를 필요로 하기 때문에 층고가 낮은 공간에 적용하기는 어려운 부분이 있어 아파트와 같은 낮은 천장고에 설치하는데 무리가 따른다. [층고가 낮은 주거공간이라도 천장을 노출하여 기본 천장마감높이를 없애고 간접조명을 적용하는 디자인을 볼 수 있다]

도면에 따라 조명박스에 금속 각 파이프와 같은 별도의 구조보강을 하지 않고 철판만 절곡하여 틀을 만드는 경우도 있으며 이 경우 조명박스의 폭이 넓거나 마감처리를 꼼꼼히 하지 않으면 조명박스 마감 단부와 연속되는 천장마감 부위 사이에 변형이 생겨 크랙이 발생하는 경우도 있다.

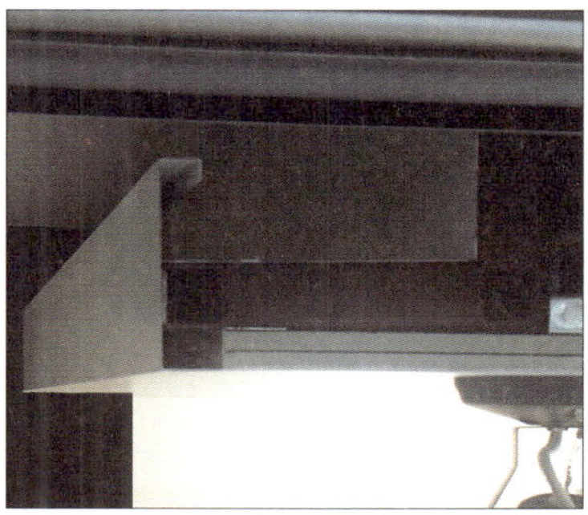

그림 142_ 왼쪽
간접조명 구조 시공사례 01
그림 143_ 오른쪽
간접조명 구조 시공사례 02

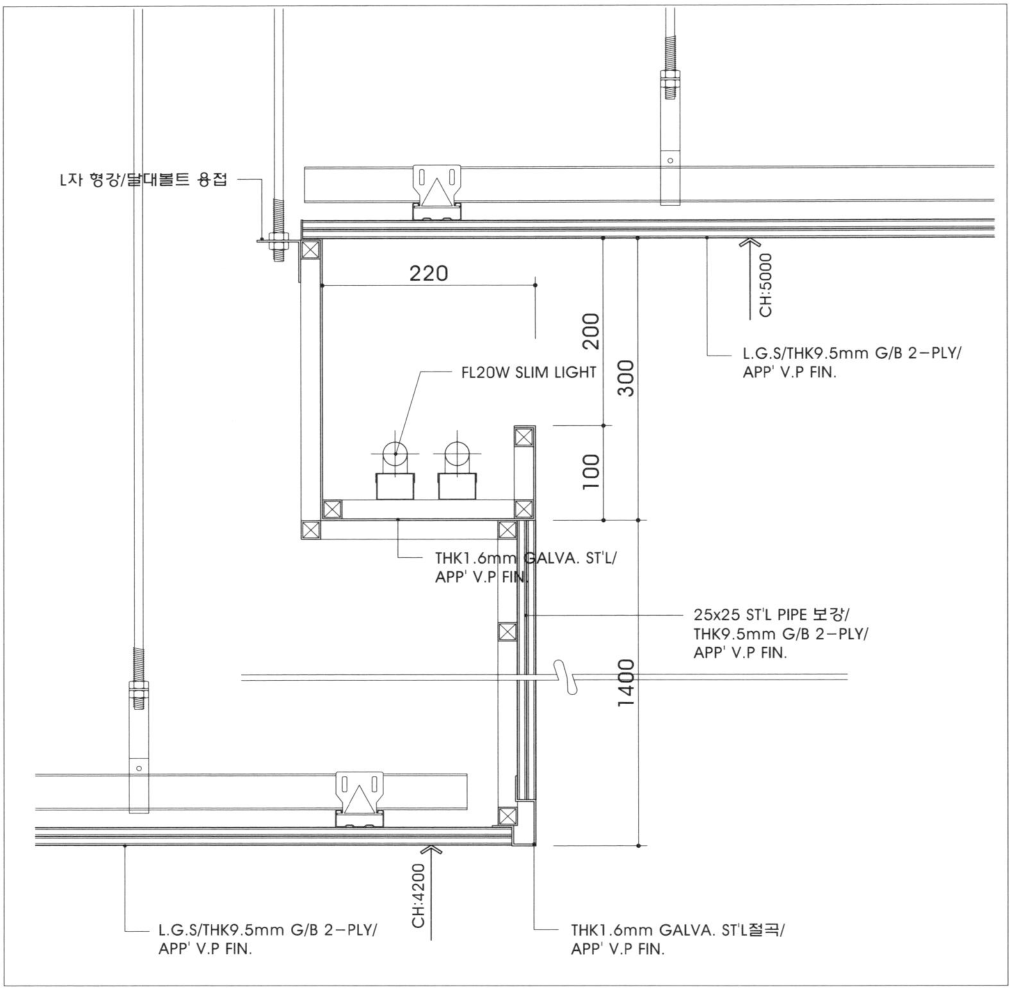

그림144_ 천장 간접조명 상세도(천정반사) 사례

F. 광천장

아크릴, FRP(Fiber glass Reinforced Plastic), 유리 등의 특정 투과패널을 통해 광원을 발산되게끔 면(面)처리된 천장 조명 방식을 일컫는 용어로 빛이 나오는 천장의 형태를 다양하게 디자인할 수 있으며 조명의 모양이나 광원이 직접 노출되지 않아 은은한 조도와 실내분위기 연출이 가능하다. 표면을 가공처리하거나 별도의 반투명 시트 등을

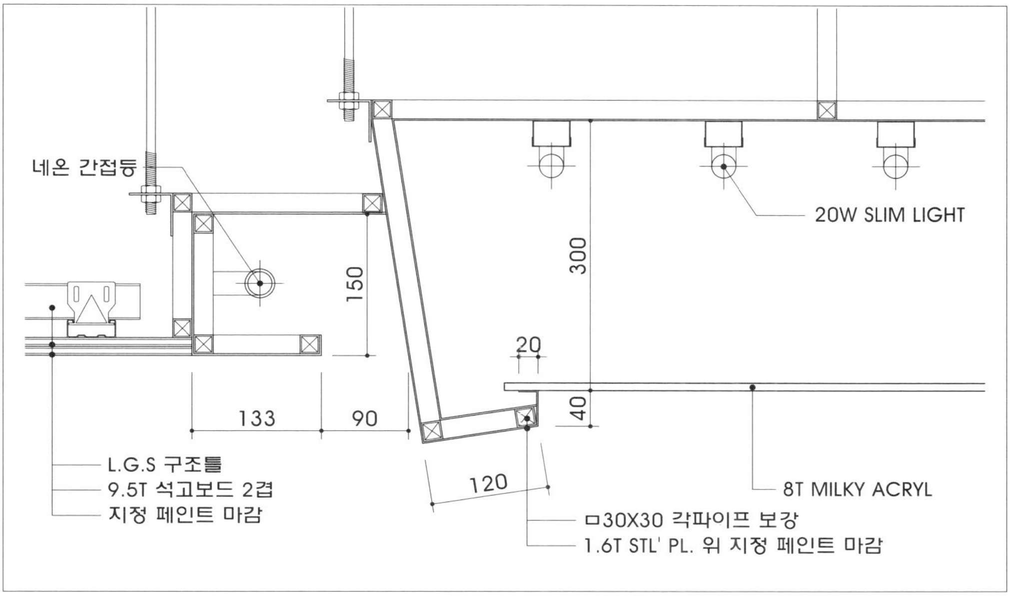

그림145_
아크릴 광천장 상세도 사례

부착한 아크릴을 사용하는 경우가 일반적이나 시간이 지남에 따라 아크릴 고유의 황변이나 휨 현상 등을 보완하기 위해 폴리카보네이트 등의 보강된 제품을 적용하는 경우도 늘어나고 있다. 아크릴이나 유리의 경우 별도의 반투명 처리를 하더라도 조명과 패널의 간격이 가까우면 조명의 윤곽이 패널에 비칠 수 있으므로 광원으로부터 일정거리 이상을 띄워 설계하여야 자연스러운 빛의 확산효과를 연출할 수 있다.

G. 바리솔 마감

바리솔(Barrisol)은 프랑스 기업에서 독점 개발한 스트레칭 시트계열의 막 구조로 이루어진 특정 기업의 제품 명칭으로, [특정 제품을 일반화시켜 마감방식의 하나로 분류·설명하는 것이 바람직하지는 않으나 인테리어의 천장 막 구조에 광범위하게 사용되고 있다] 타 조명방식에 비해 비교적 비용이 많이 들어 주로 상업 공간, 전시 공간 등의 천장 디자인에 주로 사용되었다가 현재는 독립적인 조명제품으로까지 개발되어 주거공간으로까지 점차 사용범위가 확장되어가고 있다.

조명으로 사용할 시에는 광원(일반적으로 형광등, LED)이 막을 투과해 확산되어 비추는 구조로 눈부심이 없으며 스트레칭이 가능한 막 구조의 물리적 특성으로 인해 비교적 자유로운 볼륨감을 표현할 수 있고 눈에 띄지 않는 정교한 프레임 구조로 둔탁한 테두리마감 없이 미니멀한 마감처리가 가능한 장점이 있다. [TV의 화면을 둘러싼 프레임 폭이 기술력의 발전과 함께 점점 얇아지다 못해 거의 눈에 띄지 않을 정도로까지 얇게 생산되는 디자인 감성과 유사하다고 보면 된다]

하드웨어로 사용되는 레일의 종류는 벽면에 고정하는 벽레일(그림146,147 참조), 천장에 고정하는 천장레일, 서로 연결이 필요할 시에 이음부에 부착되는 조인트레일 등이 있다.(표28 참조)

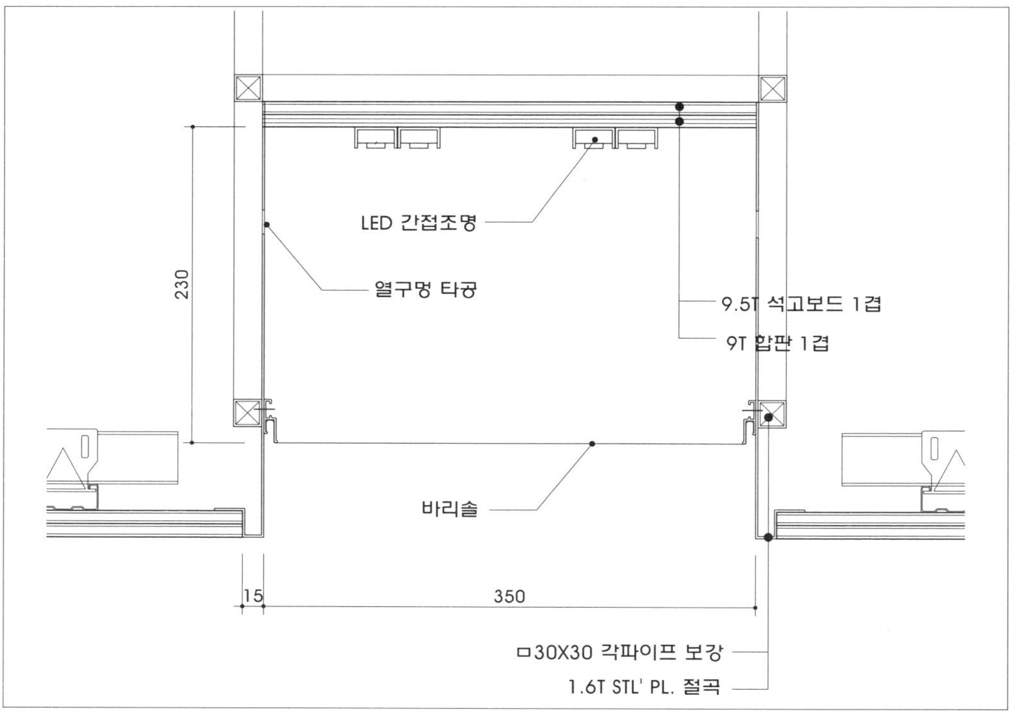

그림146_
천장 바리솔 조명 상세도 사례

Ceiling	Wall	Joint
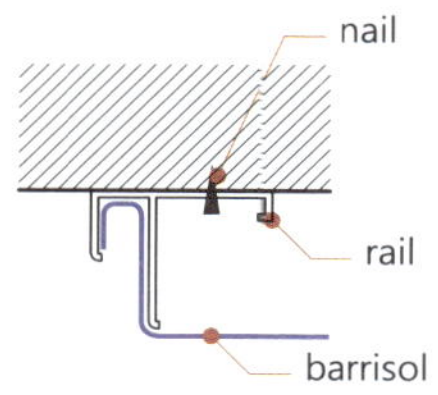	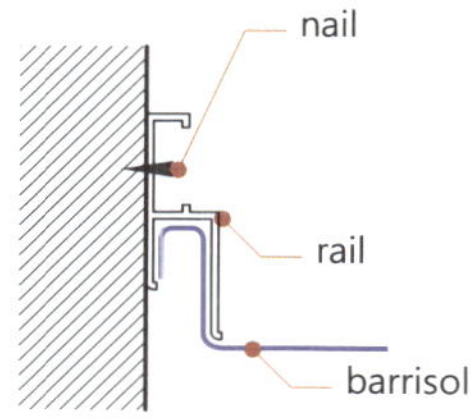	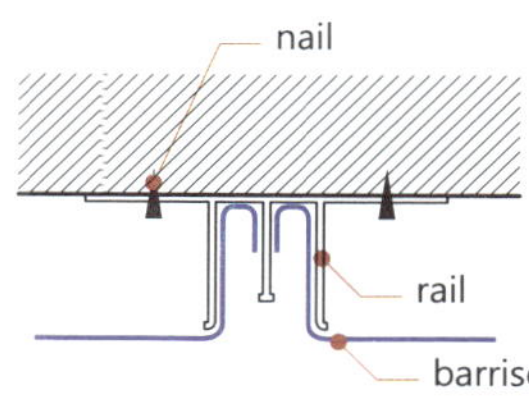

표28_ 바리솔 레일 종류

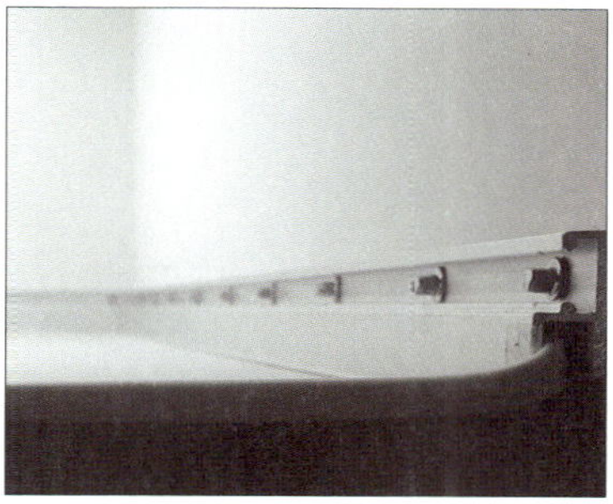

그림 147_ 왼쪽
벽레일을 적용한 바리솔 상세

그림 148_ 오른쪽
탈착식 바리솔 시공사례

H. 천장의 단 차이

디자인이나 기능적으로 공간의 변화를 위해, 또는 천장마감 상부의 설비배관의 간섭 등으로 천장 일부구간에 높이변화가 필요할 때 별도의 구조보강을 하여 다양한 단 차이를 만드는 경우가 있다. 보통 기본 천장 마감 구조에 각 파이프나 각재 등을 이용해 마감하고자 하는 형태의 뼈대를 구성하고 원하는 마감재를 부착하는 방식을 취하는 것이 일반적이다.(그림149,150 참조)

I. 디퓨저(Diffuser)

내부공간의 공기조화를 위한 개구부는 천장에 설치된 공조배관(덕트)을 통해 유입, 유출되도록 설계되어지는 경우가 일반적이다. 간혹 높은 층고를 가져 도달거리가 길어져 공조효율이 좋지 않을 경우, 벽이나 바닥에 설치되는 경우도 있는데 대형 전시장, 극장 등의 대규모

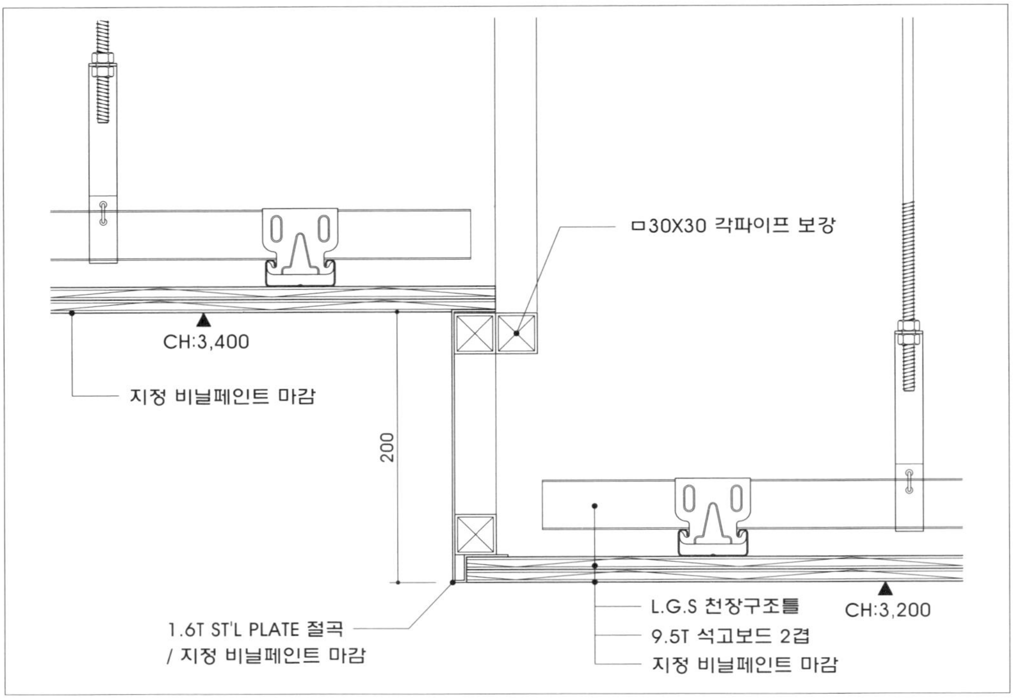

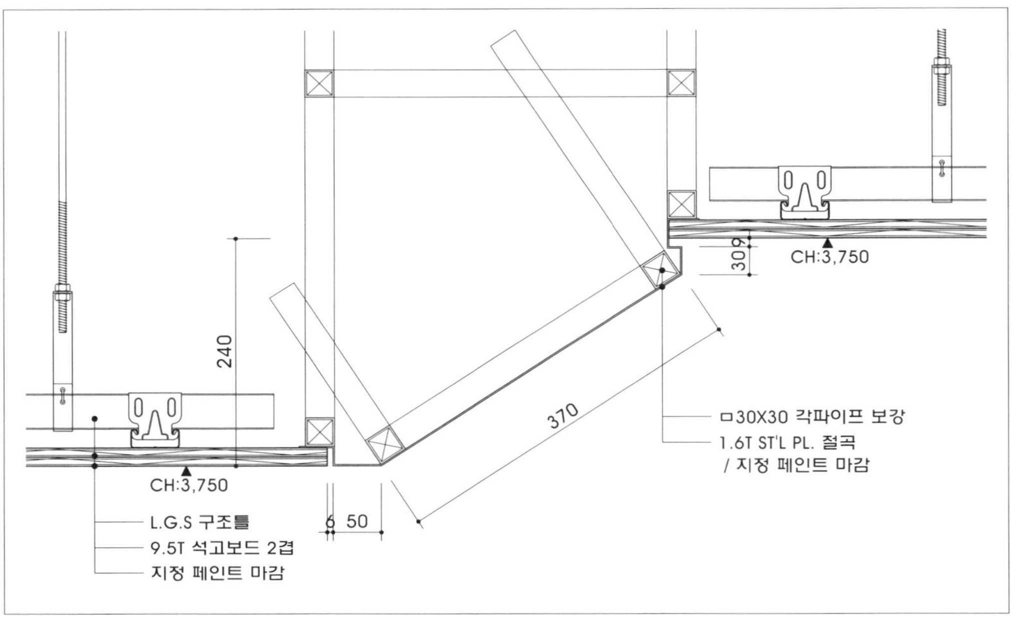

그림149_ 위
천장 단차이 상세도 사례 01
그림150_ 아래
천장 단차이 상세도 사례 02

공간에 주로 적용된다.

일반적으로 취출구의 형태에 따라 크게 사각디퓨저, 원형디퓨저, 라인디퓨저(그림151 참조) 등으로 나누어지고 이는 공조방식의 차이에 따라 다시 세분화된다.

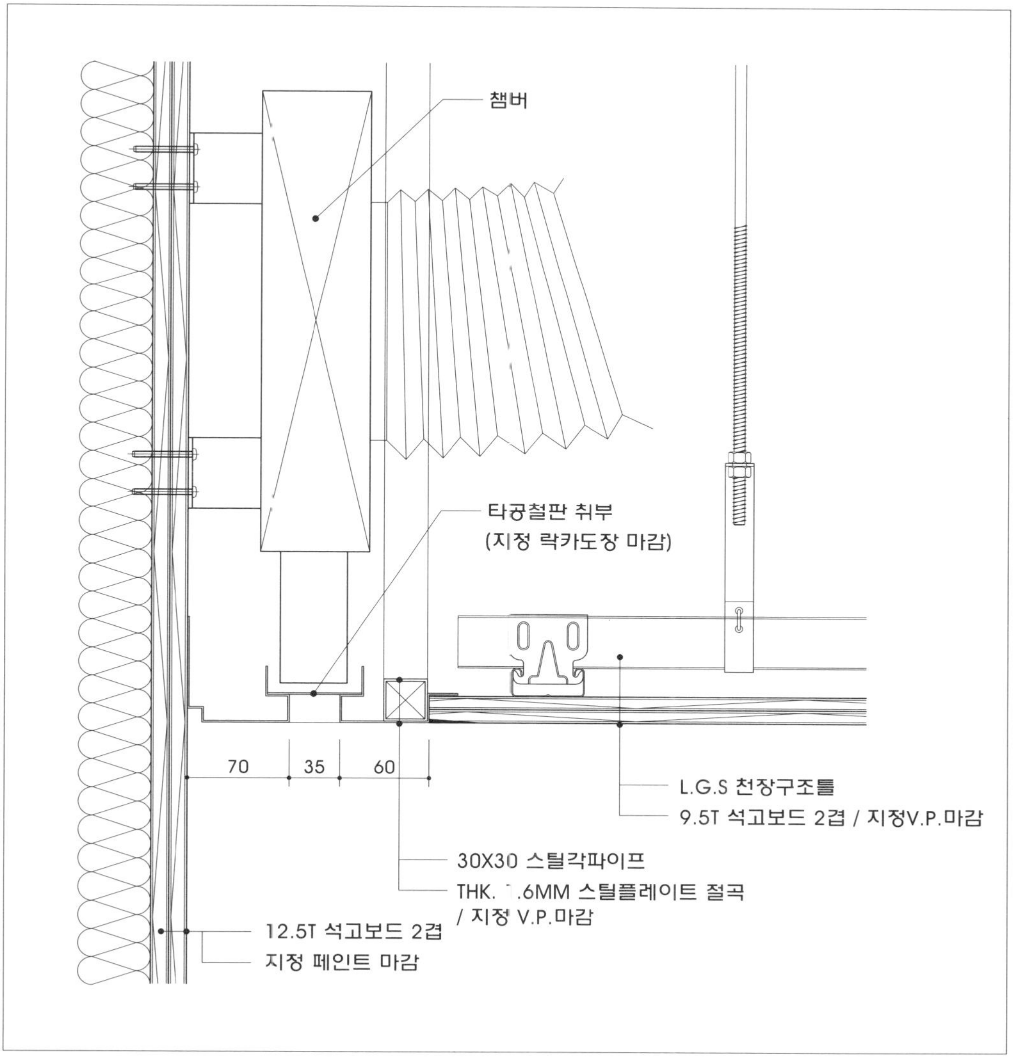

그림151_
라인디퓨저 시공상세도 사례

J. 몰딩

인테리어에서 지칭하는 몰딩(molding)은 벽과 바닥(걸레받이), 천장과 벽이 만나는 부분처럼 공간의 모서리나 가구의 모서리, 문의 테두리 등 모서리 이음매를 숨기거나 자연스럽게 처리하기 위한 용도로 가공한 띠의 형태를 가진 긴 부재를 일컫는 말이다.

마감을 깨끗하게 처리하기 위한 기능적 필요성이 몰딩처리의 기본적인 목적이긴 하나 디자인적으로도 아름답게 보이게 하기 위해 별도의 장식적 효과를 만들기도 하고 다양한 형태를 이용해 보다 섬세한 모서리 마감 처리를 이끌어낼 수도 있다. 앞서 설명한 걸레받이와 같이 작은 부분이지만 공간의 완성도를 위해 매우 중요한 부분이라 할 수 있다.

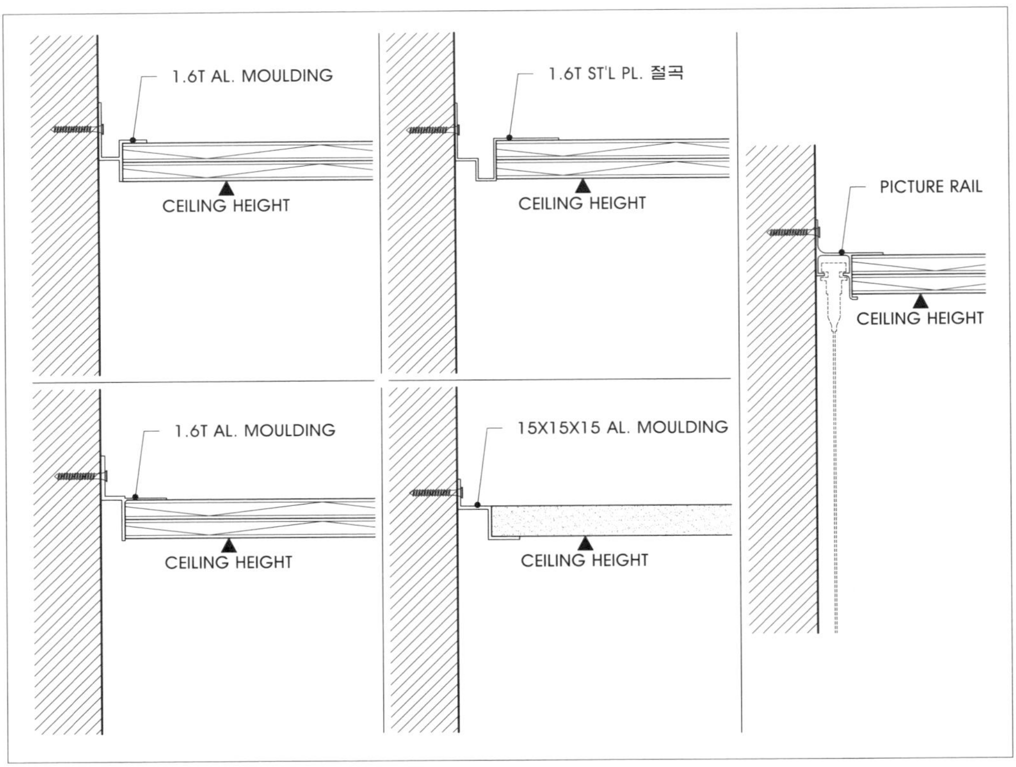

그림152_
금속 몰딩 상세도 사례

공간에 사용되는 마감재에 따라 적용하는 몰딩의 재료나 형태도 달라지는데 일반적으로 벽지를 주로 사용하는 주거공간의 경우 천장과 벽의 모서리처리를 숨길 목적으로 원목이나 MDF, PVC에 필름을 랩핑한 기성 몰딩제품이 흔히 사용되며 공공 공간, 상업 공간 등의 천장은 사용되는 마감재도 다양해지므로 그에 따른 금속이나 플라스틱 몰딩 기성제품을 사용하거나 필요에 따라 금속을 가공해서 사용하는 경우도 많다. 도면(그림152 참조) 예시처럼 알루미늄이나 철판을 절곡한 몰딩을 디자인에 맞게 사용하는 경우가 일반적이다. 보통 1.2~1.6T 소재의 금속판재를 가공하며 필요에 따라 도장처리를 하는 경우도 있다.

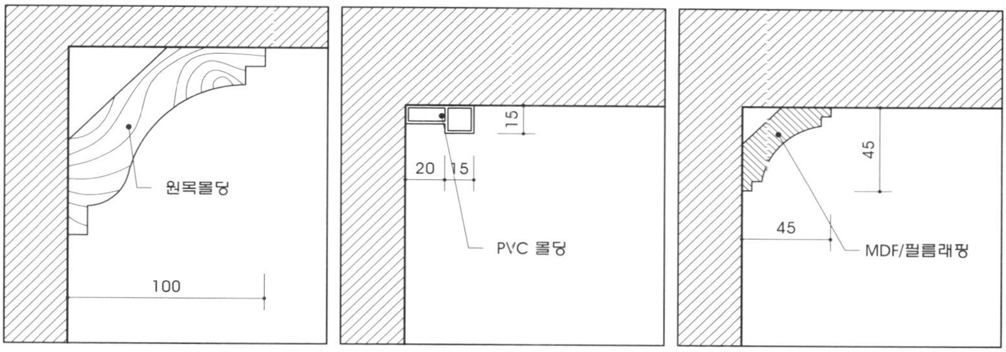

그림153_ 위 천장몰딩종류
그림154_ 왼쪽 PVC몰딩
그림155_ 오른쪽 알루미늄몰딩

K. 커튼박스

커튼이나 블라인드 등을 설치하기 위해 창호 상단부에 만들어지는 공간으로 목공사의 경우 각재로 틀을 잡고 합판이나 MDF로 박스를 짜거나 금속파이프나 앵글 등을 이용한 구조틀에 1.2~1.6T의 철판을 원하는 폭만큼 절곡하여 시공한다.(그림158 참조) 인테리어 효과를 높이기 위해 커튼박스 단부에 간접조명을 설치하기도 하며 커튼박스에 설치되는 구조물이나 폭 등을 고려해 구조보강을 제대로 해 주어야만 추후 발생할 수 있는 하자를 줄일 수 있다.

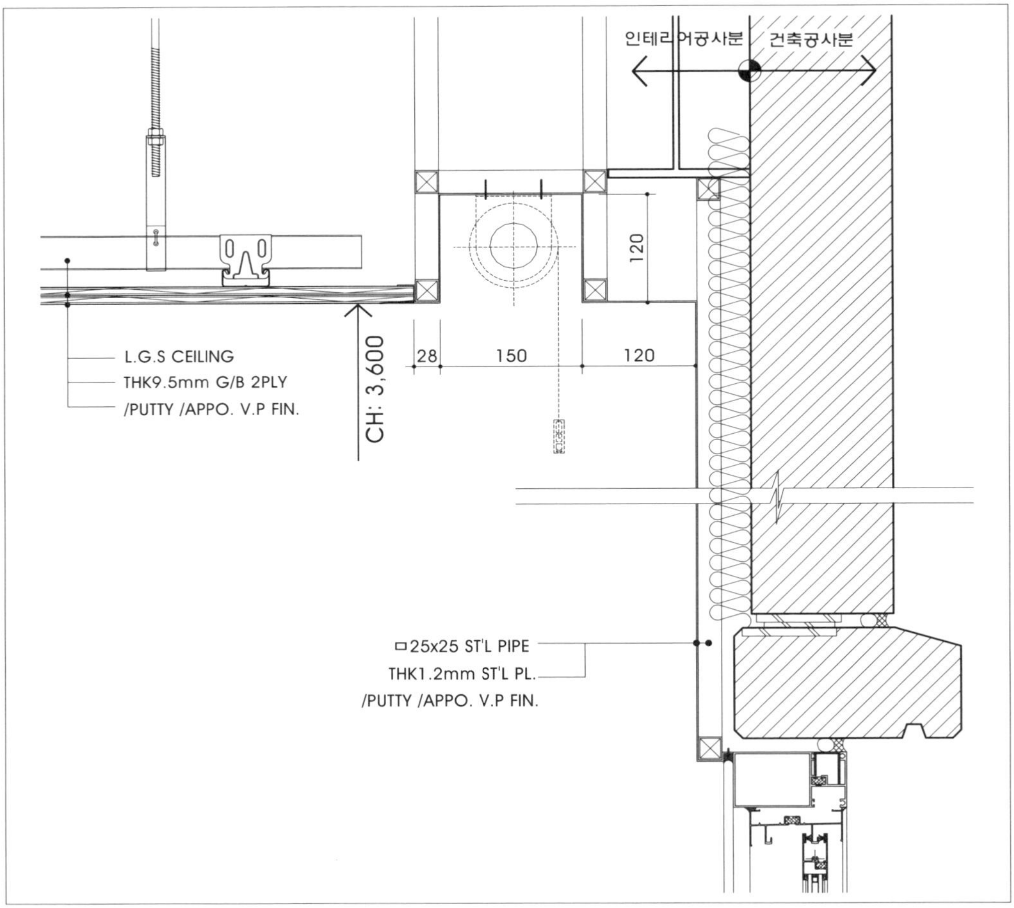

그림156_
커튼박스(롤블라인드) 상세도 사례

그림157_ 왼쪽
목구조틀로 제작된 커트박스 사례(왼쪽), 철판으로 제작된 커튼박스 사례(오른쪽)

그림158_ 아래
커튼박스 상세도 사례

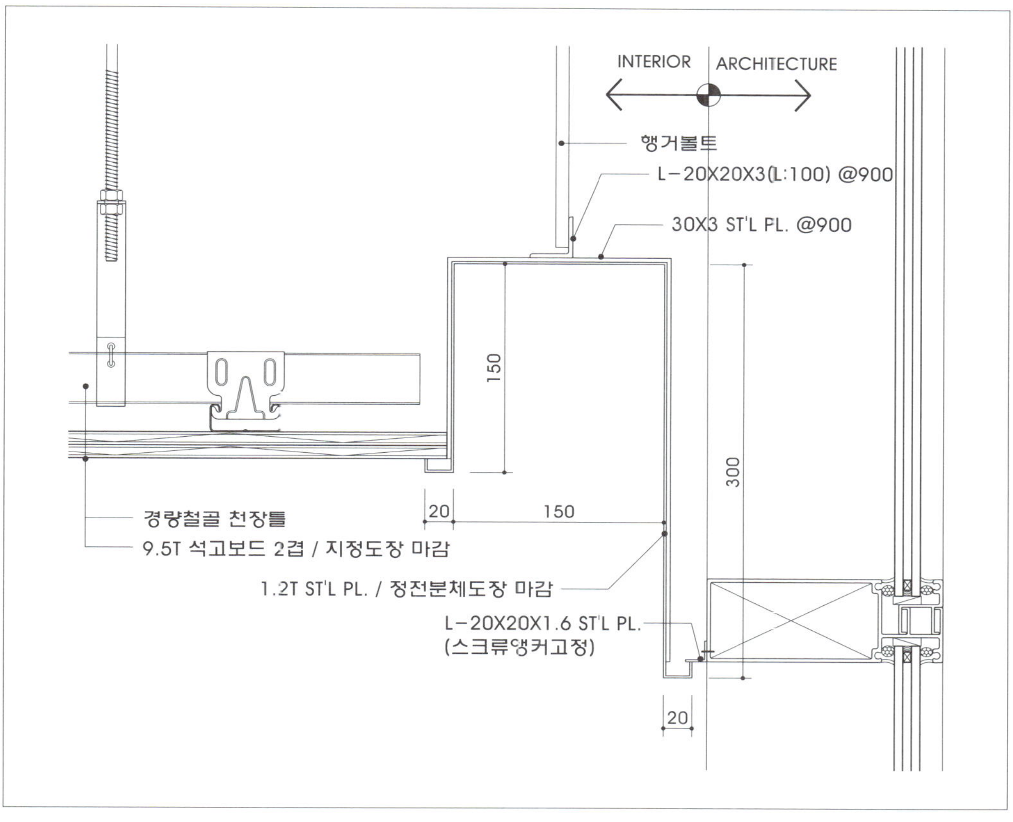

A. 철골구조 위 목재계단마감

인테리어공사에서 새로 조성되는 목재계단의 골조는 일반적으로 스틸 각파이프, 형강, 일정두께 이상의 스틸플레이트 등을 이용해 틀을 짜고 디딤판, 챌판 등에 판재를 부착하는 방식으로 시공된다.

B. 콘크리트 위 석재계단마감

보통 건축에서 콘크리트 계단 구조체를 시공해 놓은 상태에서 석재마감을 하는 경우는 붙임 모르타르를 이용해 마감하는 방법이 일반적이다. 석재의 강도에 따라 적용할 두께를 판단하여야 하며 디딤판

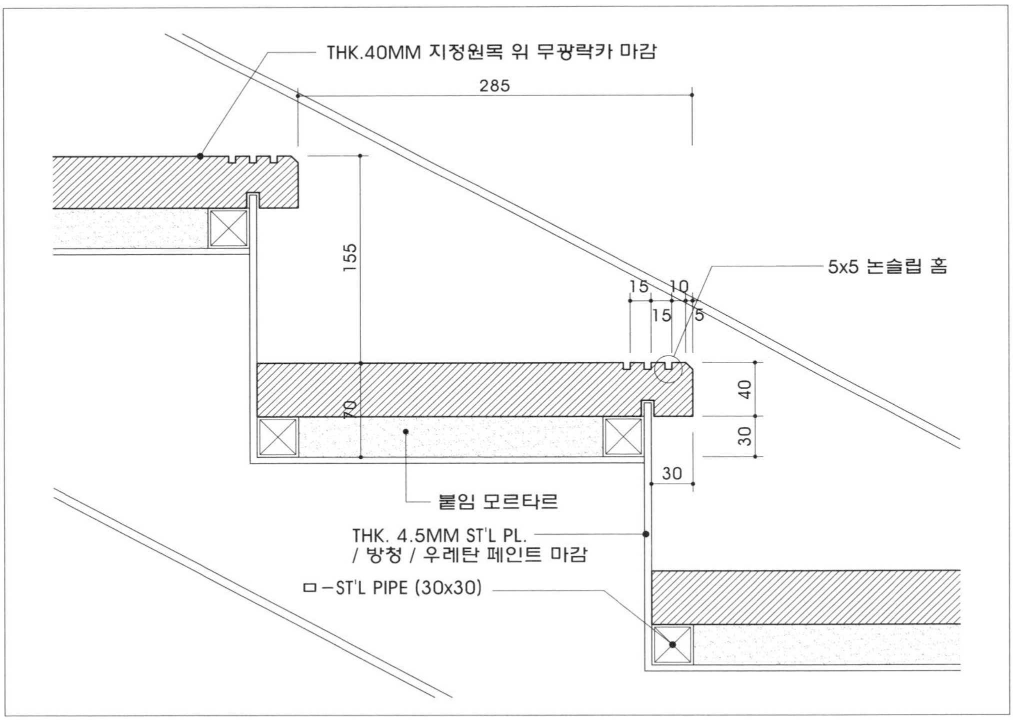

그림159_
목재계단 상세도 사례

은 보통 30MM 판석을 많이 적용하며 챌판은 상대적으로 디딤판보다 얇은 판석을 사용하기도 한다.

미끄럼 등에 대한 안전사고를 고려해 마감표면에 대한 처리방법을 신중히 고려하여야 하며 넌슬립테잎, 알루미늄, 스텐인레스스틸 등으로 제작된 제품을 사용해 디딤판 끝단에 넌슬립 마감을 하거나 넌슬립 홈을 만들기도 한다. 디딤판의 모서리는 안전과 모서리 깨짐 등을 방지하기 위해 3~5MM 정도 둥글리는 면취 가공을 하는 것이 일반적이다.

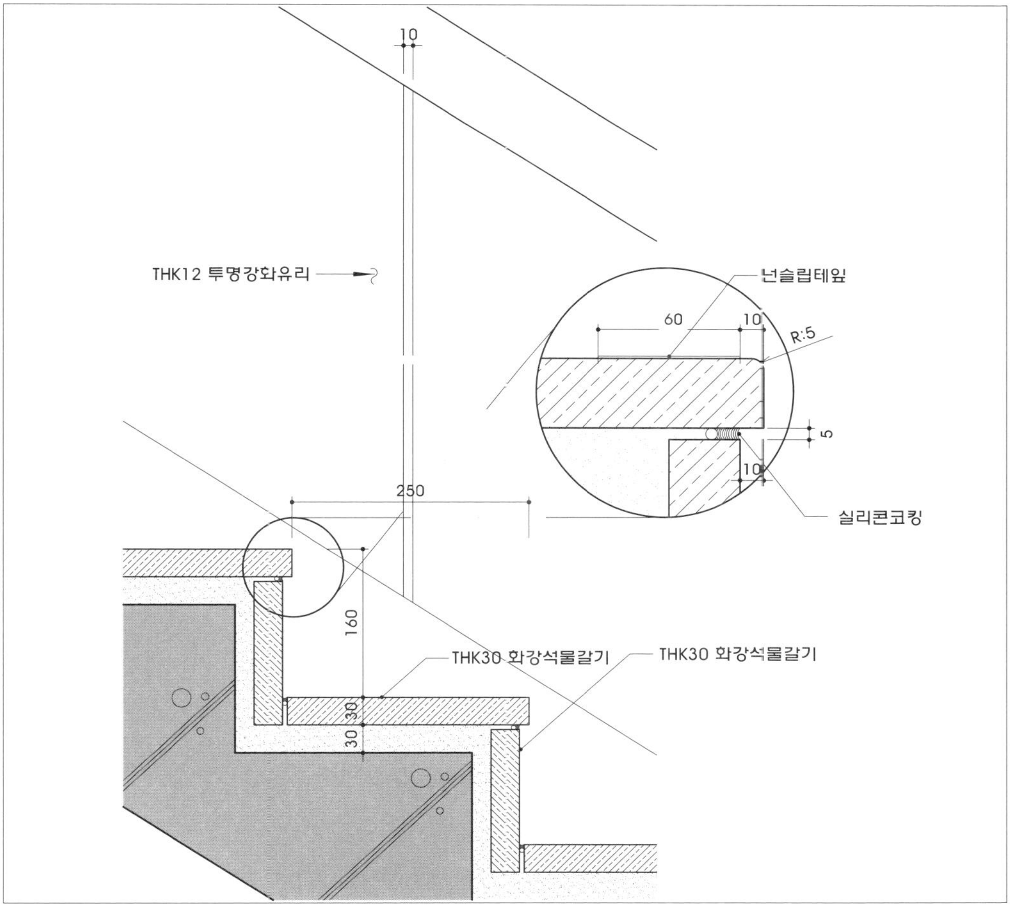

그림160_
콘크리트/ 붙임모르타르 위
석재계단 상세도 사례

그림161_ 붙임모르타르 위 석재계단 시공 이미지(왼쪽), 우드각재 틀 위 원목계단 시공 사례(오른쪽)

C. 철골구조 위 석재계단마감

- 석재 표면 처리방법

1. 물갈기

금강사 등의 연마사 등을 뿌리고 물과 함께 숫돌로 연마하여 석재 표면에 광택이 나도록 마감하는 방법. 주로 내부 홀 등의 바닥재에 적용.

2. 혼드마감(Honed Surface)

물갈기와 달리 연마처리만 하여 광택이 없는 표면작업으로 물갈기 표면처럼 지속적인 관리가 필요하지 않고 물갈기에 비해 미끄럼이 적어 보행에 편리.

3. 버너마감

흔히 버너구이라고 부르며 1,000℃이상의 불꽃을 가해 결정의 일부가 떨어져나가면서 질감을 형성하는 마감방법. 주로 외부 미끄럼 방지를 위해 사용.

4. 잔다듬

날망치를 이용해 규칙적으로 약한 타격을 가해 적당히 고운 표면질감 만드는 마감방법. 주로 끝이 뾰족한 돌기가 규칙적으로 나 있는 롤러를 장착한 기계로 가공함

5. 도드락다듬

정사각형의 타격면에 뾰족한 돌기가 규칙적으로 나 있는 도드락 망치(Bush Hammer)로 일정한 타격을 가해 마감하는 방법. 잔다듬보다는 거칠고 정다듬보다 부드러움.

6. 정다듬

석재표면을 정을 이용해 타격하여 마감하는 방법으로 작업에 따라 거친 정도를 원하는 정도로 조정함.

7. 혹두기

쇠망치를 이용해 자연 상태의 거친 석재를 대강 다듬는 방식

※ 표면의 연마정도에 따른 거친 순서

혹두기 > 정다듬 > 도드락다듬 > 잔다듬 > 버너 > 혼드 > 물갈기

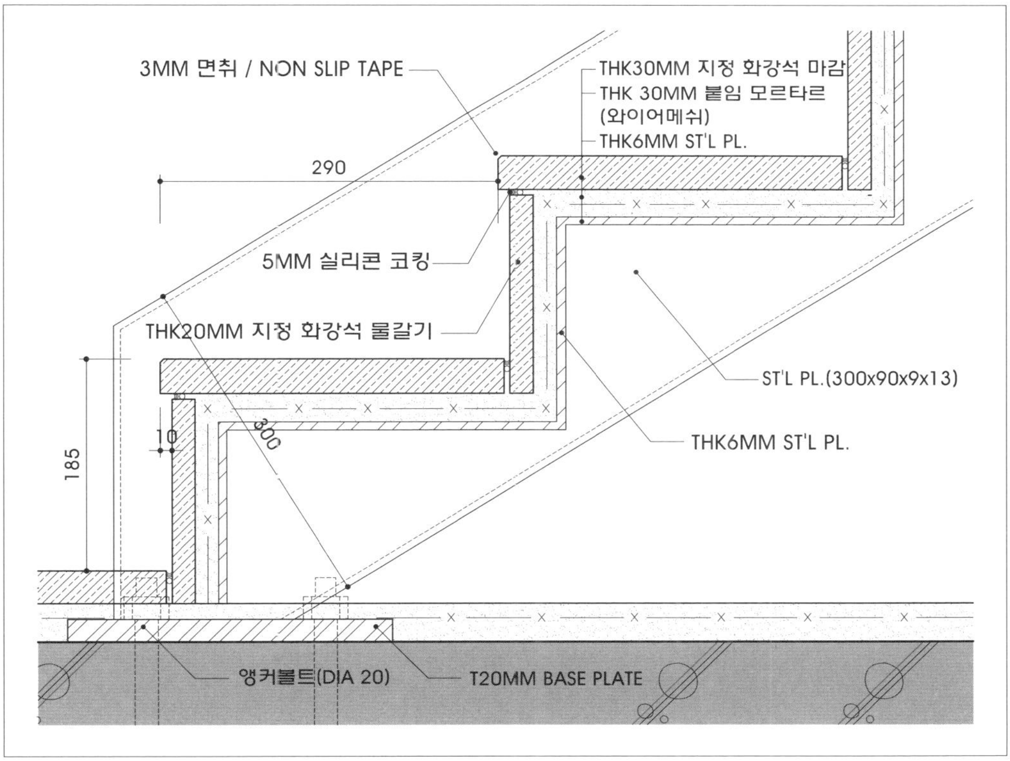

그림162_ STEEL PLATE 위 석재계단마감 시공 상세도 사례

D. 철재계단

주로 구조체의 역할이 가능한 H빔, C형강, 스틸파이프 등을 이용하여 계단의 틀을 짜고 적절한 두께의 디딤판을 용접 또는 조립하는 방식으로 만들어지며, 철재의 특성상 발생할 수 있는 부식방지를 위해 방청처리를 하고 미관, 미끄럼 등을 고려해 마감재를 적용한다.(그림 163 참조)

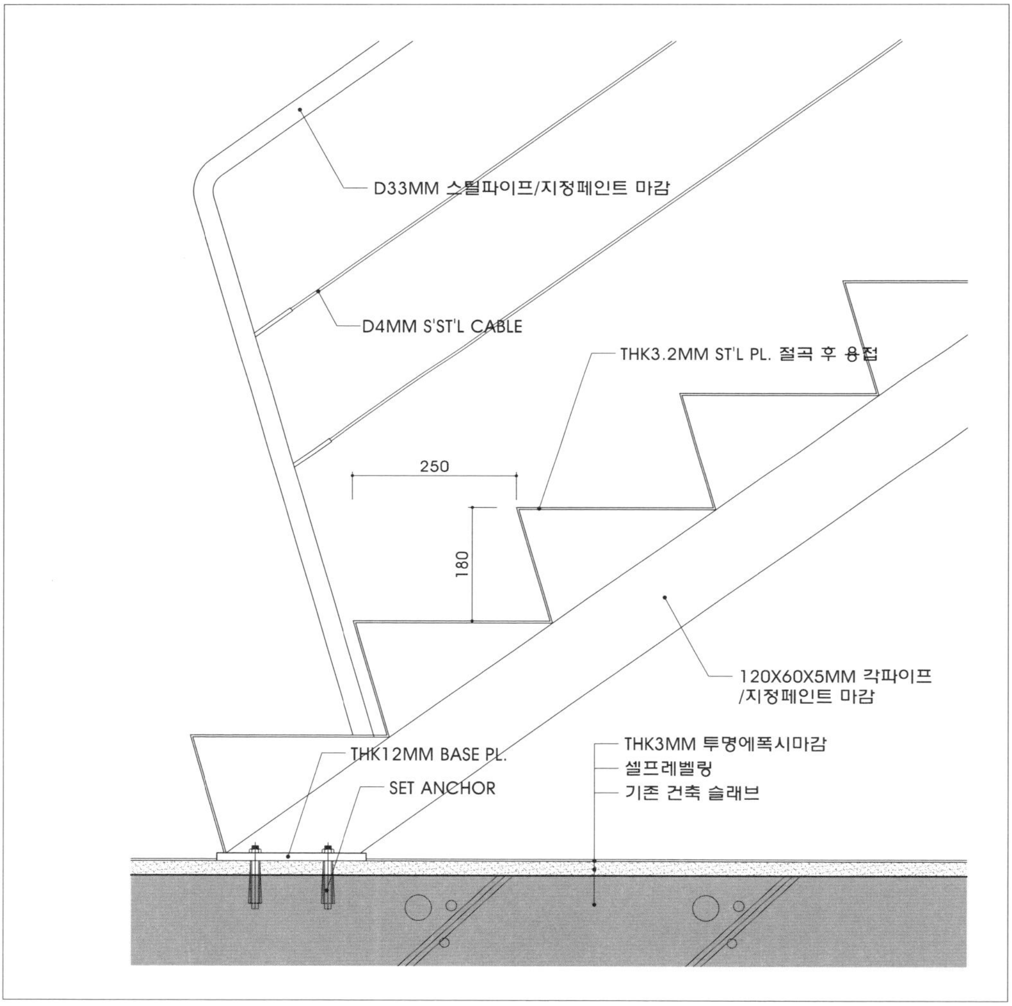

그림163_
철재계단 시공상세도 사례

E. 강화유리 난간

철제난간과 함께 많이 적용되는 난간으로 내구성을 위해 보통 8~12mm 정도의 강화유리를 사용하며 난간프레임의 유무, 바닥 구조물의 종류에 따라 난간의 고정 방법도 달라진다. 바닥이 콘크리트일 경우 두꺼운 스틸로 유리를 감싸고 앵글에 앵커볼트로 고정하는 방법을 많이 사용하고 철골구조일 경우 용접이나 볼트를 체결하여 고정하기도 한다.

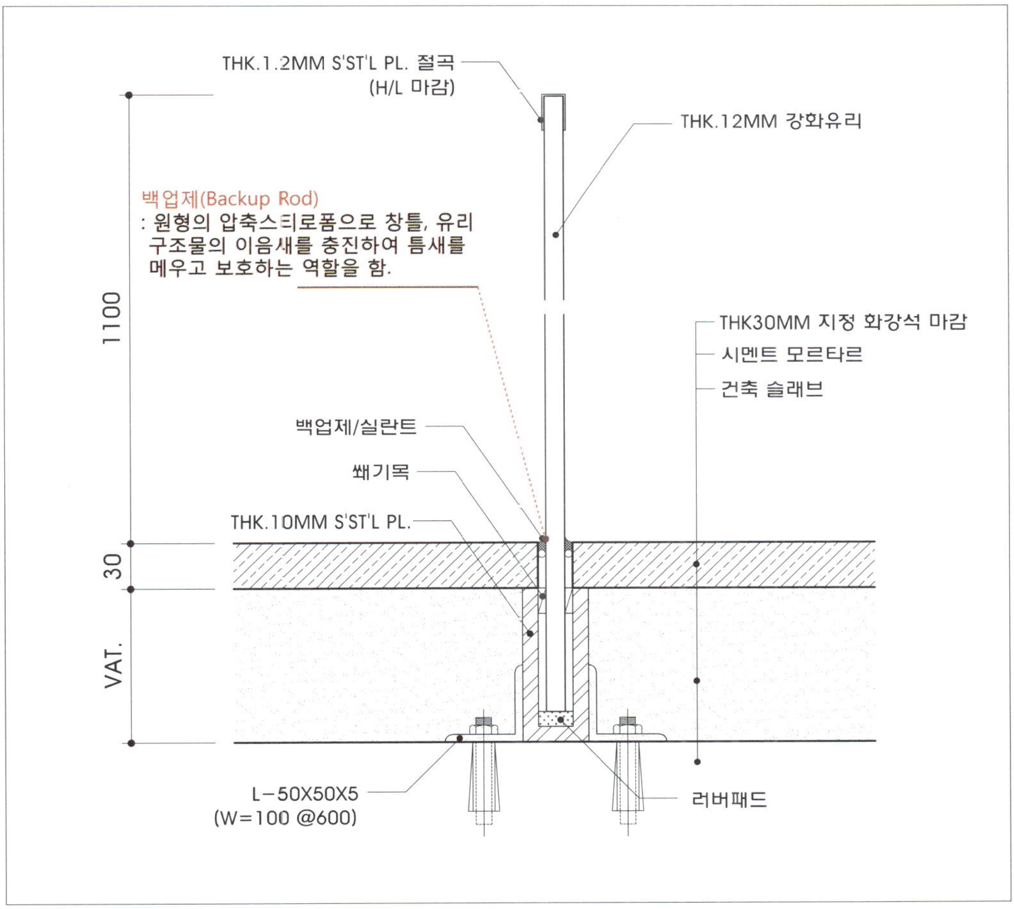

그림164_
강화유리 난간 시공 상세도 사례 01

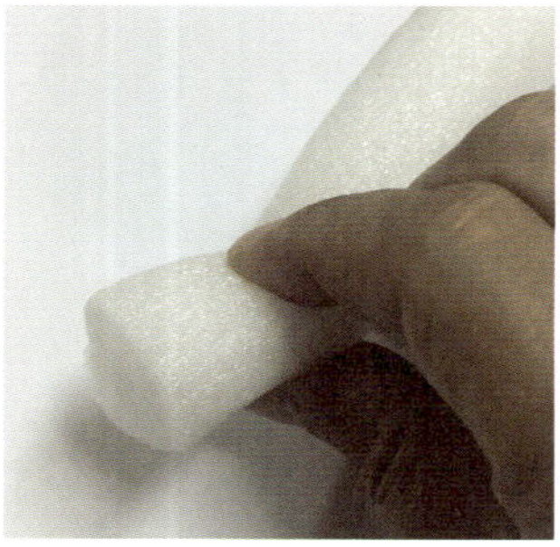

그림165_ 백업로드

백업로드(Backup Rod)

흔히 현장에서 '백업제'라고 부르는 발포 폴리에틸렌 재질의 원형봉을 일컫는 말로 창틀, 유리구조물 등의 틈새나 재료의 이음부 사이의 틈을 메우는 용도로 사용된다. 실란트 작업 전에 틈을 메워주고 자체 탄성으로 재료의 변형이나 뒤틀림을 완충해주는 역할을 한다.(그림165 참조)

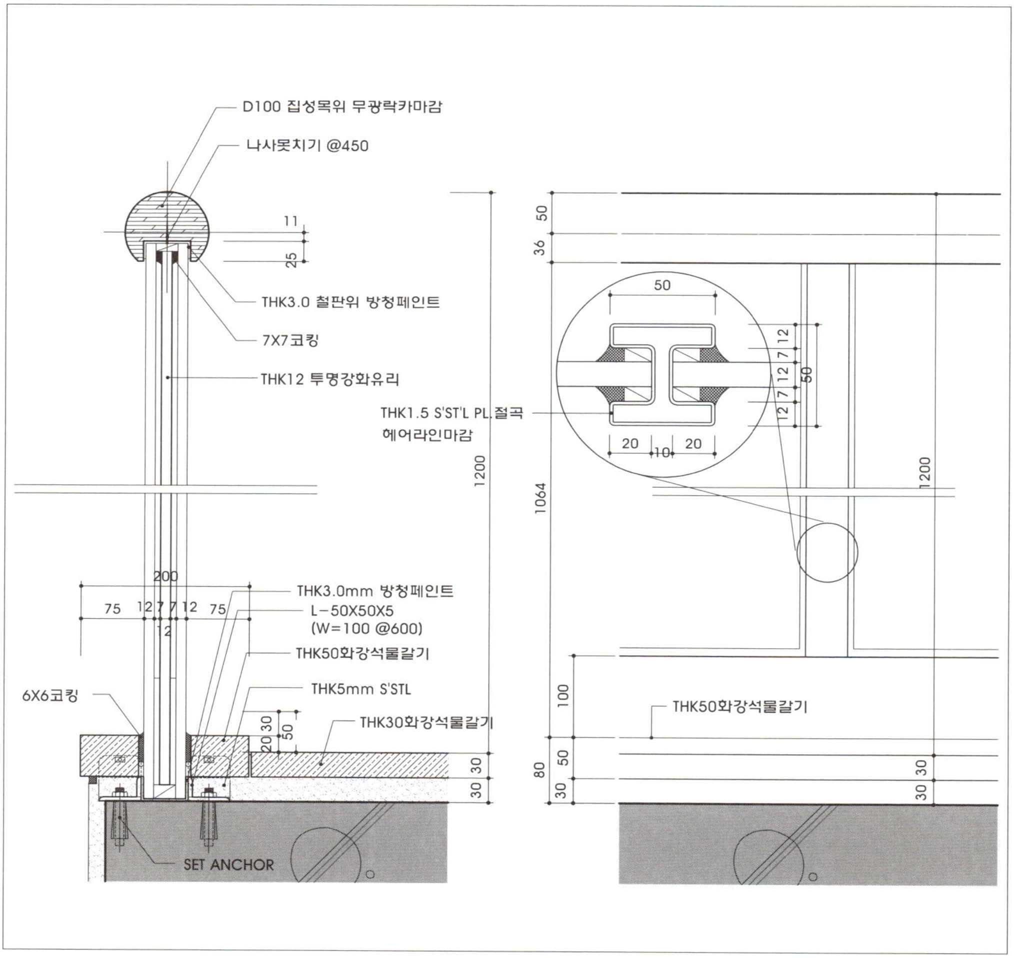

그림166_ 원목 손스침 / 강화유리 난간 시공상세도 사례 02

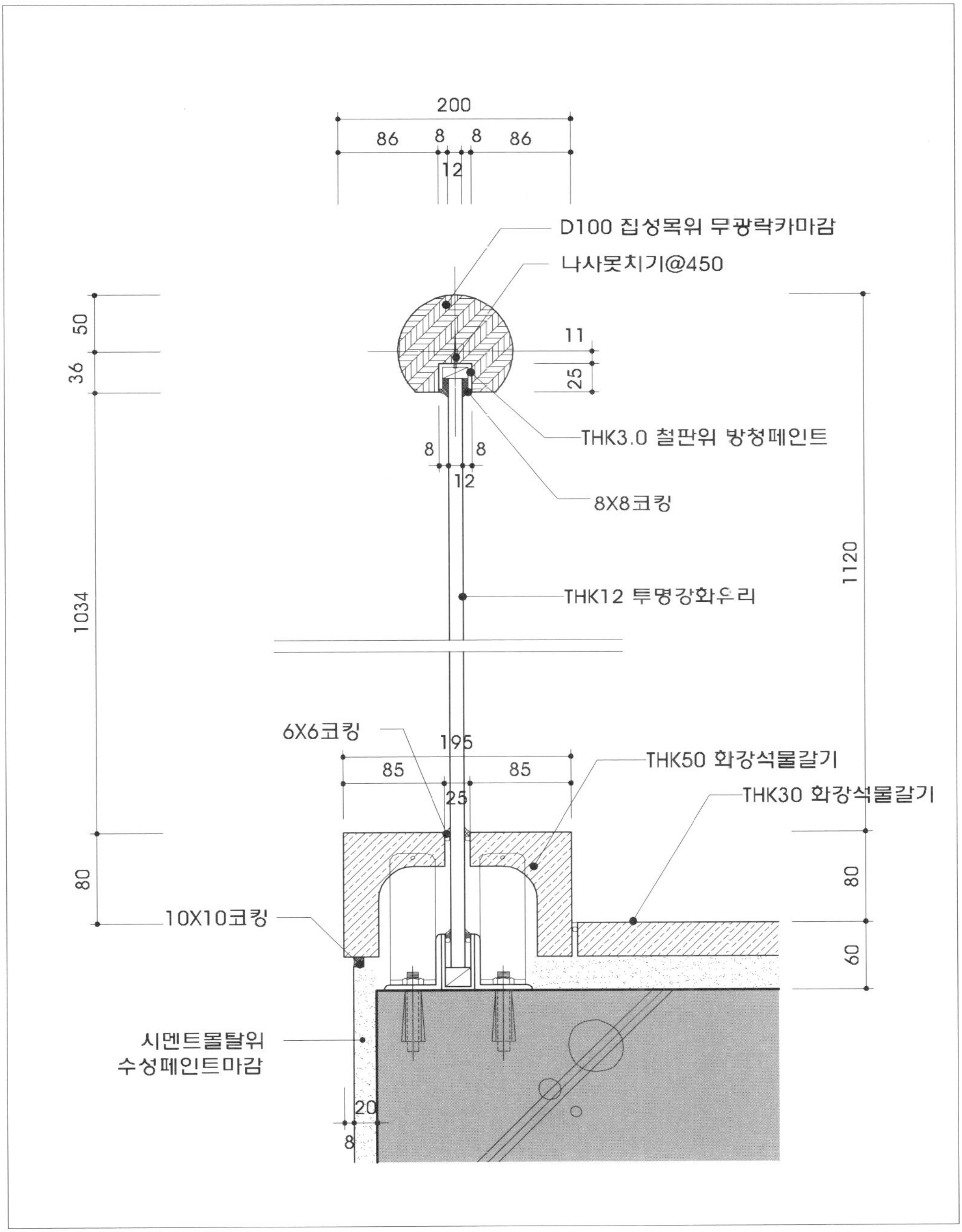

그림167_ 원목 손스침 / 강화유리
난간 시공상세도 사례 03

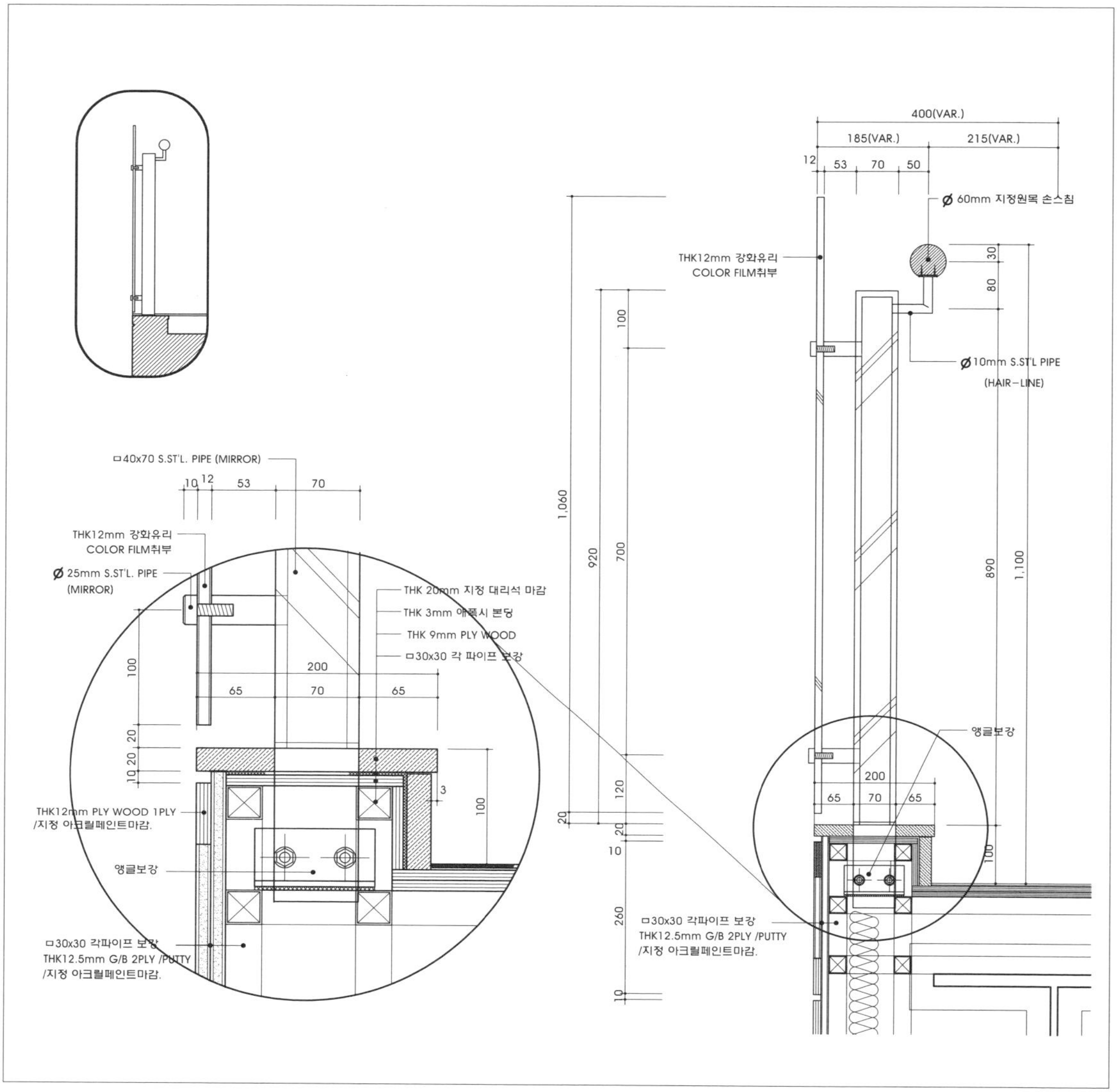

그림168_ 원목 손스침 / 강화유리 난간 시공상세도 사례 04

F. 철제 난간

가장 흔히 적용되는 난간으로 일정 두께의 평철(Flat Bar)을 용접하여 용접부위의 거친 면을 그라인딩 처리하고 녹 방지를 위한 방청처리 후 락카나 우레탄 도장으로 마감한다.(그림169 참조)

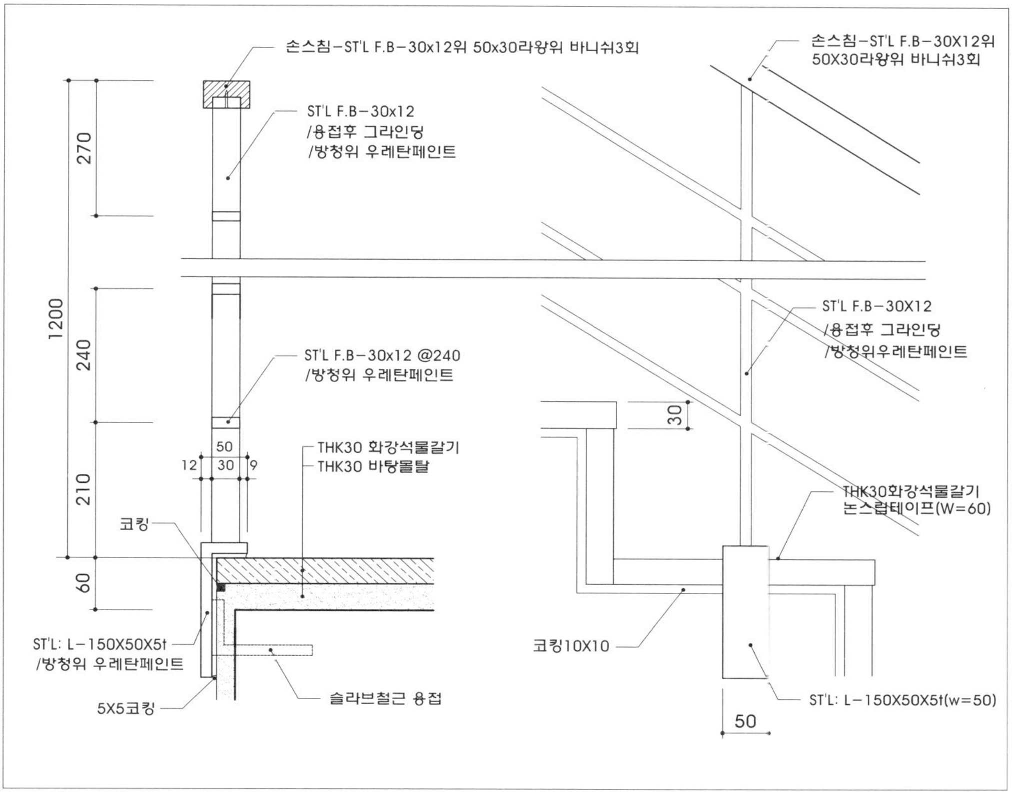

그림169_
철제난간 시공상세도 사례

가구 상세도

내부공간에 사용되는 가구는 크게 현장에서 제작되는 가구와 공장에서 완제품으로 제작되어 현장에 최종 설치하는 가구로 나눌 수 있다. 붙박이소파나 카운터, 안내데스크, 벽 선반과 같은 '건축화'된 가구는 가구의 크기와 현장 치수, 타 공정과 관계 등으로 인해 거의 현장에서 제작되며, 벽부장, 주방가구처럼 공장에서 완성된 단위가구를 현장에서 조립, 고정하고 인테리어마감과 갖물리는 부분에 별도의 몰딩처리[흔히 현장에서 '휠라'라고 지칭한다]를 하는 경우도 흔히 볼 수 있다. 인테리어도서에 포함되는 가구 및 집기 관련 도면은 아파트

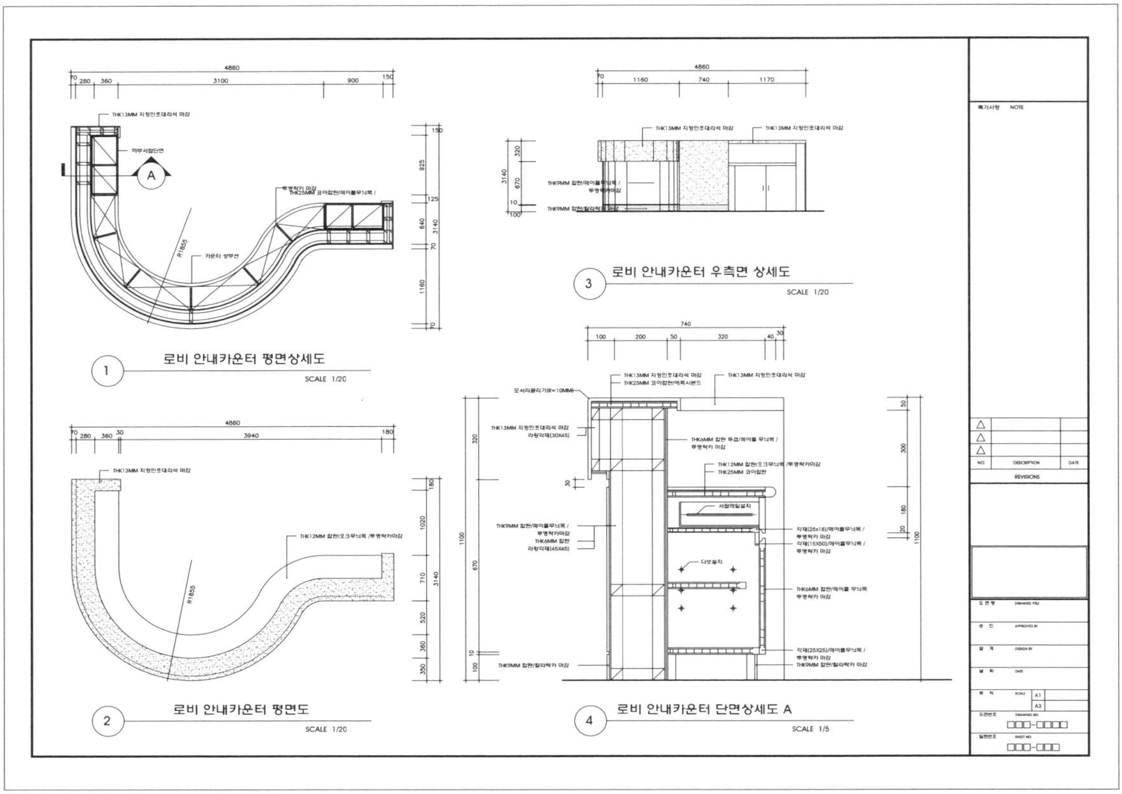

그림170_
안내데스크 시공 상세도 사례

처럼 대량제작이 필요한 경우처럼 특별한 경우를 제외하고는 현장에서 제작이 필요한 가구에 대한 정보를 제공하는데 목적이 있다.

현장에서 제작되는 가구도면은 정면도, 측면도, 종단면도, 횡단면도를 기본으로 작성하게 되며 시공을 위한 상세한 설명이 필요한 부위는 부분 확대시켜 별도로 작성한다.(그림170 참조)

A. 바 카운터

식음료에 관련된 공간은 대부분 카운터를 중심으로 설계가 이루어지며 대부분의 카운터는 현장에서 제작하는 방식을 취한다. 구조적인 역할을 하는 프레임은 스틸 각파이프, 형강, 우드각재 등으로 제작되며 최종 마감재에 따라 대리석, MDF, 합판, 금속판재 등으로 마감하게 된다. 카운터의 작업성격에 따라 개수대 설치가 필요하기도 하며 이 때의 상판은 오염이나 내구성 등을 고려한 대리석, 타일, 도장 등으로 마감하는 방법이 일반적이다.(그림171 참조)

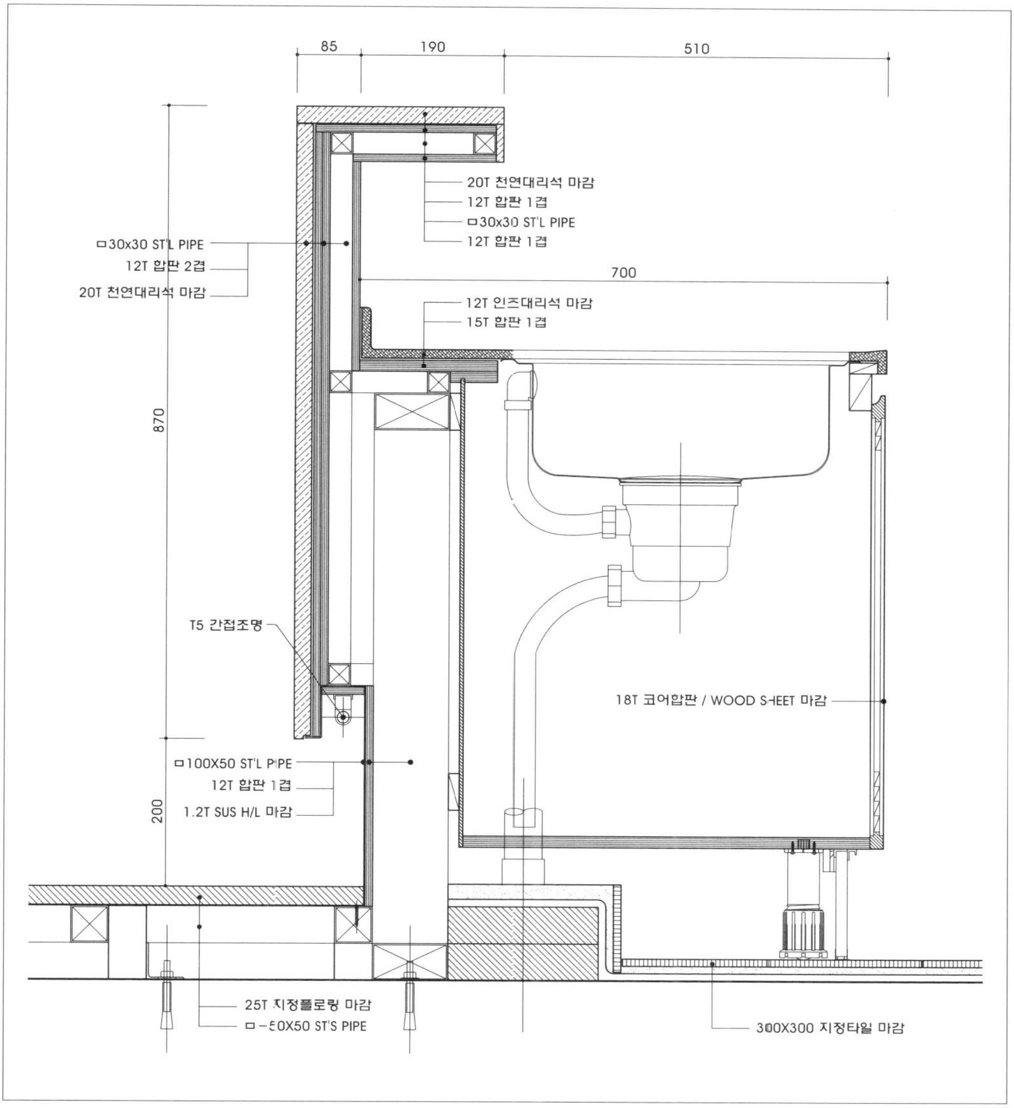

그림171_ Bar Counter 시공 상세도 사례 (스틸 각 파이프 구조)

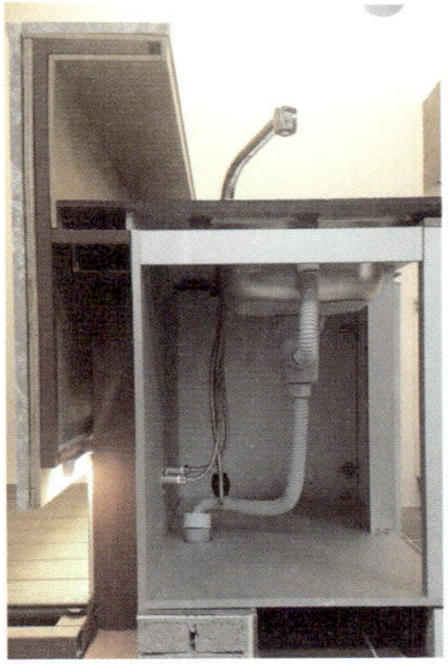

그림172_
바 카운터 시공단면(왼쪽), 카운터 시공 사례(오른쪽)

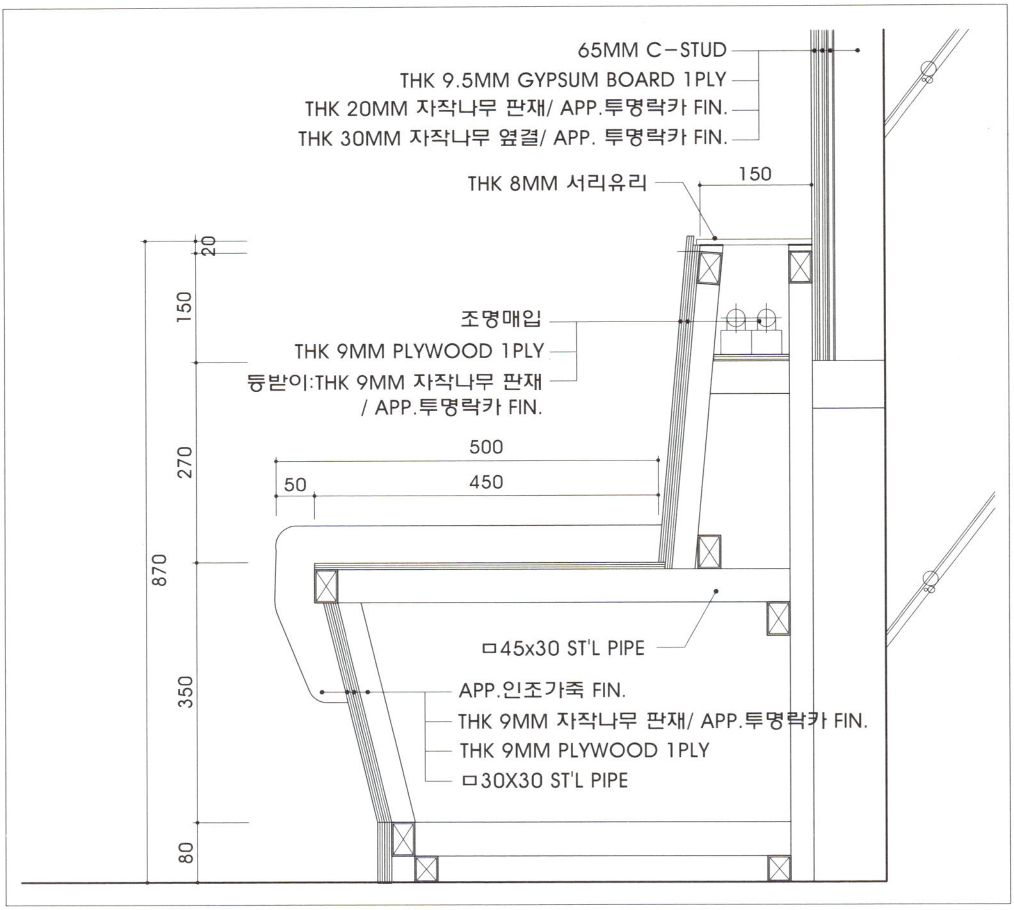

그림173_
붙박이 소파 시공 상세도 사례

그림174_
붙박이 소파 시공 과정(왼쪽),
붙박이 의자 시공 사례(오른쪽)

B. 붙박이 소파

건축화된 가구 중 하나인 붙박이 소파는 스틸 각파이프 또는 우드각재 등으로 틀을 형성하고 최종 마감을 위한 바탕작업이 현장에서 이루어진다. 원단이나 가죽 등을 감싼 좌석 부위의 마감재는 보통 공장에서 반제품으로 시공한 뒤 현장에서 최종적으로 고정하는 방식을 취한다.(그림173 참조)

C. 붙박이장

집합주택에 동일한 규격으로 제작되는 가구의 대부분은 대량으로 공장 생산되어 현장에서 조립하는 방식으로 작업이 이루어진다. 제작자에게 구체적인 시공치수, 하드웨어, 마감 등에 관련된 모든 스펙이 제공되어야 한다.(그림175 참조)

D. 안내데스크

병원, 은행, 사무 공간 등에 고정 설치되는 안내데스크는 경량철골 구조로 틀을 제작하고 무늬목, 인조대리석, 필름, 도장 등으로 마감하는 경우가 대부분이나, 현장상황에 따라 금속작업 없이 다음(그림176 참조)의 도면처럼 목구조 틀 위에 작업하는 경우도 종종 볼 수 있다.

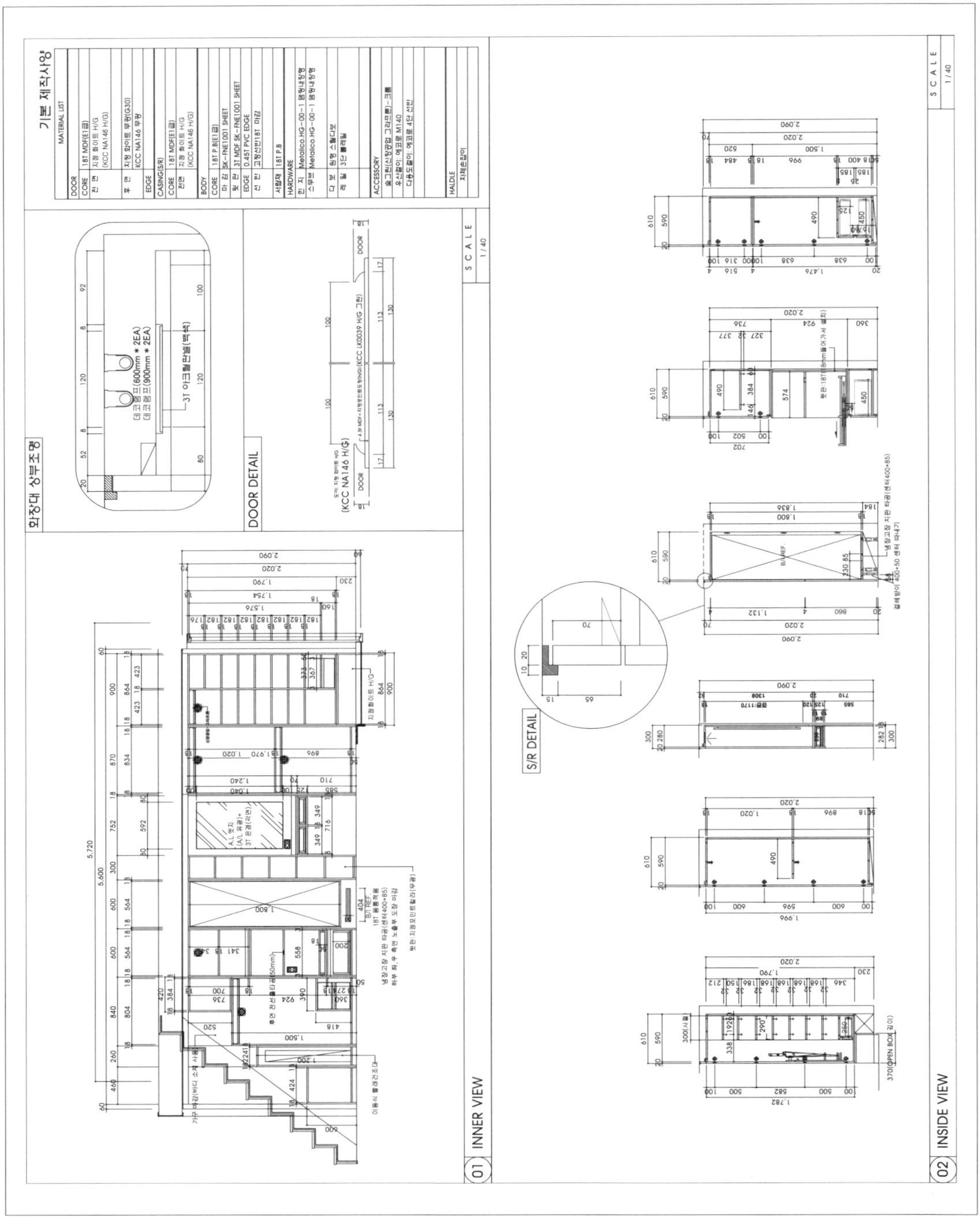

그림175_
붙박이장 시공 상세도 사례

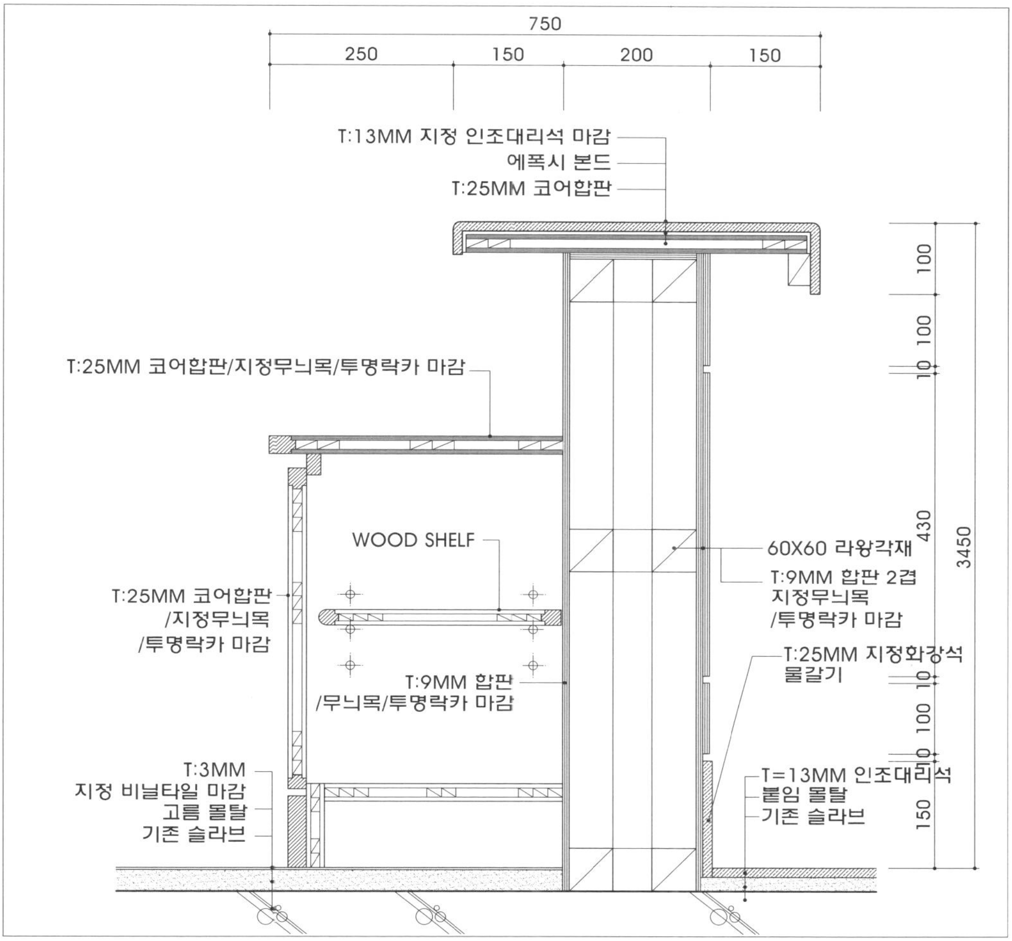

그림176_
붙박이장 시공 상세도 사례

<인테리어공사에 주로 사용되는 하지재의 종류>

1. 석고보드 (Gypsum Plasterboard)

그림177-1_ 석고플라스터보드

석고 양면에 종이가 부착된 판재로 벽체, 천장 등의 기본 하지마감에 가장 많이 사용된다. 인장력에 약한 석고의 물성을 양면에 부착된 종이가 안정적으로 잡아주는 역할을 하며, 재단 후 단부에 석고가 그대로 노출되므로 내구성과 마감을 고려해 모서리는 코너비드나 MDF 등으로 처리하여 마감한다.

사용되는 종이와 석고성분의 차이로 내화, 방수, 차음 기능을 고려한 특수한 용도의 석고보드도 생산되며 국내에서 생산되는 일반 석고보드의 경우 두께 9.5/12.5/15mm 등이 범용으로 사용된다.

그림177-2_ 석고파이버보드

2. **석고파이버보드** (Gypsum Fiberboard)

석고, 셀룰로스섬유를 주원료로 배합한 고강도 판재로 강도와 내수성이 높아 강도를 요하는 내부벽체, 화장실, 주방 등의 하지마감으로 사용된다. 12.5mm 두께가 주로 생산된다.

그림177-3_ Fiber Cement Board

3. **CRC보드** (Cellulose Fiber Reinforced Cement Board)

판재의 강도를 높이기 위한 셀룰로스섬유(Cellulose Fiber), 포틀랜드시멘트, 규사 등을 물로 배합 후 가압하여 오토클레이브 방식의 양생을 거친 판재로 일반적인 시멘트보드에 비해 온도, 수분 등에 변화가 적어 욕실, 주방, 지하실 등의 하지마감에 사용한다. 경우에 따라 보드자체의 마감 특성을 살려 마감재로 노출하기도 한다. 4.5/6/9/12/15mm 두께로 생산된다.

그림177-4_ 일반합판

4. **규산칼슘보드** (Calcium Silicate Board)

규산칼슘(Calcium Silicate)를 주원료로 미네랄섬유나 셀룰로스섬유 등을 첨가해 강도를 높인 판재로 온도에 따른 변형이 거의 없고 방화, 방습, 차음, 항균성이 뛰어나 인테리어벽체, 천장, 칸막이벽 등으로 활용된다. 5/6/8/9/10/12mm 등의 두께로 생산된다.

5. **일반 합판** (Plywood)

목재를 절삭한 단판(Veneer)의 섬유방향을 직교하여 접착한 판재로 3,5,7 등의 홀수의 단판을 적층하여 생산한다. 휘어지는 벽체 등 인테리어 공사의 하지마감으로 가장 많이 사용되는 재료 중 하나이며 수종의 마감의 미려함에 따라 최종 마감재로 활용하기도 한다.

6. **코어합판** (Lumber Core Plywood)

일반합판이 단판(Veneer)을 겹쳐 한 장으로 만든 판재라면 코어

그림177-5_ 코어합판

그림177-6_ 파티클보드

합판은 일정두께의 심재(Lumber)의 위아래로 단판을 부착하여 만든 합판으로 비교적 경량이고 변형이 적다. 가구나 칸막이, 하지재로 많이 사용되며, 보통 15/18/21/24mm 두께로 생산된다. 코어의 재료에 따라 벌집모양의 수지 가공된 크라프트지 등을 코어로 만든 허니콤코어합판(Honeycomb Core Plywood), 롤링시켜 만든 롤코어합판(Rolling Core Plywood) 등이 있다.

7. **LVL** (Laminated Veneer Lumber)&LVB(Laminated Veneer Board)
   원목에 비해 품질이 일정하고 강도가 일정해 구조재로도 사용하며 다양한 크기나 두께로 생산된다. 원목에 비해 변형이나 뒤틀림이 적고 항균성이 높다.
   LVL: 단판을 같은 섬유방향으로 적층하여 접착한 제품으로 일반 판재에 비해 휨강도는 높으나 폭이 넓을 경우 뒤틀림에 약한 단점이 있다. 두께나 길이는 일반 판재에 비해 다양하게 생산된다. 가구, 벽의 프레임, 도어 등에 사용된다.
   LVB: 기본적으로 LVL과 제작방식이 유사하나 일부 단판을 직각으로 교차하여 적층·접착하므로 LVL에 비해 뒤틀림에 상대적으로 강하다. 도어, 가구 등에 주로 사용한다.
8. **파티클보드** (Particle Board)
   목재와 식물성원료를 파쇄한 작은 조각들을 레진 또는 미네랄 접착제를 이용해 압착·경화시킨 판재로 보통 원목 사용 후 남는 폐자재를 재활용한다는 점에서 경제적이라고 볼 수 있다. 원목에 비해 변형이 적고 미세한 공극들이 있어 약간의 흡음효과도 있다. 반면 무겁고 충격에 약하며 제작과정의 접착제 성분으로 친환경적이라 볼 수는 없다. 가공이 쉽고 가격이 저렴한 장점으로 싱크대나 가구 등에 많이 사용되며 필름 등의 최종마감재를 별도로 부착해 사용한다. 보통 9/12/15/18/23/25/28/30mm 등이 생산된다. 보통 현장에서는 PB라고 줄여 부른다.

그림177-7_ Oriented Strand Board

그림177-8_ MDF

그림177-9_ 목모보드

9. OSB (Oriented Strand Board)

'가닥'이라는 뜻의 Strand에서 알 수 있는 것처럼 대략 75mm 내외의 길이를 가진 목재칩을 수지접착제로 압착하여 생산된 판재로 강도와 내구성이 뛰어나 가구 및 하지재로 많이 사용되며 독특한 마감면의 패턴을 살려 최종마감으로 사용되기도 한다. 9/11.1/16/18.3mm 등의 두께로 생산된다.

10. MDF (Middle Density Fiberboard)&HDF(High Density Fiberboard)

MDF: 목재의 가루를 합성수지접착제로 압착하여 만든 판재로 가공이 쉽고 가격이 저렴해 인테리어공사에 가장 많이 사용되는 하지재 중 하나이다. 마감이 매끈해 도장이나 필름 시공 등이 용이하며 습기에 약하고 강도가 떨어지며 접착제 성분으로 인해 인체에 유해한 단점이 있다.

HDF: 제작방식은 MDF와 동일하나 MDF보다 밀도를 높여 강도와 내구성을 요하는 경우에 사용한다.

11. 목모보드

하지재는 아니며, 주로 마감재로 사용되는 재료로 우드섬유질과 무기화합물을 고온·고압으로 압축해 판재의 형태로 생산되는 제품으로 섬유질 사이의 틈이 소음을 흡수하는 효과가 뛰어나 강당, 스튜디오, 극장 등의 음향관련시설에 주로 사용된다. 디자인에 따라 보드 자체를 노출시키거나 도장, 패브릭 등으로 감싸기도 한다. 생산되는 회사나 제품에 따라 두께차이가 있으나 보통 15/20/25mm 두께로 생산된다.

A. 창호스케줄

설치해야 하는 창호에 대한 모든 정보를 평면도나 입면도와 같은 일반적인 도면에서 설명하기는 불가능하다. 평면도에서는 창호의 개폐방식과 폭 정도의 정보만이 인식가능하며 내부 전개도에서도 창호의 크기와 형태 외에 세부적인 마감이나 하드웨어의 정보까지 모두 담기란 불가능하다. 또한 공사에 필요한 창호의 종류가 다양하고 개소가 많은 현장이라면 관리자가 도면에서 각각의 창호를 일일이 찾아서 확인하고 발주하고 시공한다는 것 또한 효율적이지 않다. 위와 같은 이유로 창호에 대한 정확하고 구체적인 정보와 다양한 창호에 대해 혼돈을 줄이고 정확한 물량을 뽑기 위해서는 별도로 정리된 도면양식이 필요하다. 이 때 작성되는 도면이 창호스케줄(Windows & Door Schedule)이다.

설계자에 따라 포맷이나 담고 있는 정보의 종류가 조금씩 차이가 날 수는 있지만 리스트가 정리된 표나 도어의 입면이 작성된 틀 안에 기본적인 창호의 타입, 개폐방식, 사이즈, 위치, 마감, 프레임, 하드웨어 등에 대한 정보를 담게 된다. 해당 창호에 대한 위치정보는 창호기호가 표기된 창호안내도 혹은 구조평면도 등에 작성하여 확인할 수 있다.

— 도어스케줄 (Door Schedule)

프로젝트 안에 사용되는 모든 문에 관련된 정보를 표의 형식으로 정리한 도면으로 평면도에서 문의 위치표시, 타입, 재료, 사이즈 등에 대한 정보를 담고 있다. (그림178 참조)

— 윈도우스케줄 (Window Schedule)

프로젝트 안에 설치되는 모든 창에 대한 정보를 담고 있는 양식

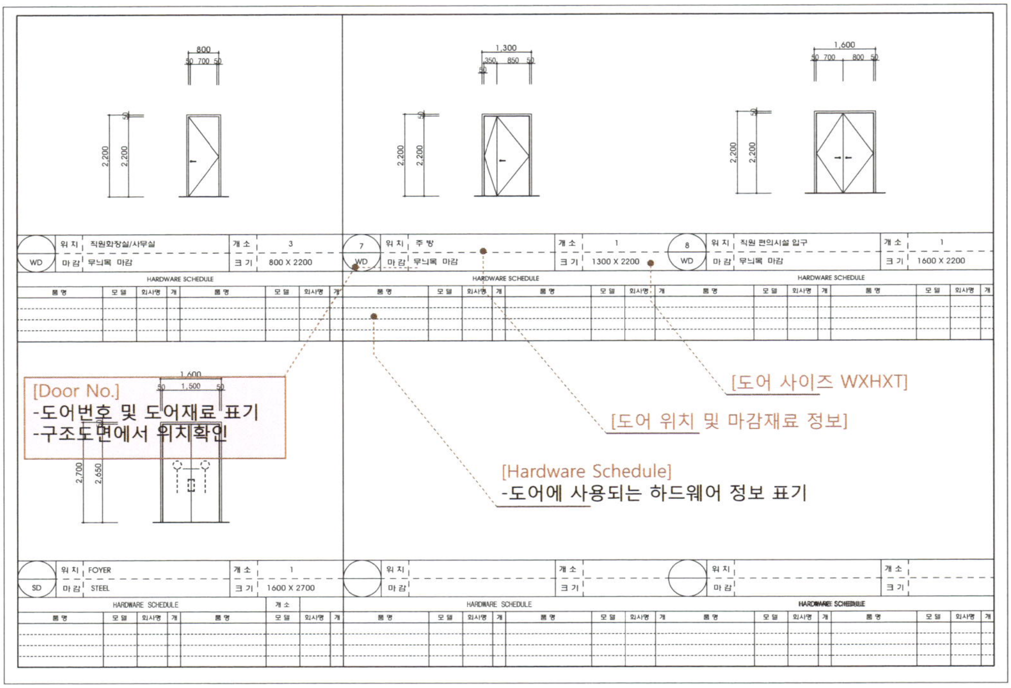

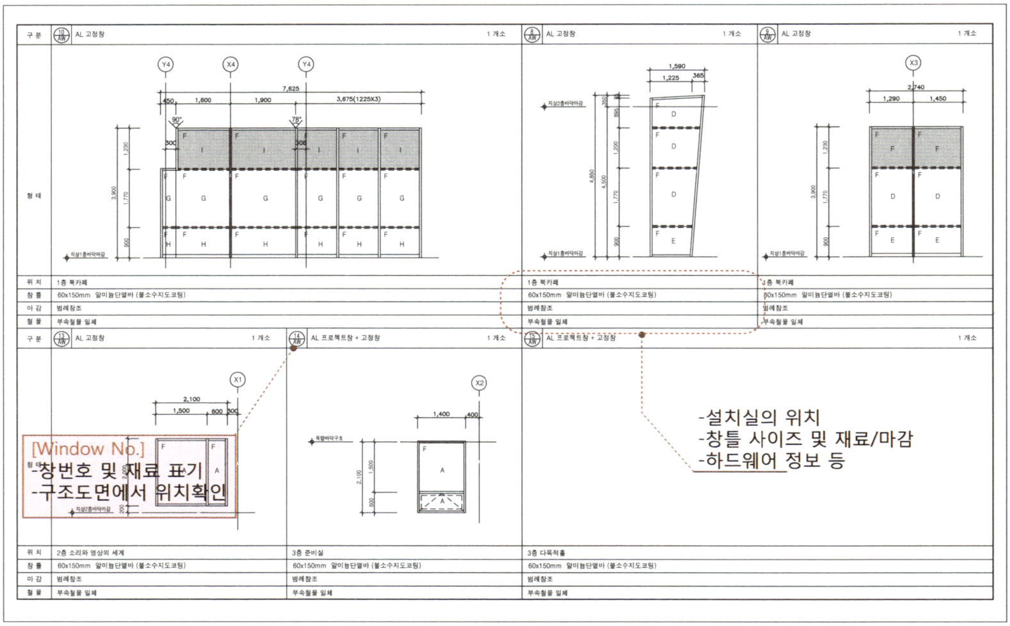

그림178_ 위
도어스케쥴(Door Schedule) 사례

그림179_ 아래
윈도우스케쥴(Window Schedule) 사례

으로 창의 위치를 나타내는 번호와 사이즈, 창틀의 마감재료, 사용되는 하드웨어, 사용되는 유리의 타입 등이 표현되어 있다. (그림179 참조)

B. 여닫이문

주택, 사무 공간, 기밀성을 요구하는 방음문, 방화문 등 가장 일반적으로 많이 적용되는 도어형식으로 주로 코어합판, 플라스틱(ABS), 스틸, 강화유리 등을 도어의 기본 재료로 사용하고 버트힌지, 피벗힌지, 플로어힌지 등의 하드웨어를 사용해 세로 회전축을 만들어 여닫는 방식으로 제작된다.

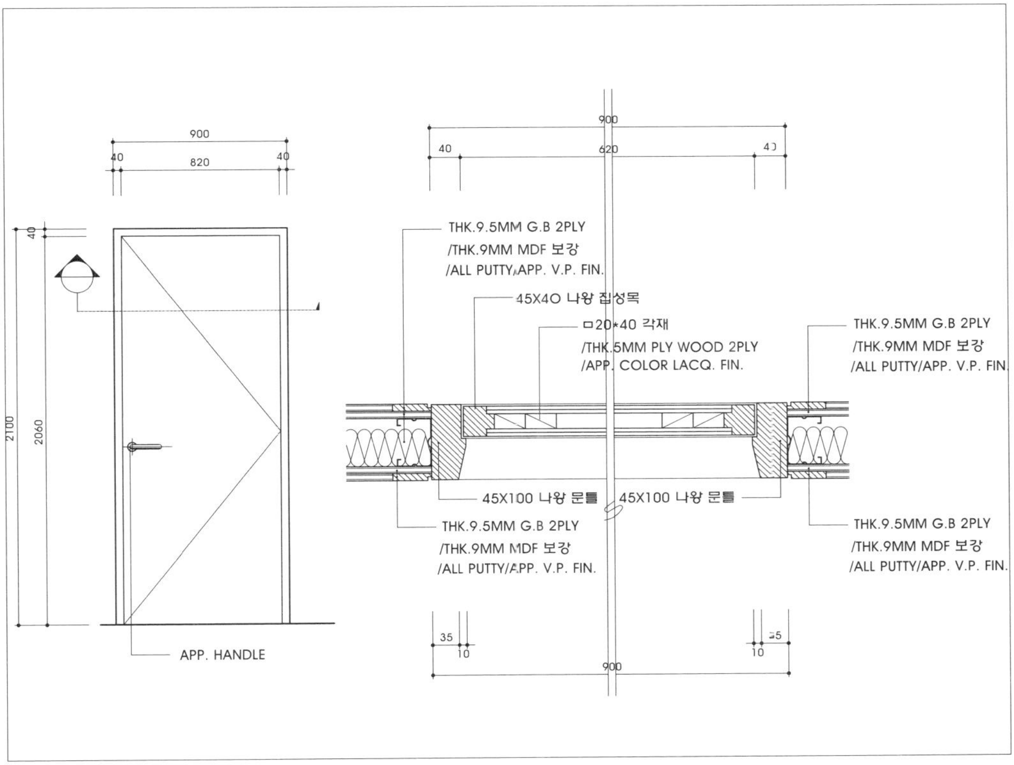

그림180_
우드도어(코어합판) 시공 상세도
사례

그림181_ ABS도어 단면 상세

ABS Door

목재(Lumber) 대신 두께있는 종이 등을 가공하여 벌집모양의 심재(Honeycomb Board)를 넣고 PVC심재로 테두리를 마무리하여 두께를 형성하고 앞뒤로 ABS수지판을 부착한 후 필름으로 최종마무리한 도어로 습기에 강하고 변형이 적으며 목재도어에 비해 가벼워 사용빈도가 점점 높아지고 있다. 플라스틱 마감의 특성상 문짝의 성형이 자유로워 다양한 형태로 가공할 수 있는 장점이 있다.

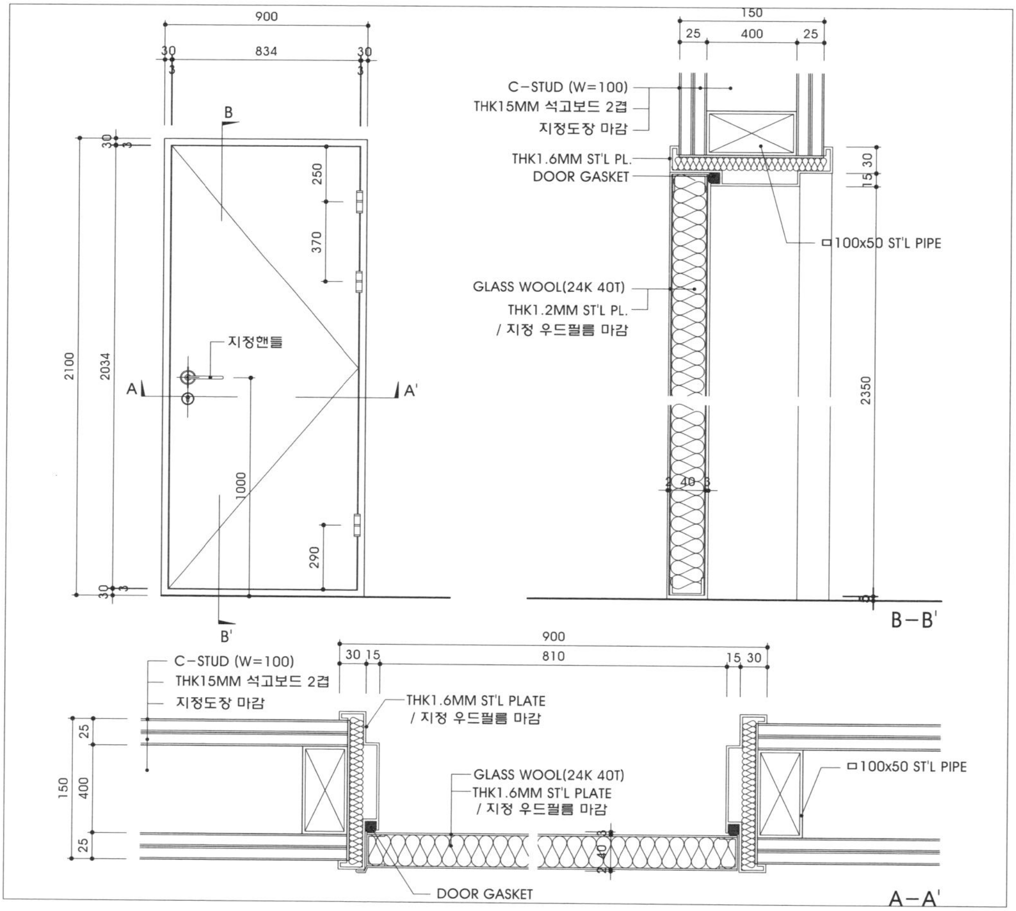

그림182_ 스틸도어(글라스울) 시공 상세도 사례

그림183_ 스틸프레임 Door Head, Sill 단면 상세

<도어에 주로 언급되는 경첩(Hinge)의 종류>

1. **버트힌지** (Butt Hinge)

   보통 여닫이문의 문틀 세로 단부와 문짝의 세로 단부에 고정하여 90도, 180도 등으로 여닫는 기능을 하는 나비 모양의 경첩으로 무거운 문짝의 회전을 원활히 하기 위해 베어링을 삽입한 제품도 있다.

그림184-1_ Butt Hinge(이지경첩-방문)

2. **피벗힌지** (Pivot Hinge)

   중심점, 축의 뜻을 지닌 '피벗'에서 유추할 수 있는 것처럼 문틀과 문짝의 상 하단부에 축을 중심으로 회전이 가능한 하드웨어를 심고 세로축을 기준으로 회전하여 여닫을 수 있도록 만든 경첩으로 현관문, 방화문과 같은 비교적 하중이 큰 문에 주로 사용된다.

그림184-2_ Pivot Hinge (방화문)

3. **플로어힌지** (Floor Hinge)

   강화유리도어에 주로 사용되며 바닥에 박스형태 등의 하드웨어를 심어 세로축을 기준으로 회전하여 여닫을 수 있는 방식의 경첩으로 원리로 보면 플로어힌지도 크게는 피벗힌지에 포함된다고 볼 수 있다.

그림184-3_ Floor Hinge (강화유리문)

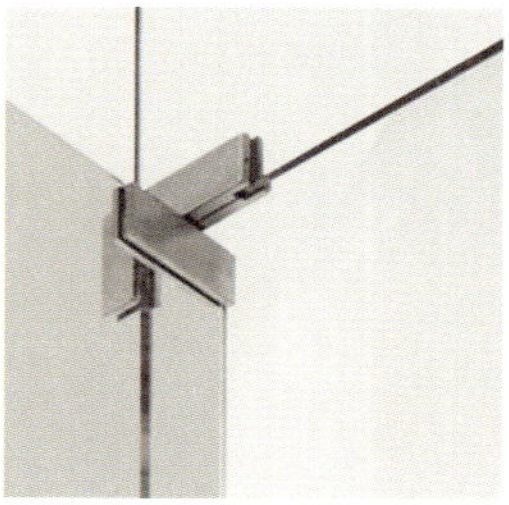

그림184-4_ Patch Fitting (강화유리문)

4. 패치 피팅 (patch Fitting)

일본식 현장용어에 익숙한 인테리어현장에서 흔히 '가네모네'라고 지칭하는 경첩으로 강화유리도어에 주로 사용하고 별도의 도어프레임 없이 코너부에 작은 회전축이 삽입된 철물을 설치해 도어를 고정하는 방식으로 개방성과 미니멀한 외관을 표현해 낼 수 있어 쇼윈도우 등이 강조되어야 하는 상업공간 입구 등에 많이 사용된다.

5. 피아노힌지 (Piano Hinge)

말 그대로 피아노 뚜껑을 열고 닫을 때 흔히 볼 수 있는 막대모양의 긴 경첩으로 일반적인 경첩의 둔한 형태를 감출 수 있으며 가구, 분전함 도어 등에 많이 주로 사용된다.

C. 슬라이딩도어

위 또는 위와 아래에 이송롤러와 레일을 두고 도어가 수평 이동하는 방식으로, 디자인에 따라 헤드부위를 노출시키거나 벽체에 숨기는 방법을 적용한다. 여닫이문에 비해 기밀성이 떨어지나 도어의 회전궤적이 없어 설치된 공간의 활용도를 높일 수 있는 장점이 있다. 경우에 따라 상부 구조물의 점검을 위해 탈부착 가능한 점검구를 둘 필요가 있다.

그림185_ 슬라이딩도어(접이문) 행어 단면 사례

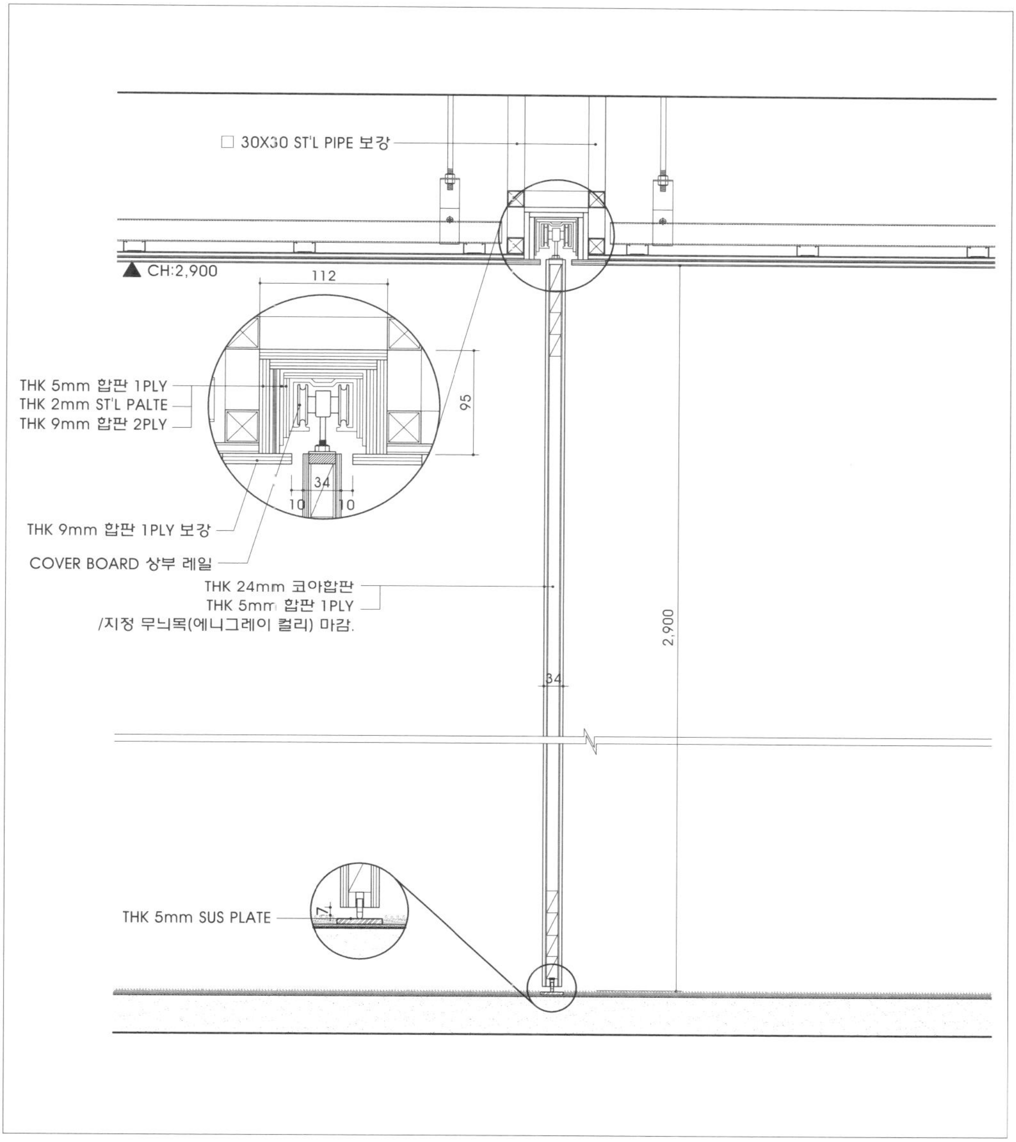

그림186_
슬라이딩 도어(코어합판) 시공
상세도 사례

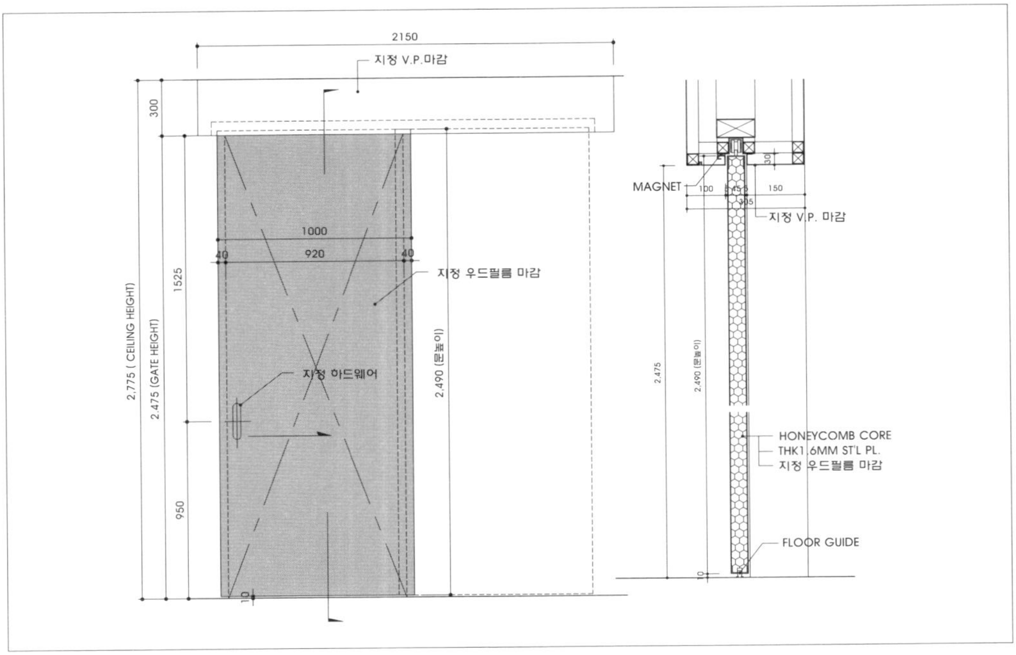

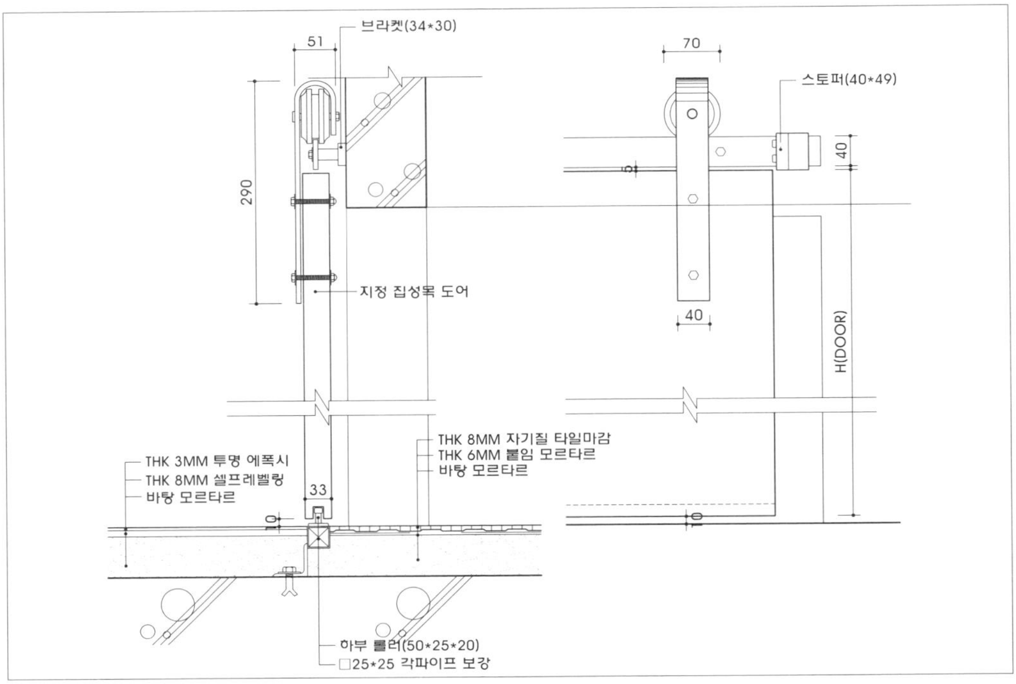

그림187_ 위 슬라이딩 도어(스틸도어) 시공 상세도 사례

그림188_ 아래 슬라이딩도어(롤러 노출 타입) 시공 상세도 사례

D. 포켓도어

오픈 시에 도어가 이동하는 방식은 앞서 설명한 슬라이딩 도어와 동일하며, 벽에 노출되지 않고 벽 안으로 삽입되는 도어형식으로 일반적으로 내구성을 고려한 스틸 각파이프 구조나 원목 각재로 만든 틀을 통해 상부 트랙을 고정하고 롤러를 걸어 이동하는 방식을 취한다.

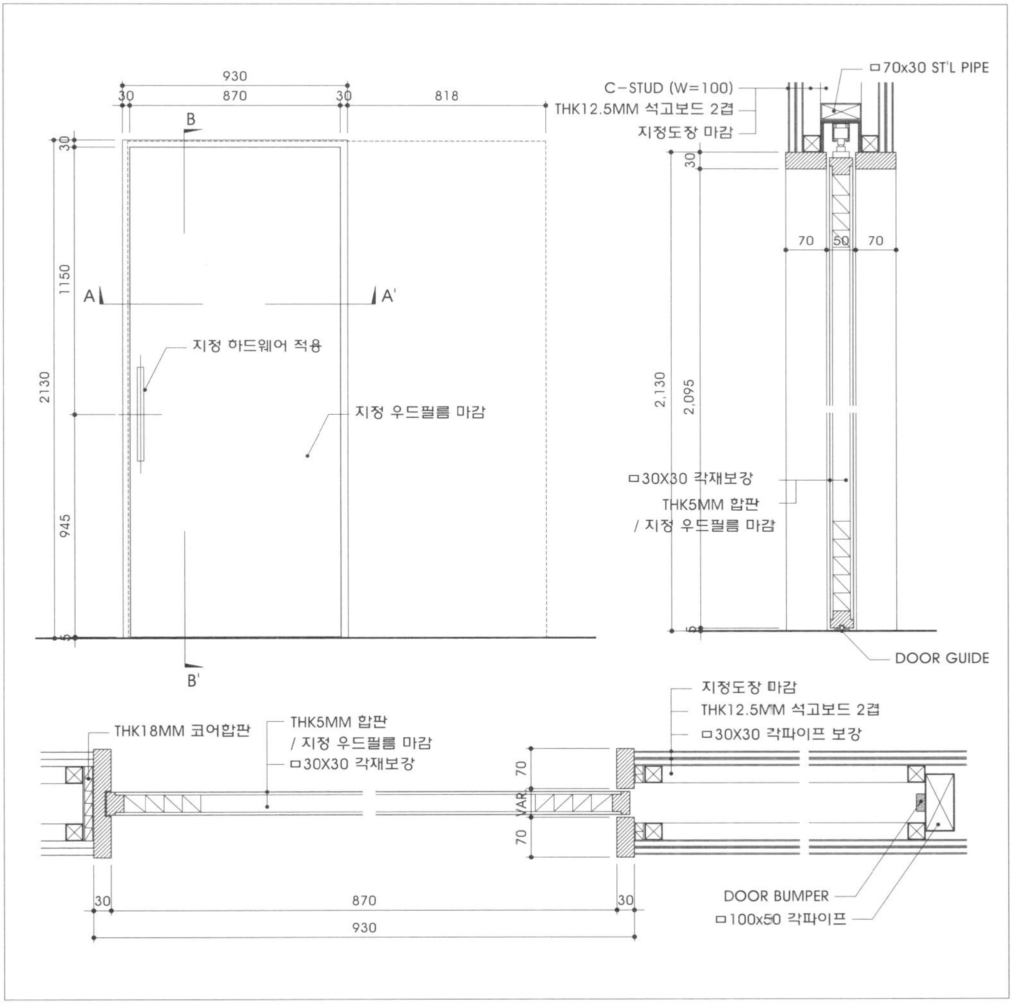

그림189_
포켓도어 시공 상세도 사례

E. 자동문

도어 상부의 센서를 통해 사람을 감지하여 자동적으로 개폐가 이루어지는 방식 또는 버튼이나 카드인식 등을 통해 개폐되는 방식 등이 있다. 상부레일과 모터, 센서 등의 하드웨어를 설치하기 위해 도어 상부에 약 200mm×200mm 내외의 컨트롤러 공간이 확보되어야 한다. 디자인에 따라 헤드 부위의 노출을 꺼려 숨길 수 있도록 마감하는 경우도 있는데 반드시 개폐 가능한 점검구를 확보해 두어야 한다. 보통 공용공간의 입구에 강화유리 도어를 적용한 방식을 흔히 볼 수 있으며 장애인화장실 등의 자동개폐를 필요로 하는 공간에도 많이 적용된다.

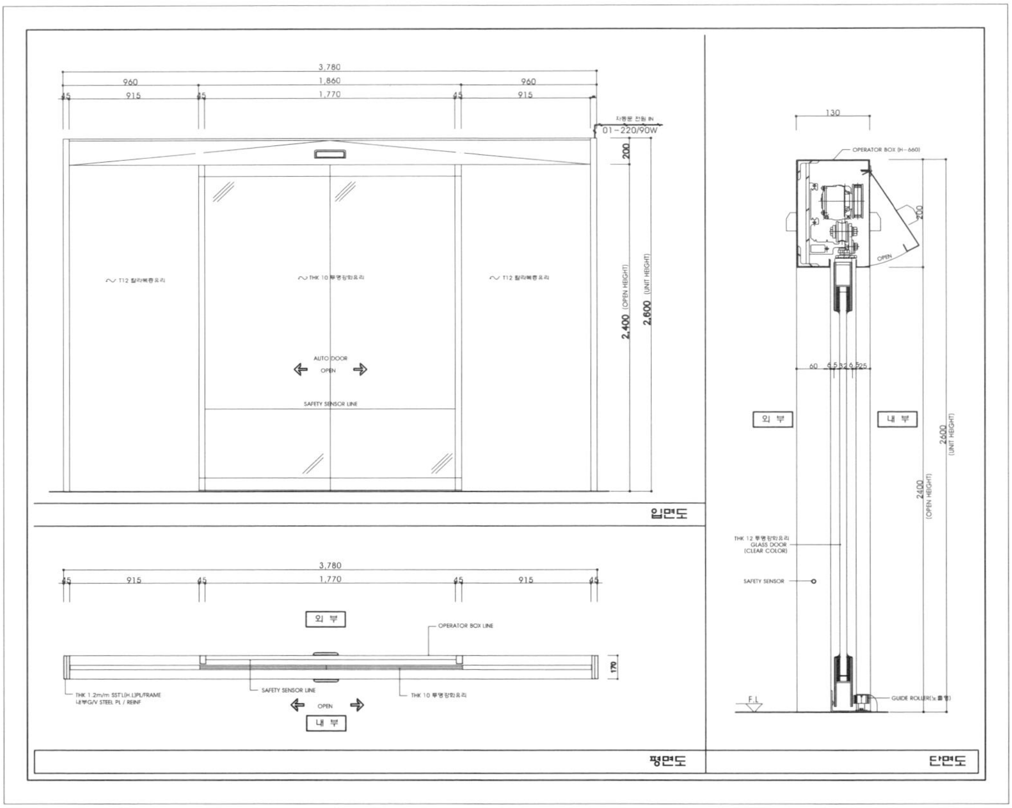

그림190_ 자동문 상세도 사례

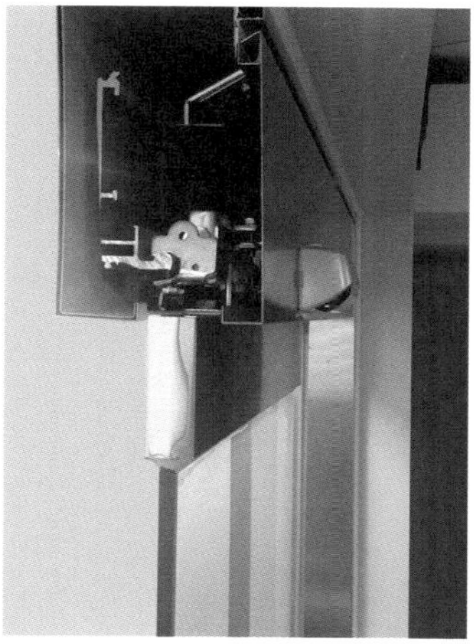

그림191_ 자동문 컨트롤러 부위 절단면(왼쪽), 포켓도어 하부 도어가이드 상세(오른쪽)

시공순서에 따른 상세도 이해하기

마지막으로, 최종 완성된 상세도가 시공현장에서 어떤 과정으로 시공되는지를 이해하기 위해 간단한 벽체 시공 상세도를 예로 들어 시공단계별로 설명해 보자.

다음의 사례 또한 현장의 상황이나 공정의 효율성을 위해 타 공정과 동시에 진행되거나 공정의 순서가 뒤바뀔 수는 있으나 도면에서 표현되는 내용과 실제 공정이 어떤 순서에 의해 어떤 방법으로 제작되는지 단계별로 살펴봄으로써 상세도를 작성하고 이해하는데 도움이 되기를 기대한다.

A. 조적공사/ 방수공사/ 미장공사/ 배관공사

방수가 필요한 공간 내에 조적벽체를 세우고 방수를 필요로 하는 부위에 방수공사와 방수층을 보호하기 위한 보호모르타르 층을 만든다. 마감재에 따라 바탕면이 평활해야 하는 경우에는 미장공사가 진행되며 바닥 모르타르 시공 전에 급배수에 필요한 트랜치, 배관설비도 이때 설치된다.

조적/미장/방수공사

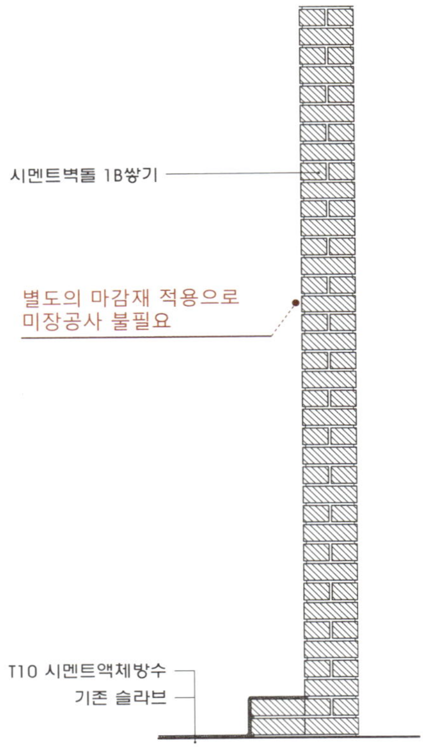

B. 금속공사/배선공사

전원이 필요한 곳의 전기배관 작업과 천장의 경량철골(L.G.S), 벽체마감을 위한 스터드, 스틸 파이프 등을 이용한 금속 뼈대 작업 등이 진행된다.

금속/배선공사

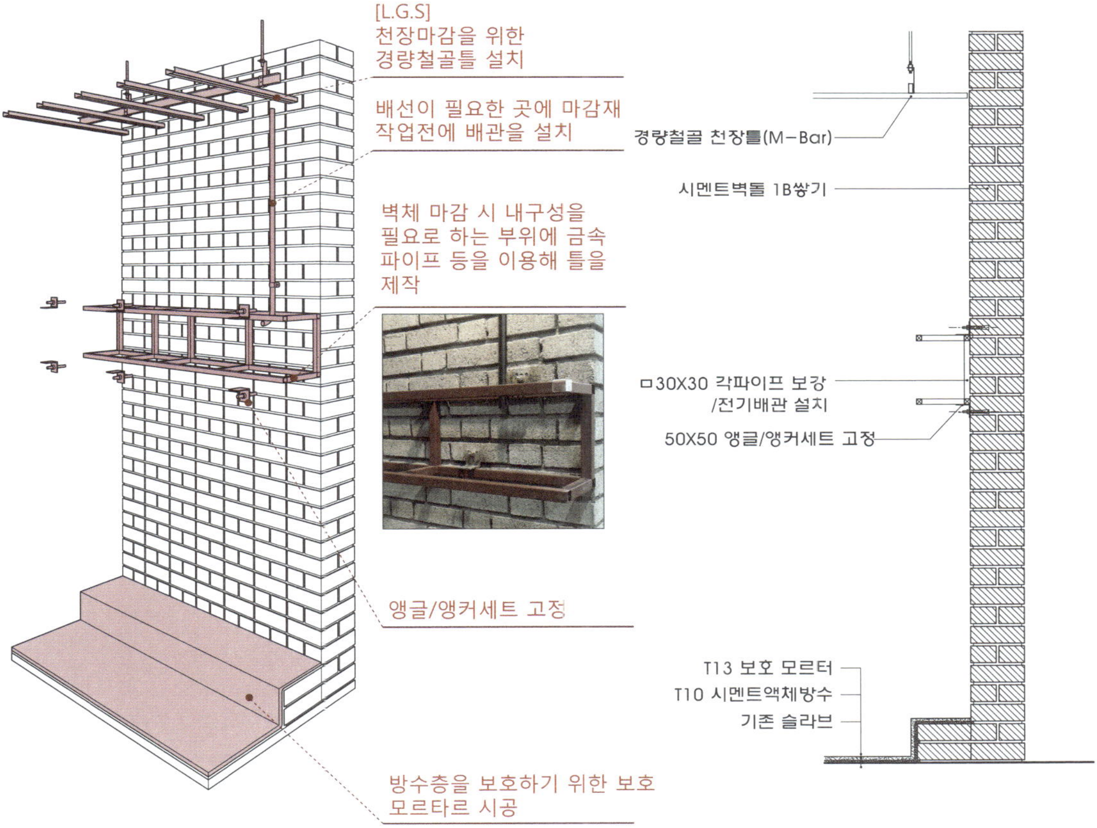

C. 석고보드/목공사

목재 뼈대작업 및 합판, MDF 등의 판재, 석고보드 등을 이용한 하지 작업이 진행되고 최종마감이 도장일 경우에는 도장작업을 위한 바탕 작업(줄퍼티, 올퍼티)이 진행된다.

석고보드/목공사

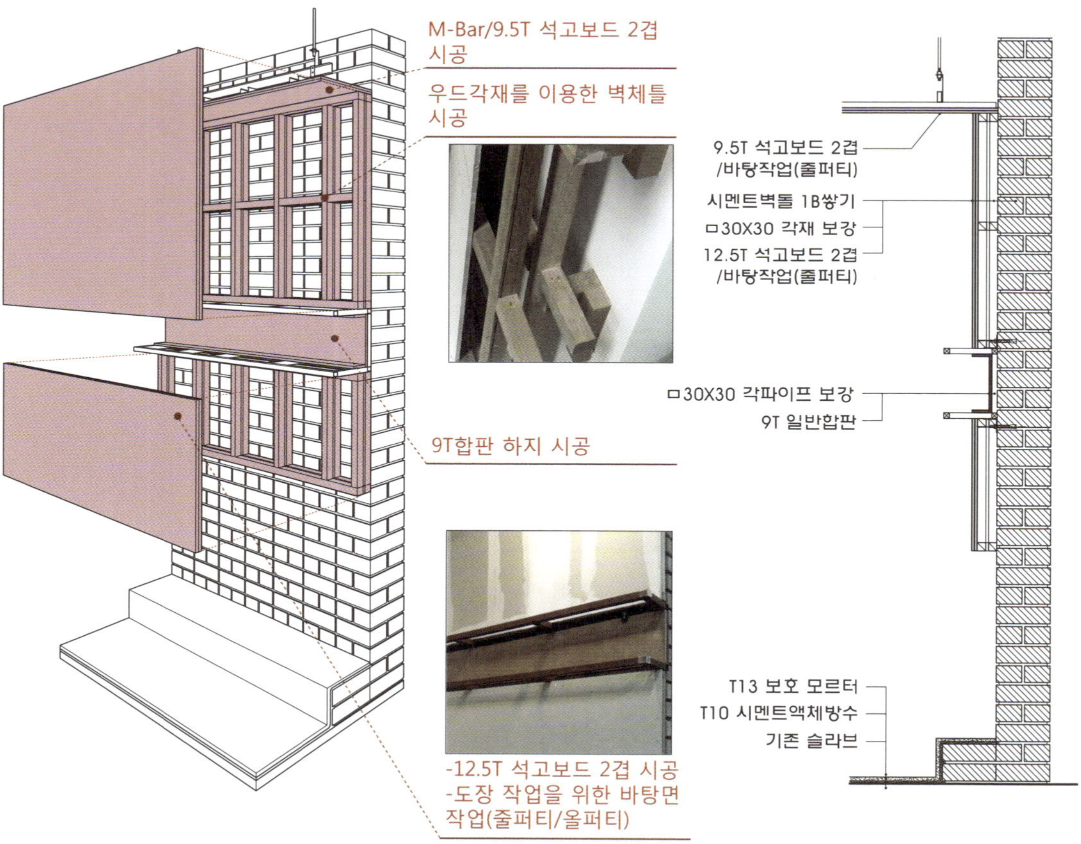

D. 타일공사/도장공사

도장을 위한 바탕이 완성되면 페인트작업이 시작되고 타일류 등의 마감재가 부착된다.

타일공사/도장공사

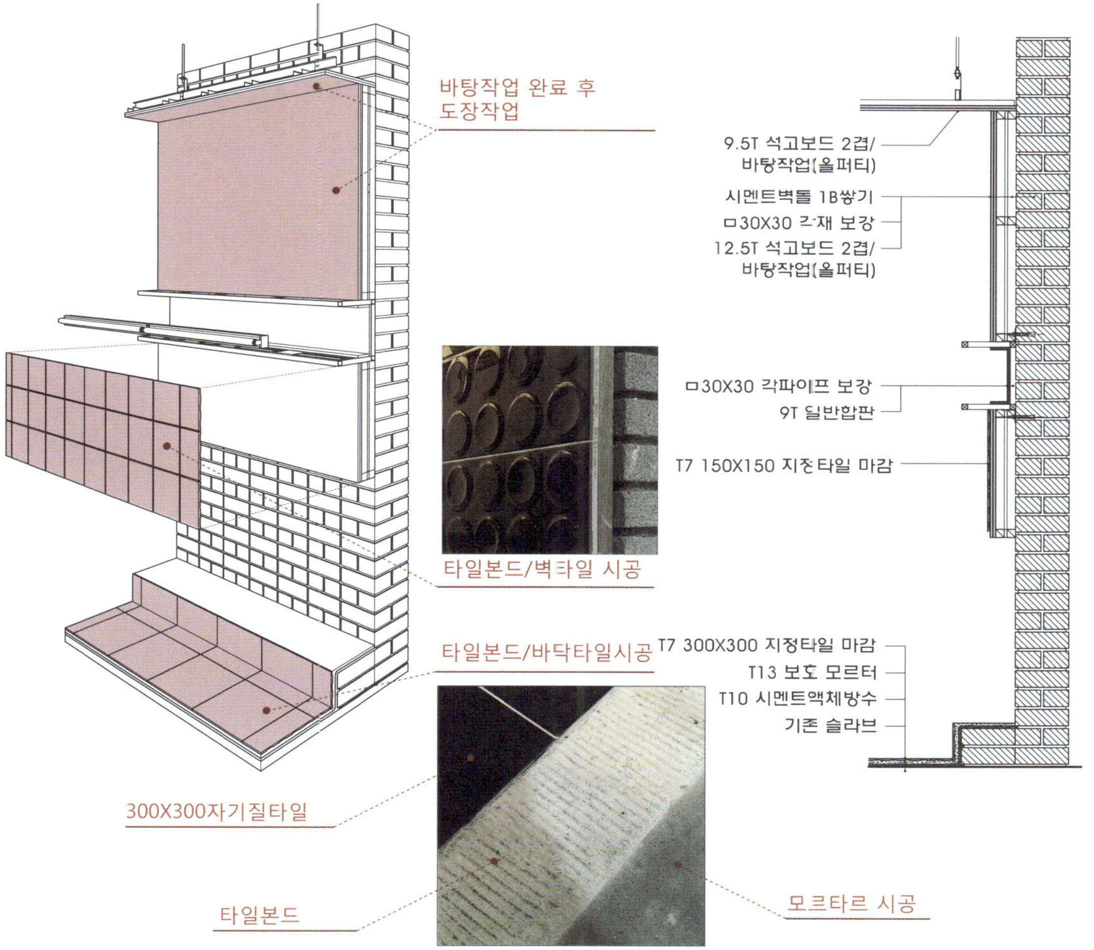

E. 석재공사/ 조명공사/ 집기설치/ 사인공사

건식 석재마감공사가 진행되고 조명과 미리 발주한 수납장 등의 제작 집기, 필요한 사인을 설치하여 마무리한다.

F. 최종완성도(265p 참조)

석재공사/조명공사/집기설치/사인공사

Constructinon Image

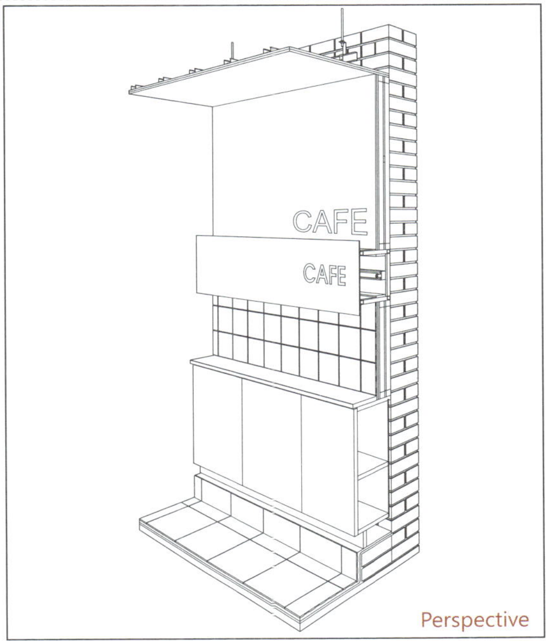

Perspective

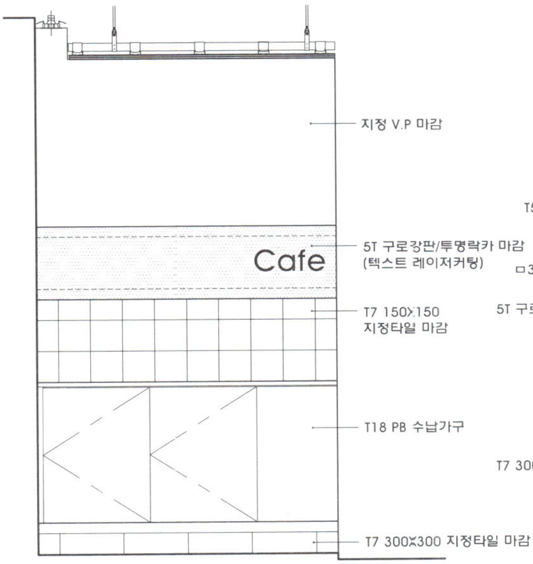

Elevation

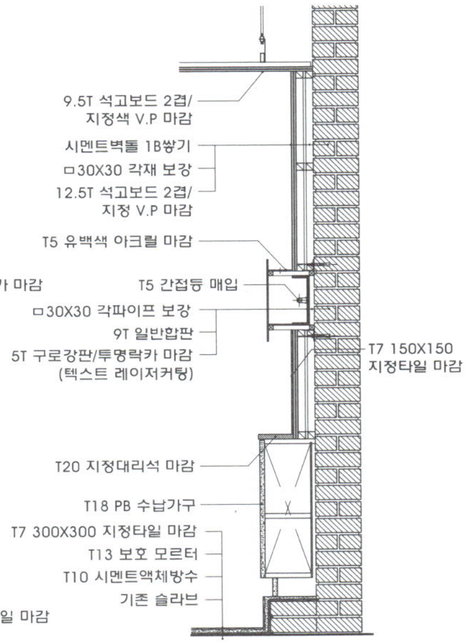

Section

STANDING
INTERIOR
ARCHITECT
DRAWIN

마치면서

도면이 복잡해 보인다고 해서 공간이 아름답다고 생각해서는 안 되고, 도면이 단순해 보인다고 해서 공간도 단순할 거라 착각해서는 안 된다.

디자이너가 공간을 표현함에 있어 중요하게 이야기하고 싶은 것이 무엇이었는지, 그 중요한 부분을 도면에서 어떤 방식으로 표현해 놓았는지, 디자이너의 마음으로 도면 안에 숨어있는 행간을 읽어내면 그 때 비로소 도면 위에 떠오르는 공간이 보이기 시작한다.

도면은 공간을 읽어내기 위한 정교한 도구이자 치밀한 언어이다. 그 치밀한 언어에 대한 정성과 집요함은 도면 작성자의 책임이며, 정확히 읽어내고 적용해야 하는 장인정신은 시공자의 의무이다.

이 둘이 절름발이처럼 서로 다른 소리를 내는 공간은 오역된 책처럼 잘못된 공간을 만들어낼 수 있으며, 혹여 그 사이에 생길 수 있는 빈틈은 설계자와 시공자가 채워야 할 공감능력이다.

짧은 분량의 책이라 내용과 범위가 다소 제한적이고 기본에 머물러 있긴 하지만, 이 책이 도면이라는 방대한 관악기의 리드 역할이라도 할 수 있었으면 하는 바람이다.